高职高专土建系列工学结合型规划教材

高职高专土建专业“互联网+”创新规划教材

全新修订

建筑安装工程计量与计价

主　编◎景巧玲　冯　钢

副主编◎杜丽丽　易智军　张贵芳

参　编◎赵秀刚　胡　畔　成春燕

主　审◎危道军

内 容 简 介

本书以《建设工程工程量清单计价规范》（GB 50500—2013）和《通用安装工程工程量计算规范》（GB 50856—2013）等文件为主要编写依据，并结合湖北省最新出台的《湖北省通用安装工程消耗量定额及全费用基价表》（2018）和《湖北省建筑安装工程费用定额》（2018）等文件编写。结构体系上，根据现行安装工程计量与计价模式，设置了“安装工程定额计价方法”和“安装工程清单计价方法”两种学习情境，一改传统的章节形式，以工作任务的形式进行编排，按照“布置工作任务—相关知识学习—工作任务实施—总结、检查评估”四个环节进行，以任务驱动带动新知识的学习，目标明确，目的性强。并针对同一个工程案例，用两种计价方式进行计算比较，内容相互呼应，更便于学习和掌握。

本书可作为高职高专院校工程造价、建筑经济、建筑工程管理、建筑设备、给排水工程等相关专业的教材，也可作为安装工程造价员的培训用书，还可作为工程管理人员、工程造价人员等专业人员的参考书。

图书在版编目(CIP)数据

建筑安装工程计量与计价/景巧玲，冯钢主编. —北京：北京大学出版社，2016.1

（高职高专土建系列工学结合型规划教材）

ISBN 978-7-301-26004-3

Ⅰ.①建… Ⅱ.①景…②冯… Ⅲ.①建筑安装—建筑造价管理—高等职业教育—教材 Ⅳ.①TU723.3

中国版本图书馆 CIP 数据核字（2015）第 143150 号

书　　名	建筑安装工程计量与计价 JIANZHU ANZHUANG GONGCHENG JILIANG YU JIJIA
著作责任者	景巧玲　冯　钢　主编
责任编辑	杨星璐　赵思儒
数字编辑	蒙俞材
标准书号	ISBN 978-7-301-26004-3
出版发行	北京大学出版社
地　　址	北京市海淀区成府路 205 号　100871
网　　址	http://www.pup.cn　新浪官方微博：@北京大学出版社
电子信箱	pup_6@163.com
电　　话	邮购部 010-62752015　发行部 010-62750672　编辑部 010-62750667
印 刷 者	北京溢漾印刷有限公司
经 销 者	新华书店
	787 毫米×1092 毫米　16 开本　16.5 印张　395 千字 2016 年 1 月第 1 版　2021 年 1 月修订　2021 年 12 月第 7 次印刷
定　　价	58.00 元

本书第一版自2016年出版以来，被国内诸多高职高专院校选用。我们收集了各院校的使用意见，并结合当前新规范，在第一版的基础上，对本书进行了全面的修订。

（1）按照项目化教学模式编列章节，每个单元以一个工作任务为驱动，任务明确，条理清晰。

（2）采用全新规范和计价依据，以《建设工程工程量清单计价规范》（GB 50500—2013）和《通用安装工程工程量计算规范》（GB 50856—2013）等新规范文件为主要编写依据，并结合湖北省现行的《湖北省通用安装工程消耗量定额及全费用基价表》（2018）和《湖北省建筑安装工程费用定额》（2018）编写，内容与行业同步，更具有实用性、前沿性。

（3）以“互联网+”教材的模式，增加了安装工程施工现场视频、仿真动漫、文本、图片等数字教学资源，可以通过扫描书中二维码的方式进行查看，使学习资源的形式不拘于纸质教材，通俗易懂。同时，相关规范文件等也可以通过扫描二维码进行下载，从而节约读者的资料收集时间，大大拓展了读者的知识面。

本书由湖北城市建设职业技术学院景巧玲和济南工程职业技术学院冯钢担任主编。湖北城市建设职业技术学院危道军担任主审。湖北城市建设职业技术学院景巧玲、杜丽丽老师参加了本次教材修订工作。具体分工如下：景巧玲负责修订工作任务3～8和工作任务10～14，以及全书的学习资源信息化，并对全书进行校对和审核；杜丽丽负责修订工作任务1、2、9。中建三局第三工程公司易智君对本书修订提出诸多建设性意见，广联达科技股份有限公司为本书案例提供了软件支持，在此一并表示诚挚的感谢！

由于编写水平有限，修订时间仓促，书中难免有不当之处，欢迎读者批评指正。

编　者

2021年1月

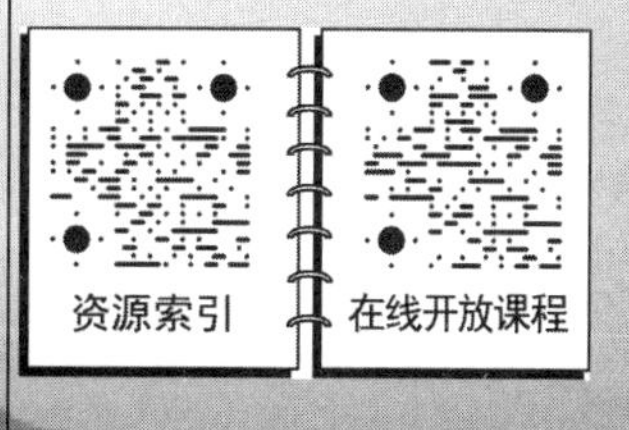

本书是在《安装工程计量与计价》（第2版）（冯钢、景巧玲主编）的基础上进行改编而成。本书主要具有以下几个特点：

（1）本书采用全新规范和计价依据，以《建设工程工程量清单计价规范》（GB 50500—2013）和《通用安装工程工程量计算规范》（GB 50856—2013）等最新规范文件为主要编写依据，并结合湖北省最新出台的2013版《湖北省通用安装工程消耗量定额及单位估价表》和2013版《湖北省建筑安装工程费用定额》编写，更具有实用性和地域性。

（2）本书根据现行安装工程计量与计价模式和工程造价行业计价的现状需求，设置了“安装工程定额计价方法”和“安装工程清单计价方法”两个学习情境。每个学习情境都以工作任务的形式进行编写，按照“布置工作任务—相关知识学习—工作任务实施—总结、检查评估”四个环节进行，以任务驱动带动新知识的学习，体现“做中学、学中做”，目标明确，目的性强，职业性突出。

（3）依据同一个工程案例，分别在两种学习情境中，用两种不同的计价方式进行计算，前后进行比较、示范，便于掌握两种不同计价方式。

（4）选用工程典型案例，覆盖专业面广，难度适宜，使其与实际工程更加接近。同时，每个工作任务后面，均设置了与例题相近的案例作为课后作业，便于学生自我检查评估。

（5）在不同的知识点处编排了丰富的实物图和示意图，图文并茂，通俗易懂。

本书由湖北城市建设职业技术学院景巧玲和济南工程职业技术学院冯钢担任主编，湖北城市建设职业技术学院危道军担任主审，湖北城市建设职业技术学院张贵芳、杜丽丽和济南工程职业技术学院成春燕担任副主编。湖北城市建设职业技术学院胡畔、湖北交通职业技术学院叶琴、中建三局第三建设工程有限责任公司易智军和山东建筑大学设计研究院赵秀刚参编。具体编写分工如下：景巧玲老师编写了工作任务3～8和工作任务12～15、17的主要内容，以及本书部分习题，并负责对全书进行校对和审核；冯钢老师编写了工作任务1～11的部分内容，并对全书进行了校对和审核；成春燕老师编写了工作任务5、6的部分内容；张贵芳老师编写了工作任务9、16的主要内容；杜丽丽老师编写了工作任务 1～2、10 的主要内容和工作任务3～4、12中的案例计价内容；胡畔老师参与编写了工作任务7、15的部分内容；赵秀刚提供了部分案例图纸；易智军、叶琴参

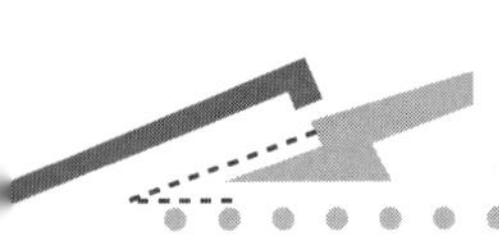

与了本书统稿阶段的修订工作。危道军教授对本书进行了认真的审读，并提出诸多建设性意见，在此表示真挚的感谢！同时，湖北省工程造价管理总站柯经安对本书的编写也提出了指导和帮助，广联达工程造价软件公司为本书例题提供了软件支持，在此，一并表示感谢！

本书以《安装工程计量与计价》（第 2 版）为编写基础，该书由冯钢和景巧玲任主编，成春燕、张风琴（山东职业学院）、邵兰云（山东建筑大学）和郑枫（山东职业学院）任副主编，魏磊（济南工程职业技术学院）、赵秀刚和李志欣（湖北建设工程造价管理总站）参编，在此谨向各位编者表示诚挚的感谢！

由于编写水平有限，编写时间仓促，书中难免有不当之处，欢迎读者批评指正。

编　者

2015 年 10 月

CONTENTS

目录

安装工程定额计价方法

工作任务1

安装工程定额的学习

知识目标

（1）了解安装工程计量与计价的相关知识；

（2）熟悉工程定额的概念及分类；

（3）熟悉《湖北省通用安装工程消耗量定额及单位估价表》的编制状况、定额结构形式及定额的应用

能力目标

能够正确应用定额计算分部分项工程费，包括人工费、辅材费、未计价材料费及定额系数相关费用的计算

素质目标

（1）培养学生严谨细致的工作态度；

（2）培养学生良好的职业操守；

（3）培养学生吃苦耐劳的工作作风

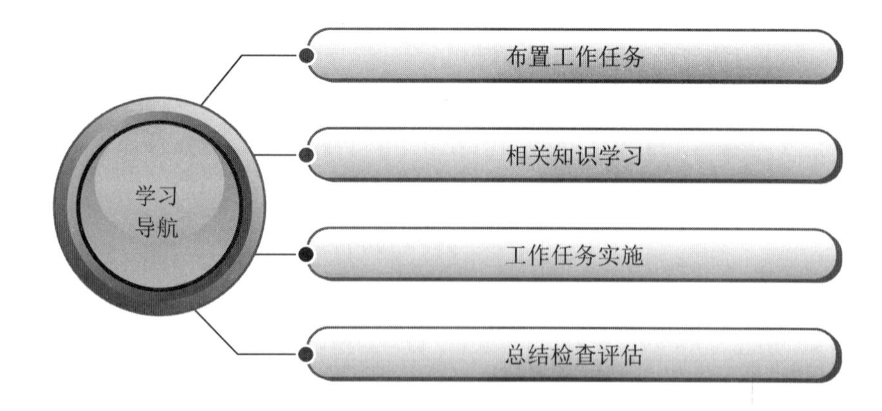

1.1 安装工程计量与计价的相关知识

1.1.1 安装工程的概念

安装工程是指按照工程建设施工图和施工规范的规定，把各种设备放置并固定在一定位置，或者将工程原材料经过加工并安置、装配而形成具有功能价值产品的工作过程。安装工程通常包括机械设备安装工程、热力设备安装工程、静置设备与工艺金属结构制作安装工程费、电气设备安装工程、建筑智能化工程、自动化控制仪表安装工程、通风空调工程、工业管道工程、消防工程、给排水、采暖、燃气工程、通信设备及线路工程、刷油、防腐、绝热工程等多个专业工程，而与房屋建筑相关的安装工程有电气设备安装工程、通风空调工程、工业管道工程、消防工程、给排水、采暖、燃气工程、刷油、防腐、绝热工程等，这些安装工程按照建设项目的划分原则，均属单位工程，它们具有单独的施工设计文件，并有独立的施工条件，是工程造价计算的完整对象。

1.1.2 安装工程计量与计价的概念

安装工程计量与计价是反映拟建工程经济效果的一种技术经济文件。它一般从两个方面计算工程经济效果：一方面为“计量”，也就是计算消耗在工程中的人工、材料、机械台班数量；另一方面为“计价”，也就是用货币形式反映工程成本，其费用由分部分项工程费、措施项目费、其他项目费、规费和税金组成。我国现行的计价方法有定额计价方法和清单计价方法。

1.1.3 基本建设项目的概念及划分

基本建设项目是指在一个总体规划或设计范围内，实行统一施工、统一管理、统一核算的工程，它往往由一个或几个单项工程所组成。在我国，通常以建设一个企事业单位或一个独立工程作为一个建设项目。建设项目按性质可分为新建项目、扩建项目、改建项目、迁建项目和恢复项目。

根据我国现行规定，基本建设工程项目一般划分为建设项目、单项工程、单位工程、分部工程和分项工程。它们之间的关系如图 1.1 所示。

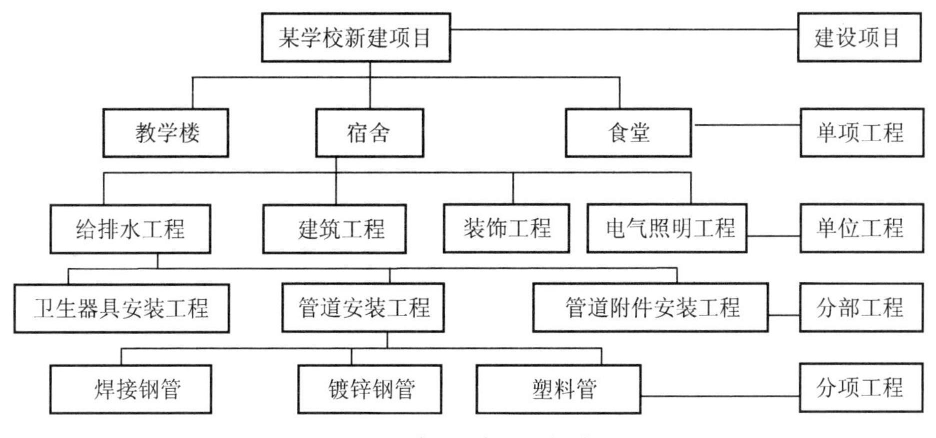

图 1.1　建设工程项目划分图

1.1.4 基本建设各阶段的计量与计价活动

建设工程周期长、规模大、造价高，因此按建设程序要分阶段进行，在不同阶段有不同的计价方法，以保证工程造价确定的准确性和科学性，如图 1.2 所示。

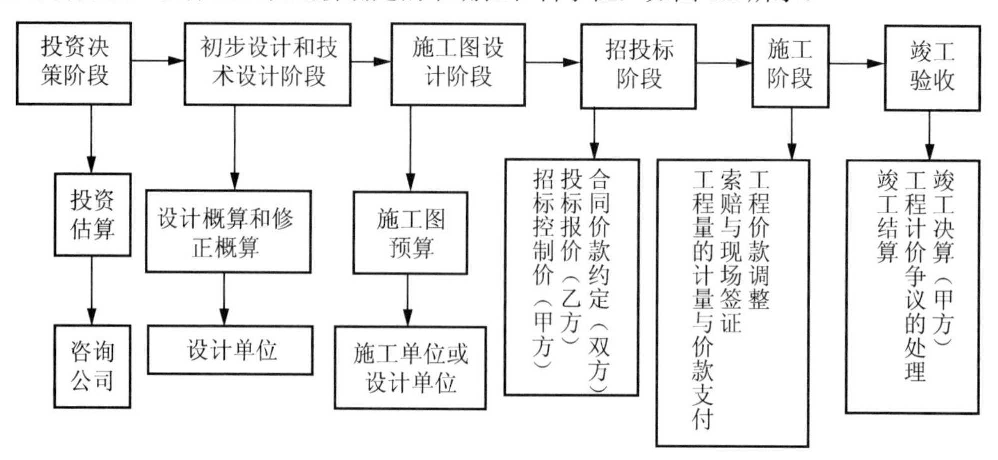

图 1.2 基本建设程序及其各阶段的计量与计价活动内容

1. 投资估算

投资估算一般是指在项目建议书或可行性研究阶段，对投资需要量进行估算，此阶段通过编制估算文件对拟建项目所需投资预先进行测算和确定，投资估算是一项不可缺少的、非常有必要的工作，主要根据估算指标、概算指标或类似工程预（决）算资料进行编制。

2. 设计概算

设计概算是指在初步设计或扩大初步设计阶段，由设计单位根据初步设计图样，概算定额或概算指标，设备预算价格，各项费用的定额或取费标准，建设地区的自然、技术经济条件等资料，预先计算建设项目由筹建至竣工验收、交付使用全部建设费用的经济文件。

设计概算的主要作用是控制工程投资和主要物资指标。在方案设计过程中，设计部门通过概算分析比较不同方案的经济效果，选择、确定最佳方案。设计概算不能超过投资估算。

3. 修正概算

修正概算是指当采用三阶段设计的技术阶段时，根据技术设计的要求，通过编制修正概算文件预先测算和确定工程造价。

修正概算比设计概算更为详尽和准确，但同样受前一阶段所确定的工程造价的控制。

4. 施工图预算

施工图预算是指当施工图设计完成后，以施工图样为依据，根据国家颁发的现行预算定额（或根据预算定额编制的地区单位估价表）、费用定额、材料市场价格、计划利润、税金计取标准，以及其他有关规定，编制的工程造价文件。施工图预算一般由施工单位或设计单位编制，它比设计概算和修正概算更为详尽和准确，但同样要受到前一阶段造价的控制。

5. 招标控制价

招标控制价是指招标人根据国家或省级、行业建设主管部门发布的有关计价依据和办法，以及拟定的招标文件和招标工程量清单，结合工程具体情况编制的招标工程的最高投标限价。

6. 投标报价

投标报价是在工程采用招标发包的过程中，由投标人按照招标文件的要求，根据工程特点，并结合自身的施工技术、装备和管理水平，依据有关计价规定，自主确定的工程造价，是投标人希望达成工程承包交易的期望价格，原则上它不能高于招标人设定的招标控制价。

7. 合同价款约定

合同价款约定是发、承包双方在工程合同中约定的工程造价，即包括了分部分项工程费、措施项目费、其他项目费、规费和税金的合同总金额。

按照《建设工程工程量清单计价规范》(GB 50500—2013)（以下简称为“13计价规范”）的规定，实行招标的工程合同价款，应在中标通知书发出之日起30天内，由发、承包双方依据招标文件和中标人的投标文件在书面合同中约定。

8. 工程量的计量与价款支付（工程结算）

工程量的计量与价款支付（工程结算）是指一个单项工程、单位工程、分部工程或分项工程完工，并经建设单位及有关部门验收或验收点交后，施工企业根据合同规定，按照施工时经发、承包双方认可的实际完成工程量、现场情况记录、设计变更通知书、现场签证、预算定额、材料预算价格和各种费用取费标准等资料，向建设单位办理结算工程价款、取得收入、用以补偿施工过程中的资金耗费、确定施工盈亏的经济活动。

工程结算一般有定期结算、阶段结算、竣工结算等方式。其中竣工结算价是在承包人完成合同约定的全部工程承包内容，发包人依法组织竣工验收，并验收合格后，由发、承包双方根据国家有关法律、法规和“13计价规范”的规定，按照合同约定的工程造价确定条款，即合同价、合同条款调整内容及索赔和现场签证等事项确定的最终工程造价。

9. 索赔与现场签证

索赔是指在合同履行过程中，合同当事人一方因非己方的原因而造成损失，按合同约定或法律法规规定应由对方承担责任，从而向对方提出补偿的要求。

现场签证是指发包人现场代表（或其授权的监理人、工程造价咨询人）与承包人现场代表就施工过程中涉及的责任事件所做的签认证明。

10. 工程计价争议的处理

在工程计价中，对工程造价计价依据、办法及相关政策规定发生争议事项的，由工程造价管理机构负责解释。发、承包双方发生工程造价合同纠纷时，工程造价管理机构负责调解工程造价问题。

11. 竣工决算

竣工决算是指在竣工验收后，由建设单位编制的反映建设项目从筹建到竣工验收、交付使用全过程实际支出的建设费用的经济文件，是最终确定的实际工程造价，是建设投资管理的重要环节，是工程交付使用的重要依据。

1.2 工程定额的概念与分类

1.2.1 工程定额的概念

工程定额是指在正常合理的施工条件下，规定完成一定计量单位分项工程或结构构件所必需的人工、材料、机械台班的消耗数量标准。例如，《湖北省通用安装工程消耗量定额及单位估价表》（2018）第十册《给排水、采暖、燃气工程》中聚丙烯塑料给水管项目规定，每安装 10m 室内 DN20 聚丙烯塑料管需用：

1. 人工

（1）普工　　0.293 工日
（2）技工　　0.317 工日

2. 材料

（1）给水聚丙烯塑料管　　10.16m
（2）聚丙烯塑料给水接头零件　　15.2 个
（3）热轧厚钢板δ8.0～15　　0.03kg

3. 机械

（1）热熔焊接机　　0.001 台班
（2）试压泵 3MPa　　0.001 台班
（3）电动单级离心清水泵 100　　0.001 台班

预算定额作为一种数量标准，除了规定完成一定计量单位的分项工程或结构构件所需人工、材料、机械台班数量外，还必须规定完成的工作内容和相应的质量标准及安全要求等内容。

1.2.2 建设工程定额的分类

工程定额使用的定额种类繁多，其内容和形式是根据生产建设的需要而制定的。因此，不同的定额及其在使用中的作用也不尽相同，建设工程定额分类如图 1.3 所示。

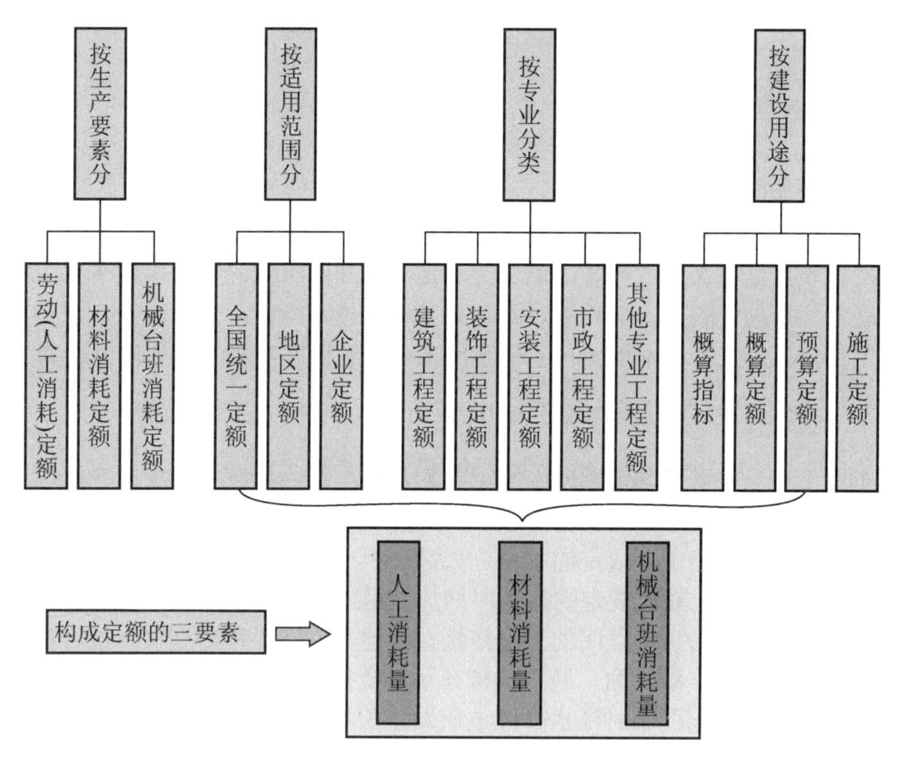

图 1.3 建设工程定额分类图

1.3 构成定额三要素

从图 1.3 中可知，无论建设工程定额如何分类，都应体现人工消耗量、材料消耗量和机械台班消耗量三个要素。

1.3.1 人工消耗量——劳动定额

劳动定额有时间定额和产量定额两种表现形式。

1. 时间定额

在正常施工条件下，在合理的劳动组织、合理的使用材料与合理的机械配合条件下，规定某种技术等级的工人小组或个人完成某一质量合格的单位产品所需消耗的劳动时间，包括准备时间和结束时间，基本生产时间、辅助生产时间、不可避免的中断时间以及工人必需的休息时间。

时间定额的单位是工日，每工日按 8 小时计算。

2. 产量定额

产量定额亦称“每工产量”，是指在正常条件下，在合理的使用材料，合理的机械配合条件下，规定某种专业技术等级的工人小组或个人，在单位时间（工日）内完成的合格产品的数量。

时间定额和产量定额的关系如下。

$$时间定额=\frac{1}{产量定额}$$

$$产量定额=\frac{1}{时间定额}$$

3. 关于人工消耗量的确定

安装工程预算定额人工消耗量，是以劳动定额为基础确定的完成单位子目工程所必须消耗的劳动量。定额中的人工消耗量，不分列工种和技术等级，一律以综合工日表示。其综合人工工日消耗量包括基本用工、超运距用工和人工幅度差。综合工日公式为

$$综合工日=\sum（基本用工+超运距用工）\times（1+人工幅度差率） \tag{1-1}$$

式中：基本用工——是以劳动定额或施工记录为基础，按照相应的工序内容进行计算的用工数量；

超运距用工——是指定额取定的材料、成品、半成品的水平运距超过施工定额（或劳动定额）规定的运距所增加的用工；

人工幅度差——是指工种之间的工序搭接，土建与安装工程的交叉、配合中不可避免的停歇时间，施工机械在场内变换位置及施工中移动临时水、电线路引起的临时停水、停电所发生的不可避免的间歇时间，施工中水、电维修用工，隐蔽工程验收、质量检查、掘开及修复的时间，现场内操作地点转移影响的操作时间，施工过程中不可避免的少量零星用工。安装工程定额人工幅度差，除另有说明外一般为12%左右。

1.3.2 材料消耗量

1. 材料消耗量的概念

材料消耗定额是指在正常施工条件下，合理使用材料的情况下，完成每单位合格产品所必须消耗的各种材料、成品、半成品的数量标准。

2. 安装工程材料的分类

安装工程的材料可分为主要材料和辅助材料。

（1）主要材料：构成安装工程主体的材料，称为主要材料（简称主材），在消耗量定额中，以“（　）”标明。

（2）辅助材料：完成该分部分项工程不可缺少的次要材料，称为辅助材料（简称辅材）。

3. 主要材料的损耗量

$$子目材料消耗量=材料净用量+损耗量=材料净用量\times（1+损耗率） \tag{1-2}$$

式中：材料净用量——构成工程子目实体必须占有的材料；

材料损耗量——包括从工地仓库、现场集中堆放地点或现场加工地点到操作或安装地点的运输损耗、施工操作损耗、施工现场堆放损耗等。

用量很少的零星材料，计列入其他材料费内，并以占该定额项目的辅助材料的百分比表示。

1.3.3 机械台班消耗量

1. 机械台班消耗量的概念

机械台班消耗量是指施工机械在正常施工条件下，合理的组织劳动和使用机械，完成单位合格产品（或某项工作）所必需的工作时间。

2. 机械台班定额的分类

（1）时间定额：单位产品时间定额即生产质量合格产品所必须消耗的时间，计量单位为“台班”。

（2）产量定额：台班产量定额就是每台班时间内生产质量合格的单位产品的数量。

构成定额的三要素在消耗量定额表中的体现（以《湖北省建筑安装工程消耗量定额及全费用基价表》（2018）为例），见表1-1。

表1-1为《湖北省建筑安装工程消耗量定额及全费用基价表》（2018）第四册《电气设备安装工程》中的“配管配线”的部分定额，现在提出如下问题：管内穿线方式安装100m塑料铜芯绝缘导线BV2.5的照明线路（即规定计量单位的分项工程），需要消耗多少人工、材料和机械台班呢？

从表1-1中，我们可以清楚地知道，管内穿线安装10m照明线路（铜芯，导线截面积2.5mm^2），需要消耗普工0.026工日；技工0.032工日，消耗绝缘导线11.6m（主要材料，其中1.6m为损耗量），其余的材料（如棉纱0.02kg，锡基钎料0.020kg等）均为辅助材料；机械台班消耗量为0。

表1-1 安装工程消耗量定额举例（管内穿线）

工作内容：穿引线、扫管、涂滑石粉、穿线、接焊包头。 计量单位：10m单线

定额编号				C4-1286	C4-1287	C4-1288
项目				照明线路（铜芯）		
				导线截面（mm^2以内）		
				≤铜芯1.5	≤铜芯2.5	≤铜芯4
基价/元				12.14	13.61	9.44
其中	人工费/元			6.09	6.94	4.55
	材料费/元			1.43	1.43	1.4
	机械费/元			—	—	—
	费用			3.42	3.89	2.55
	增值税			1.20	1.35	0.94
名称		单位	单价	数量		
人工	普工	工日	92.00	0.023	0.026	0.017
	技工	工日	142.00	0.028	0.032	0.021
材料	绝缘导线	m	—	（11.600）	（11.600）	（11.000）
	棉纱	kg	10.27	0.020	0.020	0.020
	锡基钎料	kg	41.07	0.020	0.020	0.020
	汽油综合	kg	6.03	0.050	0.050	0.050

续表

定额编号			C4-1286		C4-1287	C4-1288
材料	塑料胶布带 18mm×10m	卷	2.57	0.03	0.03	0.02
	汽油综合	kg	6.03	0.050	0.050	0.050
	棉纱头	kg	6.00	0.200	0.200	0.200
	其他材料费	%	—	1.800	1.800	1.800

1.4 湖北省安装工程计价定额概述

《湖北省通用安装工程消耗量定额及全费用基价表》(2018)的编制概况主要包括定额的主要内容和结构形式。

1. 定额的主要内容

《湖北省通用安装工程消耗量定额及全费用基价表》(2018)是按照国家标准《建设工程工程量清单计价规范》(GB 50500—2013)的有关要求，在住房和城乡建设部印发的《通用安装工程消耗量定额》(TY 02—31-2015)及《湖北省通用安装工程消耗量定额及单位估价表》(2013年)的基础上，结合湖北省实际情况进行修编的，共分十二册。

第一册 机械设备安装工程

第二册 热力设备安装工程

第三册 静置设备与工艺金属结构制作安装工程

第四册 电气设备安装工程

第五册 建筑智能化工程

第六册 自动化控制仪表安装工程

第七册 通风空调工程

第八册 工业管道工程

第九册 消防工程

第十册 给排水、采暖、燃气工程

第十一册 通信设备及线路工程

第十二册 刷油、防腐蚀、绝热工程

2. 定额结构形式

《湖北省通用安装工程消耗量定额及全费用基价表》(2018)是由定额总说明、册说明、目录、各章(节)说明、工程量计算规则、定额子目、附录六大部分组成。其中，分项工程定额子目是核心内容，它包括分项工程的工作内容、计量单位、定额编号、项目名称、全费用、人工、材料、机械的消耗量及其对应的单价以及附注组成。其结构形式见表1-2。

其中，消耗量定额只规定完成单位分项工程或结构构件的人工、材料、机械台班消耗的数量标准，理论上讲不以货币形式来表现；而全费用基价表是将预算定额中的消耗量在本地区用货币形式来表示。为了方便预算编制，湖北省将消耗量定额和基价表合并，不仅列出工料机消耗数量，同时也列出工、料、机预算价格、费用及增值税汇总值。

表 1-2 室内塑料给水管（热熔连接）

工作内容：切管、组对、预热、熔接，管道及管件安装，水压试验及水冲洗。 单位：10m

定额编号				C10-1-345	C10-1-346
项目				公称外径（mm 以内）	
				20	25
全费用/元				124.66	138.30
其中	人工费/元			71.97	79.88
	材料费/元			1.53	1.70
	机械费/元			0.32	0.32
	费用/元			40.55	44.98
	增值税/元			10.29	11.42
名称		单位	单价/元	数量	
人工	普工	工日	92.00	0.293	0.325
	技工	工日	142.00	0.317	0.352
材料	塑料给水管	m	-	（10.160）	（10.160）
	室内塑料给水管热熔管件	个	-	（15.200）	（12.250）
	锯条 综合	根	0.66	0.120	0.144
	电	kW·h	0.75	1.017	1.146
	热轧厚钢板δ8.0～15	kg	2.77	0.030	0.032
	低碳钢焊条 J422ϕ3.2	kg	3.68	0.002	0.002
	氧气	m^3	3.27	0.003	0.003
	乙炔气	kg	22.58	0.001	0.001
	铁砂布	张	1.02	0.053	0.066
	橡胶板δ1～3	kg	7.79	0.007	0.008
	六角螺栓	kg	5.92	0.004	0.004
	螺纹阀门 DN20	个	21.39	0.004	0.004
	焊接钢管 DN20	m	5.13	0.013	0.014
	橡胶软管 DN20	m	7.70	0.006	0.006
	弹簧压力表 Y-100 0～1.6MPa	块	55.61	0.002	0.002
	压力表弯管 DN15	个	13.13	0.002	0.002
	水	m^3	3.39	0.008	0.014
	其他材料费	%	-	2.000	2.000
	电【机械】	kW·h	0.75	0.057	0.057
机械	电焊机 综合	台班	17.30	0.001	0.001
	试压泵 30Mpa	台班	151.85	0.001	0.001
	电动单级离心清水泵 100	台班	155.21	0.001	0.001

注：表格中的增值税税率按 9%计算。

1.5 安装工程预算定额单价的确定

1. 定额人工工资单价的确定

人工工资单价是指一个建筑安装生产工人一个工作日（按我国劳动法的规定，一个工作日的工作时间为 8 小时，简称“工日”）在计价时应计入的全部人工费用。它基本上反映了建筑安装生产工人的工资水平和一个工人在一个工作日中可以得到的报酬。合理确定人工工日单价是正确计算人工费和工程造价的前提和基础。计算公式为

定额人工工资单价=基本工资+奖金+津贴、补贴+加班加点工资
+特殊情况下支付的工资（工伤、产假、婚丧假等） (1-3)

湖北省建设工程定额人工单价实行动态管理办法，每半年进行一次测算和调整，只有调整期的定额人工单价与前期的定额人工单价的增减超过 5%时，定额人工单价予以调整，如遇特殊情况，调整的周期和幅度可根据实际情况另行处置。

定额人工单价的测算与发布工作由省建设工程造价管理机构统一负责实施。人工单价动态调整的原理是对定期收集的劳务分包合同进行筛选，剔除人工因素，取定分项工程劳务分包合同纯人工价格，并通过有关参数计算得到各专业分项工程定额人工单价，用各专业工程在整个建筑业所占的权重和各分项工程占各专业工程的比例。复合成一个综合的定额人工单价，通过计算，最终等到普工、技工、高级技工的定额人工单价。湖北省 2018 定额编制期的人工发布价为：普工 92 元/工日，技工 142 元/工日，高级技工 212 元/工日。

2. 定额材料预算单价的确定

定额的材料预算单价，材料价格是指材料（包括构件、成品或半成品）从其来源地（或交货地点）到达施工现场工地仓库出库的价格。材料预算价格组成如图 1.4 所示。

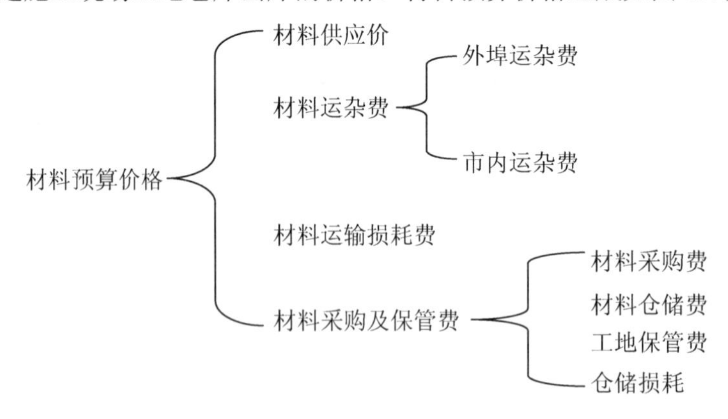

图 1.4 材料预算价格组成

3. 定额施工机械台班单价的确定

定额的施工机械台班单价是以“台班”为计量单位，机械工作 8h 称为“一个台班”。施工机械台班单价是指一个施工机械，在正常运转条件下一个台班中所支出和分摊的各种费用之和。

施工机械台班单价由下列七项费用组成：

① 机械折旧费。

② 机械检修费。

③ 维护费。

④ 安拆费及场外运输费。

⑤ 人工费（指机上司机和其他操作人员的人工费）。

⑥ 燃料动力费（各专业定额中施工机械台班价格不含燃料动力费，燃料动力费并入各专业定额的材料费中）。

⑦ 其他费。

全费用基价表中的机械费，包含施工机械与仪器仪表使用费。

1.6 安装工程预算定额基价的确定

1.6.1 安装工程预算定额全费用基价的组成

安装工程预算定额全费用基价是完成规定计量单位的分部分项工程所需人工费、材料费、机械费、费用、增值税之和，计算公式见式（1-3）。人工费、材料费、机械费是以定额编制期确定的人工、材料、机械台班单价和对应的定额消耗量计算的；费用包括总价措施项目费、企业管理费、利润、规费；增值税是在一般计税法下按规定计算的销项税。

计算公式如下：

$$\text{分项工程定额全费用基价=人工费+材料费+机械费+费用+增值税} \tag{1-4}$$

其中 人工费=$\sum$（人工工日用量×人工日工资单价）

材料费=$\sum$（各种材料消耗量×相应材料单价）

机械费=$\sum$（机械台班水泵量×相应机械台班单价）

说明：式（1-4）材料费中的定额材料消耗量，是指辅助材料消耗量，不包括主要材料。主要材料（未计价材料）费，应另行计算。

$$\text{费用=总价措施项目费+企业管理费+利润+规费} \tag{1-5}$$

其中：总价措施项目费=（人工费+机械费）×费率（查表知：安装工程总价措施项目费费率为9.95%）

企业管理费=（人工费+机械费）×费率（查表知：安装工程企业管理费费率为18.86%）

利润=（人工费+机械费）×费率（查表知：安装工程利润率为15.31%）

规费=（人工费+机械费）×费率（查表知：安装工程规费费率为11.97%）

增值税=不含税工程造价×税率=（人工费+材料费+机械费+费用）×税率（9%）

举例说明

查表1-2，计算安装单位10m的De20室内塑料给水管（热熔连接）所需的人工费、材料费、机械费及全费用基价。

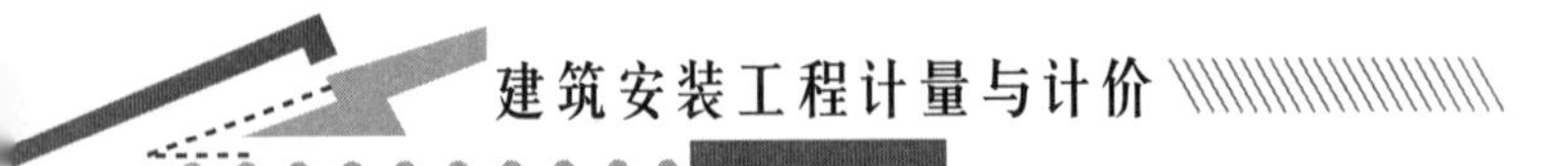

【解】经查表 1-2 可知：

人工费=92×0.293+142×0.317=71.97（元/10m）

材料费=0.66×0.12+0.75×1.017+2.77×0.03+3.68×0.002+3.27×0.003+22.58×0.001+1.02×0.053+7.79×0.007+5.92×0.004+21.39×0.004+5.13×0.013+7.7×0.006+55.61×0.002+13.13×0.002+3.39×0.008+0.75×0.057=1.53（元/10m）（辅助材料）

机械费=17.3×0.001+151.85×0.001+155.21×0.001=0.32（元/10m）

费用=（71.97+0.32）×（9.95%+18.86%+15.31%+11.97%）=72.29×56.09%（总价措施项目费费率、企业管理费费率、利润率、规费费率之和）=40.55（元/10m）

增值税=（71.97+1.53+0.32+40.55）×9%=10.29（元/10m）

De20 室内塑料给水管全费用基价=71.97+1.53+0.32+40.55+10.29=124.66（元/10m）

1.6.2　安装工程预算定额基价的作用

安装工程预算定额基价依据《全国统一建筑工程基础定额》或各省、市、自治区建筑工程预算定额、地区现行的工资标准、地区现行的材料价格、地区现行的机械台班价格、国家和地区的有关规定编制。预算定额基价表是确定建筑安装工程造价的主要依据，是甲、乙双方进行工程价款结算的主要依据，是编制工程招标控制价和施工企业投标报价的依据，是建筑施工企业进行工程成本分析和经济核算的依据。

1.7　安装工程预算定额未计价材料

1.7.1　未计价材料

在定额制定中，将消耗的辅助或次要材料价值，计入定额基价中，称为计价材料。而将构成工程实体的主要材料，因全国各地价格差异较大，如果主材也进入统一基价，势必增加材料价差调整难度。所以，在价目表中，只规定了它的名称、规格、品种和消耗数量，定额基价中，未计算它的价值，其价值可根据市场或实际购买的除税价格确定材料单价，该项材料费用计入材料费，然后进入工程造价，故称为未计价材料。

另外，某些安装工程子目中没列出某种材料，在章说明中进行说明或某些项目用不同品种、不同规格和型号的材料加工制作安装后达到设计目的和要求，这时定额不可能一一列全，所以也需要将其作为未计价材料，按实计算。例如，第十册《给排水、采暖及燃气工程》第一章给排水管道的说明中规定排水管道不包括止水环、透气帽本体材料，发生时按实际数量另计材料费。

1.7.2　未计价材料费的计算

1. 定额中的未计价材料

本定额材料消耗量带“（ ）”的为未计价材料，可根据市场或实际购买的除税价格确定材料单价，见表 1-3。

表 1-3 室内塑料给水管（热熔连接）

工作内容：切管、组对、预热、熔接，管道及管件安装，水压试验及水冲洗。 单位：10m

定额编号				C10-1-345	C10-1-346
项目				公称外径（mm 以内）	
				20	25
全费用/元				124.66	138.30
其中	人工费/元			71.97	79.88
	材料费/元			1.53	1.70
	机械费/元			0.32	0.32
	费用/元			40.55	44.98
	增值税/元			10.29	11.42
名称		单位	单价/元	数量	
人工	普工	工日	92.00	0.293	0.325
	技工	工日	142.00	0.317	0.352
材料	塑料给水管	m	-	（10.160）	（10.160）
	室内塑料给水管热熔管件	个	-	（15.200）	（12.250）
	锯条 综合	根	0.66	0.120	0.144
	电	kW・h	0.75	1.017	1.146
	其余略				
机械	电焊机 综合	台班	17.30	0.001	0.001
	试压泵 30Mpa	台班	151.85	0.001	0.001
	电动单级离心清水泵 100	台班	155.21	0.001	0.001

注：表中把其定额消耗量用括号括起来的材料有两个分别为塑料给水管、室内塑料给水管热熔管件，其价值未计入全费用基价，这两种材料为未计价材料。

未计价材料费的计算公式见式（1-6）、式（1-7）

未计价材料数量=按施工图算出的工程量×括号内的材料消耗量 （1-6）

未计价材料费=未计价材料数量×材料市场单价 （1-7）

举例说明

某住宅给水安装工程，经计算共用 De25 的聚丙烯塑料给水管 160m（工程量），De25 的聚丙烯塑料管除税市场信息价为 3.55 元/m，其接头零件的市场信息价为 7.12 元/个，试求聚丙烯塑料管及其管件的费用？

【解】查消耗量定额（表 1-3）知，应套用 C10-1-346 子目，

则该规格的管材数量为

$$160\times1.016=162.56\ (\text{m})$$

管材费用为

$$162.56\times3.55=577.1\ (\text{元})$$

则该规格的管件数量为

$$160\times1.225=196\ (\text{个})$$

其管件费用为

$$196\times7.12=1395.5\ (\text{元})$$

2. 定额中的已计价材料

在制定定额时，将消耗的辅助或次要材料价值，计入定额基价中，这些材料就称为计价材料，如表 1-3 中所列出材料，在数量栏中不带括号的都是计价材料，其价值已计入定额基价内，编制预算时不应另行计算。

1.8 安装工程预算定额系数

1.8.1 定额系数

预算定额是在正常施工条件下编制的，而实际施工条件复杂、多变，当实际施工条件与定额条件不符怎么办？为了既满足工程实际计价的需要，又使定额简明实用，便于操作，在安装工程中引入了定额系数。定额系数是预算定额的重要组成部分，《湖北省通用安装工程消耗量定额及全费用基价表》（2018）把定额系数按其实质内容分为子目系数、工程系统系数和综合系数。

子目系数是指当分项工程内容与定额子目考虑的编制环境不同时，所需进行的定额调整内容，如各章节规定的定额子目调整系数、操作高度增加费系数、暗室施工系数等。原则上来讲，如各章节规定的定额子目调整系数可作为操作高度增加费系数、暗室施工系数的计算基数，而操作高度增加费系数、暗室施工系数则是平行关系。

工程系统系数是与工程建筑形式或工程系统调试有关的费用。如：建筑物超高增加费系数，通风工程检测、调试系数，采暖工程系统调试费系数等均为此类系数类型。

综合系数是与工程本体形态无直接关系，而与施工方法和施工环境有关的系数。如脚手架搭拆系数、安装于生产同时进行增加系数，有害环境影响增加的系数等。

子目系数是计取工程系统系数的基础，子目系数和工程系统系数是计算综合系数的基础。

1.8.2 有关系数使用说明

1. 各章节规定的子目调整系数

各章节规定的子目调整系数见各册章节说明。例如，电气设备安装工程在第九章说明中，电力电缆敷设定额与接头定额是按照三芯（包括三芯连地）编制的，电缆每增加一芯相应定额增加 15%。单芯电力电缆敷设与接头定额按照同截面电缆相应定额人工、材料、机械乘以系数 0.7，两芯电缆按照同截面电缆相应定额人工、材料、机械乘以系数 0.85。再例如，给排水、采暖、燃气工程第五章说明中，水表安装定额是按与钢管连接编制的，若与塑料管连接时其人工乘以系数 0.6，材料、机械消耗量可按实调整等。

2. 操作高度增加费

安装工程预算定额是按操作物高度在定额高度以下施工条件编制的，定额工效也是在这个施工条件下测定的，如果实际操作物高度超高定额高度，那工效肯定会降低，为了弥补因操作物高度超过定额编制要求的高度而造成的人工降效，因此要计取操作高度增加费。

操作高度增加费的安装高度的计算，有楼地面的按楼地面至安装物底的高度，无楼地面的按操作地面（或安装地点的设计地面）至安装工作物底的高度确定。操作高度增加费的高度各册规定高度不同，如，给排水、采暖、燃气工程定额中操作物高度以距离楼地面3.6m为限，超过3.6m时，计取操作高度增加费；电气设备安装工程及消防工程安装高度按5m及以下编制，安装高度超过5m时，计取操作高度增加费。

操作高度增加费的计取方法是以超过规定高度以上部分的工程人工费为基数乘以相应系数计算。规定高度以下部分的工程人工费不作为计算基数，操作高度增加费全部为人工费。

3. 建筑物超高增加费

建筑物超高增加费是指高度在6层或20m以上的工业与民用建筑物上进行安装时增加的费用。

建筑物超高增加费的计取方法是以全部工程的人工费（含子目系数人工费）为基数乘以规定的系数计算。注意全部工程是指含6层或20m以下工程部分，也包括地下室工程。建筑物超过增加费中人工费占65%。

建筑物超高增加费各册定额规定的增加费系数不相同，但都是根据建筑的层数和建筑物檐高为指标设置的，选择系数时，应按照层数和高度两者中的高值确定。

4. 脚手架搭拆费

脚手架搭拆费是指施工需要的各种脚手架搭、拆、运输费用及脚手架的摊销费用。

定额中的脚手架搭拆费，均采用系数计算、各册测算系数时已考虑了各专业交叉作业施工时，可以互相利用已搭建的脚手架。如施工部分使用或者全部使用土建的脚手架时，按有偿考虑，无论现场是否发生或者搭建数量的多少，包干使用。又如一个洗脸盆洁具供货商，安装洗脸盆也需要计取脚手架搭拆费，脚手架搭拆费分章节计算。

安装工程脚手架搭拆费用的计取方法是以全部工程人工费（含子目系数、工程系统系数人工费用）为计算基数乘以脚手架搭拆费系数计算。计算所得脚手架搭拆费中人工费占35%。

各册定额规定的脚手架搭拆费系数不相同。如电气设备安装工程、给排水、采暖、燃气工程规定：脚手架搭拆费按人工费 5%计算，其中人工工资占 35%。通风空调工程脚手架搭拆费按定额人工费的4%计算，其中人工费占35%。

举例说明

设某工程共12层（总高度48.6m），其中底层层高6.6m，其余层高均为3m，经计算该楼电气照明工程的分部分项工程费（不含各项调整系数）为120000元，其中人工费20000元，底层照明分部分项工程费用30000元，其中人工费8000元，底层安装高度超过5m的分部分项工程费用6000元，其中人工费2500元（不包括装饰灯具安装的分部分项工程费用和人工费），试计算各项系数增加费。

【解】

1. 计算操作高度增加费

计算条件：该工程底层层高6.6m，超过5m以上部分有照明工程，符合电气照明工程计算操作高度增加费的条件。

计算基数：底层超过5m以上的工程人工费2500元，其余各层未超高，不计算此项费用。

计算系数：按照电气安装工程定额分册的规定：操作物高度离楼地面5m以上电气安装工程，按超高部分人工费的10%计算（已考虑了超高作业因素的项目除外）。

即　操作高度增加费=2500×10%=250元，其中，250元全部为因降效增加的人工费。

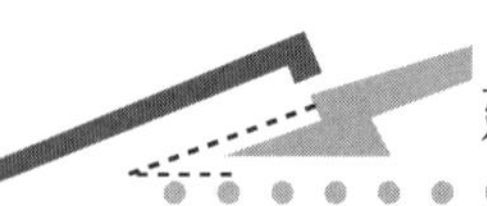

2. 计算建筑物超高增加费

计算条件：该工程共 12 层，超过 6 层；或总高度 48.6m，超过 40m，符合计算建筑物超高增加费的条件。

按照子目系数是计算工程系统系数建筑物超高增加费的基础为依据，计算基数为：工程全部人工费 20000 元另加操作高度增加费 250 元（全部为人工费），

计算系数：电气照明工程 12 层（总高度 48.6m），两者取较大值，高层建筑增加费系数为 5%。

即　建筑物超高增加费：（20000+250）×5%=1012.5（元），其中 1012.5 元中人工费：1012.5×65%=658.1 元

3. 计算脚手架搭拆费

计算条件：电气安装工程中的脚手架搭拆费计算，除了定额内已考虑了此项因素的项目外，其他项目可以综合计取。

计算基数：（1）工程全部人工费 20000 元。

（2）操作高度增加费中的人工费为 250 元。

（3）建筑物超高增加费中的人工费为 658.1 元。

计算系数：电气照明工程脚手架搭拆费按人工费的 5%计算，其中人工工资占 35%。

即　脚手架搭拆费：（20000+250+658.1）×5%=1045.4（元）

其中人工费：1045.4×35%=365.9（元）

总结

本工作任务介绍了什么是安装工程计量与计价，以及基本建设不同阶段应进行不同的计价方法，其中，施工图预算是我们本学期要学习的计价方法。做预算离不开定额，本工作任务的重点是掌握《湖北省通用安装工程消耗量定额及全费用基价表》（2018）的内容及应用。

检查评估

1. 名词解释

（1）安装工程计量与计价

（2）工程定额

（3）全费用基价

（4）未计价材料

（5）定额系数

2. 简答题

（1）基本建设项目划分为几个层次？

（2）什么是定额系数？举例说明哪些属于子目系数、工程系统系数和综合系数。

（3）未计价材料费如何计算？

3. 动手题

请登录本地工程造价信息网，查找当前给排水管材、卫生器具等未计价材料的市场价格。

工作任务 2

定额计价模式下安装工程费用项目组成及计算程序

知识目标

（1）了解建筑安装工程费用定额的概念、组成及编制原则；

（2）熟悉湖北省建筑安装工程费用定额的组成及每个组成内容的含义；

（3）重点掌握费用定额的应用

能力目标

能够编制清单计价和定额计价模式下建筑安装工程取费表

素质目标

（1）培养学生严谨细致的工作态度；

（2）培养学生良好的职业操守

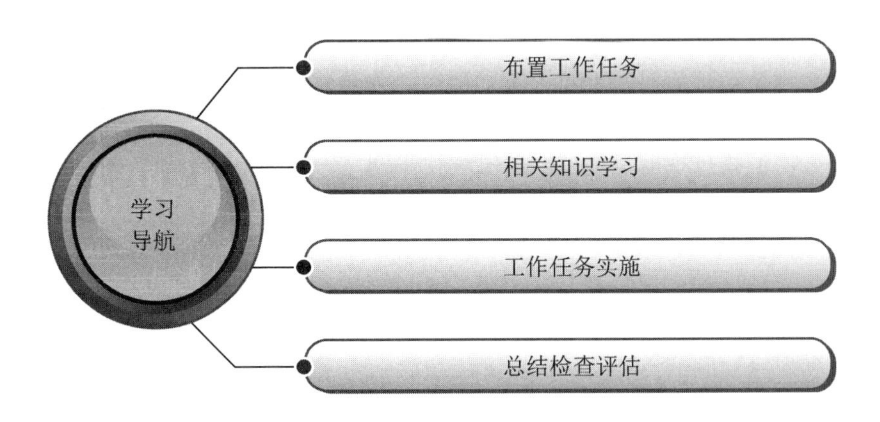

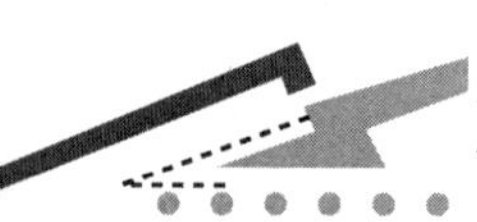

2.1 建筑安装工程费用定额

2.1.1 建筑安装工程费用定额的概念

建筑安装工程费用定额是指除了耗用在工程实体上的人工、材料、施工机械等分部分项工程费之外，还有在工程施工生产管理及企业生产经营管理活动中所必须发生的各项费用开支的标准。

在建设工程施工过程中，除了直接耗用在工程实体上的人工、材料、施工机械等费用之外，还会发生一些虽然没有包括在预算定额项目之内，但又与工程施工生产和维持企业的生产经营管理活动有关的费用，例如，夜间施工增加费、安全文明施工措施费、生产企业管理人员工资、劳动保险费、营业税等。这些费用内容多，性质复杂，对工程造价的影响也很大。为了理顺参建各方的经济关系，保障建设资金的合理使用，也为了方便计算，在全面深入调查研究的基础上，经过认真的分析测算，按照一定的计算基础，以百分比的形式，分别制定出上述各项费用的取费标准，就是建筑安装工程费用定额。

2.1.2 建筑安装工程费用的组成

建筑安装工程费用定额主要包括分部分项工程费、措施项目费、其他项目费、规费、和增值税。

（1）分部分项工程费是指各专业工程的分部分项工程应予列支的各项费用。分部分项工程是指按现行国家计量规范对各专业工程划分的项目，是分部工程和分项工程的总称。如给电气设备安装工程划分为变压器安装工程、配电装置安装工程、电缆工程、照明器具工程等。

（2）措施项目费定额是指为完成建设工程项目施工，发生于该工程施工期和施工过程中技术、生活、安全、环境保护等方面的费用。它同人工费、材料费、施工机械使用费相比，具有较大的弹性。对于某一个具体的单位工程来讲，措施项目费中的有些费用需要根据施工现场具体的情况加以确定，可能发生，也可能不发生，如二次搬运费、已完工程及设备保护费、冬雨季施工增加费等。

（3）其他项目费一般包括暂列金额、暂估价、计日工、总承包服务费等

（4）规费是指政府建设行政主管部门，为确保工程造价的管理、工程安全生产的监督和施工企业职工的劳动保障而规定必需计入工程造价的费用。

（5）增值税按税前造价乘以增值税税率确定。

2.1.3 建筑安装工程费用定额的编制原则

建筑安装工程费用定额是计算建筑安装工程费用、编制工程造价文件的重要依据，它的合理性和准确性直接关系工程造价确定的准确性。因此，编制建筑安装工程费用定额时，必须贯彻下述原则。

1. 按照社会必要劳动量确定定额水平的原则

根据社会必要劳动量规律的要求，按照中等企业开支水平编制建设工程费用定额，保证大多数建设工程企业在生产经营、组织和管理生产中所必需的各种费用。合理地确定定额水平，定额才能在生产组织管理中发挥作用。在确定建设工程费用定额时，必须及时、准确地反映企业的施工管理水平，同时也应考虑材料预算价格上涨、定额人工费的变化对建设工程费用定额中有关费用支出的影响因素。各项费用开支标准应符合国务院、财政部、劳动和社会保障部，以及各省、自治区、直辖市人民政府的有关规定。

2. 贯彻"简明、适用"原则

确定建筑安装工程费用定额，应在尽可能地反映实际消耗水平的前提下，做到形式简明，方便适用。要结合工程建设的技术经济特点，在认真分析各项费用属性的基础上，理顺费用定额的项目划分。有关部门可以按照统一的费用项目划分，制定相应的费率，费率的划分应与不同类型的工程和不同企业等级承担工程的范围相适应，按工程类型划分费率，实行"同一工程、同一费率"。运用定额计取各项费用的方法应力求简单、易行。

3. 贯彻灵活性和准确性原则

建筑安装工程费用定额在编制过程中，一定要充分考虑可能影响工程造价的各种因素。在编制其他直接费定额时，要充分对施工现场中的各种因素进行定性、定量的分析，从而在研究后制定出合理的费用标准。在编制间接费用定额和现场经费定额时，要本着增产、节约的原则，在满足施工生产和经营管理的基础上，尽量压缩非生产人员和非生产用工，以节约企业管理费的有关费用支出。

2.2 建筑安装工程费用项目组成

《湖北省建筑安装工程费用定额》(2018)，是根据国家标准《建设工程工程量清单计价规范》(GB 50500—2013)、《房屋建筑与装饰工程工程量计算规范》(GB 50854—2013) 等专业工程量计算规范、《中华人民共和国增值税暂行条例》(国务院令第 538 号)、《建筑安装工程费用项目组成》(建标〔2013〕44 号)、《建筑工程安全防护、文明施工措施费用及使用管理规定》(建办〔2005〕89 号) 等文件规定，结合湖北省实际情况编制的。该费用定额考虑了营改增税制改革的要求，制定了与全费用基价表配套使用的计价程序，缩小了定额人工单价与市场人工价格的距离。

建筑安装工程费用由分部分项工程费、措施项目费、其他项目费、规费和增值税组成。

其中，分部分项工程费、措施项目费、其他项目费都包含人工费、材料费、施工机具使用费、企业管理费和利润。

具体划分如图 2.1 所示。

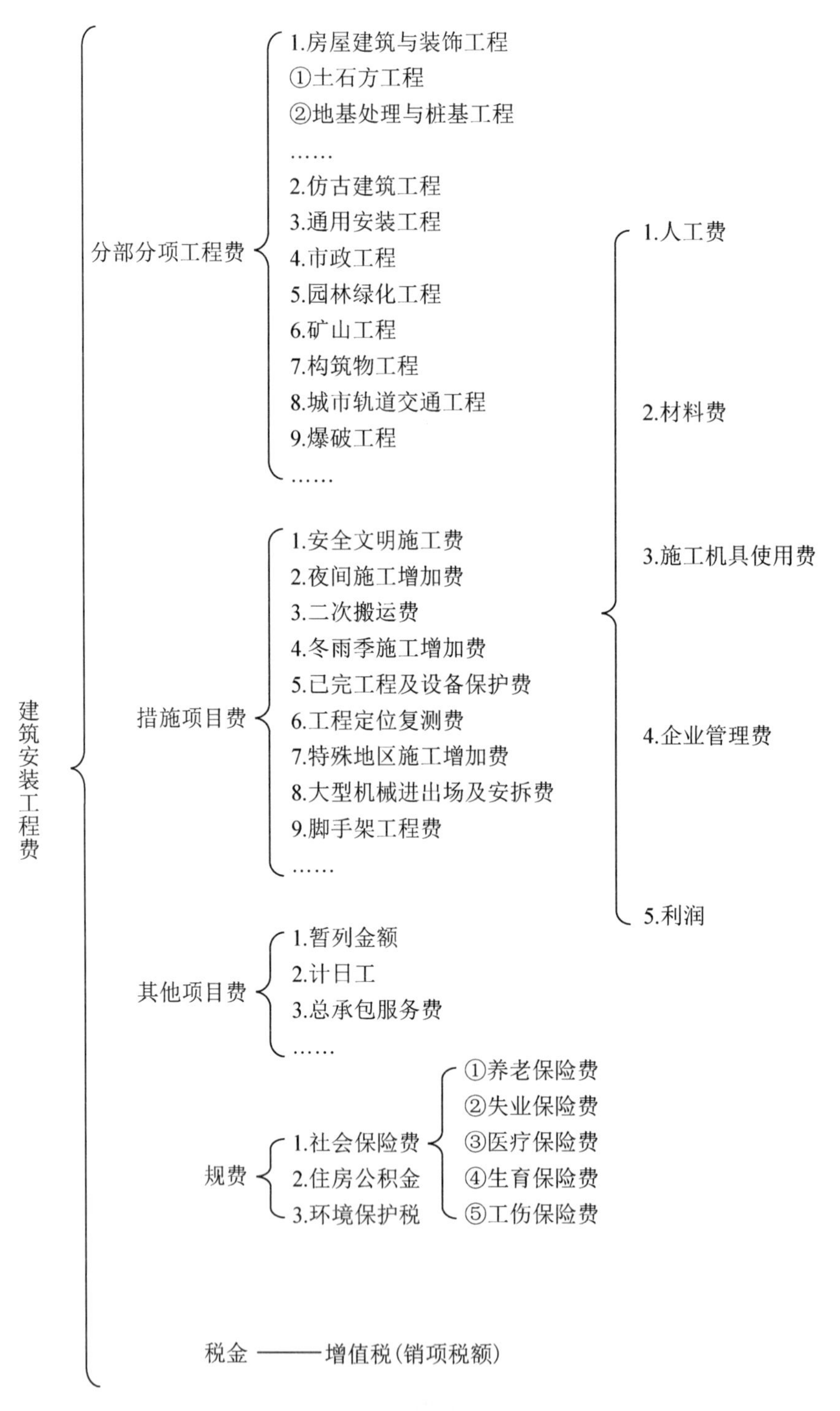

图 2.1　建筑安装工程费用项目组成

2.2.1　分部分项工程费

分部分项工程费是指各专业工程的分部分项工程应予列支的各项费用。分部分项工程是指按现行国家计量规范对各专业工程划分的项目，是分部工程和分项工程的总称。如给电气设备安装工程划分为变压器安装工程、配电装置安装工程、电缆工程、照明器具工程等。

1. 人工费

人工费是指直接从事建筑安装工程施工的生产工人开支的各项费用，内容包括以下五项。

（1）计时工资或计件工资：是指按计时工资标准和工作时间或对已做工作按计件单价支付给个人的劳动报酬。

（2）奖金：是指对超额劳动和增收节支支付的劳动报酬，如节约奖、劳动竞赛奖等。

（3）津贴、补贴：是指为了补偿职工特殊或额外的劳动消耗和因其他特殊原因支付给个人的津贴，以及为了保证职工工资水平不受物价影响支付给个人的物价补贴。

（4）加班加点工资：是指按规定支付的在法定节假日工作的加班工资和在法定工作时间外延时工作的加点工资。

（5）特殊情况下支付的工资：是指根据国家法律、法规和政策规定，因病、工伤、产假、计价生育假、婚丧假、事假、探亲假、定期休假、停工学习、执行国家或社会义务等原因按计时工资标准或计时工资标准的一定比例支付的工资。

2. 材料费

材料费是指施工过程中耗费的构成工程实体的原材料、辅助材料、构配件、零件、半成品及成品、工程设备的费用，内容包括以下四项。

（1）材料原件（或供应价格）。

（2）材料运杂费：是指材料自来源地运至工地仓库或指定堆放地点所发生的全部费用。

（3）运输损耗费：是指材料在运输装卸过程中不可避免的损耗。

（4）采购及保管费：是指为组织采购、供应和保管材料过程中所需要的各种费用，包括采购费、仓储费、工地保管费、仓储损耗。

3. 施工机具使用费

施工机械使用费是指施工作业所发生的施工机械、仪器仪表使用费或租赁费。施工机械台班单价应由下列七项费用组成：

（1）折旧费：指施工机械在规定的使用年限内，陆续收回其原值及购置资金的时间价值。

（2）检修费：指施工机械在规定的耐用总台班内，按规定的检修间隔进行的必要的检修，以恢复其正常功能所需的费用。

（3）维护费：是施工机械在规定的耐用总台班内，按规定的维护间隔进行各级维护和临时故障排除所需的费用。保障机械正常运转所需替换设备与随机配备工具附具的摊销费用，机械运转中日常保养所需润滑与擦拭的材料费用及机械停滞期间的维护费用等。

（4）安拆费及场外运输费：安拆费指施工机械在现场进行安装与拆卸所需的人工、材料、机械和试运转费用以及机械辅助设施的折旧、搭设、拆除等费用；场外运费指施工机械整体或分体自停放地点运至施工现场或由一施工地点运至另一施工地点的运输、装卸、辅助材料等费用。工地间移动较为频繁的小型机械及部分机械的安拆费及外运费，已包含在机械台班单价中。

（5）人工费：指机上司机（司炉）和其他操作人员的人工费。

（6）燃料动力费：指施工机械在运转作业中所消耗的各种燃料及水、电等的费用。

各专业定额中施工机械台班价格不含燃料动力费，燃料动力费并入各专业定额的材料费中。

（7）其他费：指施工机械按照国家规定和有关部门规定应缴纳的车船税、保险费及检测费等。

仪器仪表使用费是指工程施工所需使用的仪器仪表的折旧费、维护费、校验费、动力费。施工机具使用费是指全费用基价表中机械费，包含施工机械与仪器仪表使用费。

4. 企业管理费

企业管理费是指建筑安装企业组织施工生产和经营管理所需费用，内容包括以下各项。

（1）管理人员工资：是指支付管理人员的工资、奖金、津贴补贴、加班加点工资及特殊情况下支付的工资等。

（2）办公费：是指企业管理办公用的文具、纸张、账表、印刷、邮电、书报、会议、水电、烧水和集体取暖（包括现场临时宿舍取暖）用煤用电等费用。

（3）差旅交通费：是指职工因公出差、调动工作的差旅费、住勤补助费，室内交通费和误餐补助费，职工探亲路费，劳动招募费，职工离休费、退职一次性路费，工伤人员就医路费，工地转移费以及管理部门使用的交通工具的油料、燃料、养路费及牌照费。

（4）固定资产使用费：是指管理和试验部门及附属生产单位使用的属于固定资产的房屋、设备仪器等的折旧、大修、维修或租赁费。

（5）工具用具使用费：是指企业施工生产所需的价值低于2000元或管理使用的不属于固定资产的生产工具、器具、家具、交通工具和检验、试验、测绘、消防用具等的购置、维修和摊销费。

（6）劳动保险费和职工福利费：是指由企业支付的职工退职金、按规定支付给离休干部的经费、集体福利费、夏季防暑降温、冬季取暖补贴、上下班交通补贴等。

（7）劳动保护费：是指企业按规定发放的劳动保护用品的支出，如工作服、手套以及在有碍身体健康的环境中施工的保健费用等。

（8）检验试验费：是指企业按照有关标准规定，对建筑以及材料、构件和建筑安装物进行一般鉴定、检查所发生的费用，包括自设试验室进行试验所耗用的材料等费用。

（9）工会经费：是指企业按《工会法》规定的全部职工工资总额计提的工会经费。

（10）职工教育经费：是指企业职工为学习先进技术和提高文化水平，按职工工资总额计提的费用。

（11）财产保险费：是指施工管理用财产、车辆等保险费用。

（12）财务费：是指企业为筹集资金而发生的各种费用。

（13）税金：是指企业按规定缴纳的房产税、车船使用税、土地使用税、印花税等。

（14）其他：包括技术转让费、技术开发费、业务招待费、绿化费、广告费、公证费、法律顾问费、审计费、咨询费等。

企业管理费中未考虑塔式起重机监控设施，发生时另行计算。

5. 利润

利润是指施工企业完成所承包工程获得的盈利。

2.2.2 措施项目费

措施项目费定额是指为完成建设工程项目施工，发生于该工程施工期和施工过程中技术、生活、安全、环境保护等方面的费用。措施项目费分为总价措施项目费（组织措施费）和单价措施项目费（技术措施费）。

1. 总价措施项目费

（1）安全文明施工费：是指按照国家现行的施工安全、施工现场环境与卫生标准和有关规定，购置、更新和安装施工安全防护用具及设施、改善安全生产条件和作业环境，以及施工企业为进行建筑工程施工所必须搭设的生活和生产用的临时建筑物、构筑物和其他临时设施的搭设、维修、拆除费或摊销的费用等。该费用包括以下几部分。

① 安全施工费：是指按国家现行的建筑施工安全标准和有关规定，购置和更新施工安全防护用具及设施，改善安全生产条件所需费用，包括楼板、屋面、阳台等临时防护、通道口防护、预留洞口防护、电梯井口防护、楼梯边防护、垂直方向交叉作业防护、高层作业防护。安全施工图例如图 2.2 所示。

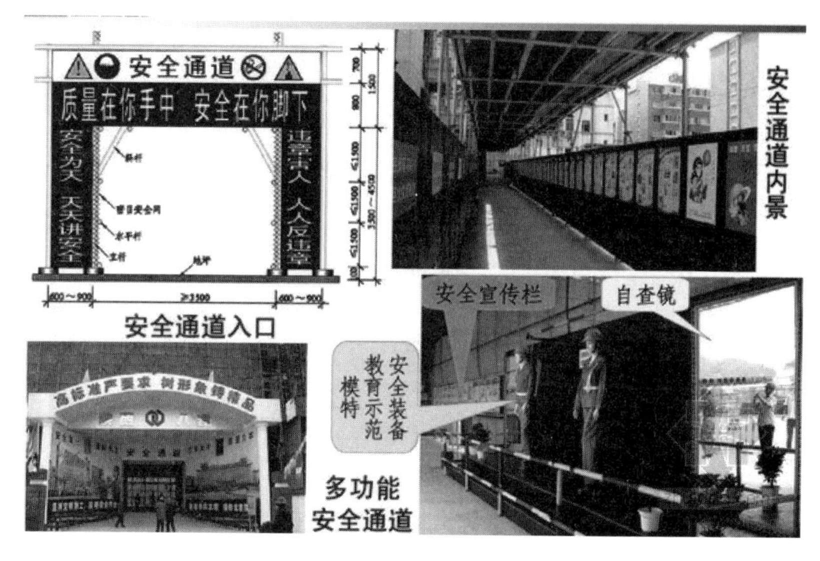

图 2.2 安全施工图例

② 文明施工和环境保护费：是指按国家现行的施工现场环境与卫生标准和有关规定，改善生产条件和作业环境所需要的费用，内容包括安全警示标志牌、现场围挡、五板一图、企业标志、场容场貌、材料堆放、现场、垃圾清运。文明施工图例如图 2.3 所示。

③ 临时设施费：是指施工企业为进行建筑工程施工所必须搭设的生活和生产用的临时建筑物、构筑物和其他临时设施的搭设、维修、拆除或摊销的费用等。

图 2.3 文明施工图例

（2）夜间施工费：是指因夜间施工所发生的夜班补助费；夜间施工降效、夜间施工照明设备摊销及照明用电等费用。

（3）二次搬运费：是指因施工场地狭小等特殊情况而发生的二次搬运费用。

（4）冬雨季施工增加费：是指建筑安装工程在冬雨季施工，采取防寒保暖或防雨措施所增加的费用，包括材料费、人工费、保温及防雨措施费。

（5）工程定位复测费：是指工程施工过程中进行全部施工测量放线和复测工作的费用。

2. 单价措施项目费

（1）已完工程及设备保护费：是指竣工验收前对已完工程及设备采取的必要保护措施所发生的费用。

（2）其他单价措施项目费用内容详见现行国家各专业工程工程量计算规范。

2.2.3 其他项目费

其他项目费一般包括暂列金额、暂估价、计日工、总承包服务费等。

（1）暂列金额：是指建设单位在工程量清单中暂定并包括在工程合同价款中的一笔款项，用于施工合同签订时尚未确定或者不可预见的所需材料、设备、服务的采购，施工中可能发生的工程变更、合同约定调整因素出现时的工程价款调整，以及发生的索赔、现场签证确认等的费用。

（2）暂估价：是指招标人在工程量清单中提供的用于支付必然发生但暂时不能确定价格的材料的单价及专业工程的金额。暂估价包括材料暂估价和专业工程暂估价。

（3）计日工：是指施工过程中，承包人完成发包人提出的工程合同范围以外的零星项目或工作，按合同中约定单价计算的费用。

（4）总承包服务费：是指总承包人为配合协调发包人进行的工程分包自行采购的设备、材料等进行管理、服务，以及施工现场管理、竣工资料汇总整理等服务所需的费用。

2.2.4 规费

规费是指政府建设行政主管部门，为确保工程造价的管理、工程安全生产的监督和施工企业职工的劳动保障而规定必须计入工程造价的费用。内容包括以下几项。

（1）工程排污费：是指按照规定缴纳的施工现场工程排污费。

（2）社会保障费。

① 养老保险费：是指企业按规定标准为职工缴纳的基本养老保险费。

② 失业保险费：是指企业按照国家规定标准为职工缴纳的失业保险费。

③ 医疗保险费：是指企业按照规定标准为职工缴纳的基本医疗保险费。

④ 工伤保险费：是指企业按照规定标准为职工缴纳的工伤保险费。

⑤ 生育保险费：是指企业按照规定标准为职工缴纳的生育保险费。

（3）住房公积金：是指企业按规定标准为职工缴纳的住房公积金。

其他应列而未列入的规费按实际发生计取。

2.2.5 税金

税金是指国家税法规定的应计入建筑安装工程造价内的增值税。

2.3 建筑安装工程费用计算程序

2.3.1 《湖北省建筑安装工程费用定额》的一般性规定及说明

（1）定额适用于湖北省境内新建、扩建和改建工程的房屋建筑与装饰工程、通用安装工程、市政工程、园林绿化工程、土石方工程施工发承包及实施阶段的计价活动，定额适用于工程量清单计价和定额计价。

（2）各专业工程的适用范围。

① 房屋建筑工程：适用于工业与民用临时性和永久性的建筑物（含构筑物）。包括各种房屋、设备基础、钢筋混凝土、砖石砌筑、木结构、钢结构、门窗工程及零星金属构件、烟囱、水塔、水池、围墙、挡土墙、化粪池、窨井、室内外管道沟砌筑等。

装配式建筑适用于房屋建筑工程。

② 装饰工程：适用于楼地面工程、墙柱面装饰工程、天棚装饰工程和玻璃幕墙工程及油漆、涂料、裱糊工程等。

③ 通用安装工程：适用于机械设备安装工程、热力设备安装工程、静置设备与工艺金属结构制作安装工程、电气设备安装工程、建筑智能化工程、自动化控制仪表安装工程、通风空调工程、工业管道工程、消防工程、给排水、采暖、燃气工程、通信设备及线路工程、刷油、防腐蚀、绝热工程等。

④ 市政工程：适用于城镇管辖范围内的道路工程、桥涵工程、隧道工程、管网工程、水处理工程、生活垃圾处理工程，钢筋工程、拆除工程、路灯工程。

⑤ 园林绿化工程：适用于园林建筑及绿化工程。内容包括：绿化工程、园建工程（园路、园桥、园林景观）。

⑥ 土石方工程：适用于各专业工程的土石方工程。

桩基工程、地基处理与边坡支护工程适用于各专业工程。

（3）各专业工程的计费基数：以人工费与施工机具使用费之和为计费基数。人工单价（见表2-1）。

表 2-1　人工单价表

单位：元/工日

人工级别	普工	技工	高级技工
工日单价	92	142	212

注：1.此价格为 2018 定额编制期的人工发布价。

2.普工为技术等级 1～3 级的技工，技工为技术等级 4～7 级的技工，高级技工为技术等级 7 级以上的技工。

关于湖北省现行建设工程计价依据定额人工单价的调整

（1）现行 2018 版各专业定额人工单价调整为：普工 99 元/工日、技工 152 元/工日、高级技工 227 元/工日。施工机械台班费用定额中的人工单价按技工标准调整。

（2）执行 2018 版各专业定额以外的定额，可参考本通知的调整幅度，按所执行定额的人工单价进行调整。

（3）无论采用工程量清单计价模式还是定额计价模式，调整后的人工费与原人工费之间的差额，计取税金后单独列项，计入含税工程造价。

（4）本通知自 2020 年 8 月 1 日起执行。2020 年 8 月 1 日前在建工程已完成的工程量，定额人工单价不再进行调整，2020 年 8 月 1 日起完成的工程量按本通知的规定执行。

（4）本定额是编制投资估算、设计概算的基础，是编制招标控制价、施工图预算的依据，供投标报价、工程结算时参考。

（5）总价措施项目费中的安全文明施工费、规费和税金是不可竞争性费用，应按规定计取。

（6）工程排污费指承包人按环境保护部门的规定，对施工现场超标准排放的噪声污染缴纳的费用，编制招标控制价或投标报价时按费率计取，结算时按实际缴纳金额计算。

（7）费率实行动态管理。本定额费率是根据湖北省各专业消耗量定额及全费用基价表编制期人工、材料、机械价格水平进行测算的，省造价管理机构应根据人工、机械台班市场价格的变化，适时调整总价措施项目费、企业管理费、利润、规费等费率。

（8）总承包服务费。总承包服务费应依据招标人在招标文件中列出的分包专业工程内容和供应材料、设备情况，按照招标人提出协调、配合和服务要求和施工现场管理需要自主确定，也可参照下列标准计算。

① 招标人仅要求对分包的专业工程进行总承包管理和协调时，按分包的专业工程造价的 1.5%计算。

② 招标人要求对分包的专业工程进行总承包管理和协调，并同时要求提供配合服务时，根据招标文件中列出的配合服务内容和提出的要求，按分包的专业工程造价的 3%～5%计算。配合服务的内容包括：对分包单位的管理、协调和施工配合等费用；施工现场水电

设施、管线敷设的摊销费用；共用脚手架搭拆的摊销费用；共用垂直运输设备，加压设备的使用、折旧、维修费用等。

③ 招标人自行供应材料、工程设备的，按招标人供应材料、工程设备价值的1%计算。

（9）甲供材。发包人提供的材料和工程设备（简称“甲供材”）不计入综合单价和工程造价中。

（10）暂列金额和暂估价。一般计税法时，暂列金额和专业工程暂估价为不含进项税额的费用。简易计税法时，暂列金额和专业工程暂估价为含进项税额的费用。

（11）施工过程中发生的索赔与现场签证费，发承包双方办理竣工结算时：以实物量形式表示的索赔与现场签证，列入分部分项工程和单价措施项目费中。以费用形式表示的索赔与现场签证费，不含增值税，列入其他项目费中，另有说明的除外。

（12）增值税。本定额根据增值税的性质，分为一般计税法和简易计税法。

① 一般计税法。一般计税法下的增值税指国家税法规定的应计入建筑安装工程造价内的增值税销项税。分部分项工程费、措施项目费、其他项目费等的组成内容为不含进项税的价格，计税基础为不含进项税额的不含税工程造价。

应纳税额=当期销项税额-当期进项税额　　（2-1）

当期销项税额=销售额×增值税税率（9%）

销售额：指纳税人发生应税行为取得的全部价款和价外费用。

② 简易计税法。简易计税法下的增值税指国家税法规定的应计入建筑安装工程造价内的应交增值税。分部分项工程费、措施项目费、其他项目费等的组成内容均为含进项税的价格，计税基础为含进项税额的不含税工程造价。

应纳税额=销售额×征收率（3%）　　（2-2）

销售额：指纳税人发生应税行为取得的全部价款和价外费用，扣除支付的分包款后的余额为销售额。应纳税额的计税基础是含进项税额的工程造价。

《湖北省通用安装工程消耗量定额及全费用基价表》（2018）中增值税是在一般计税法下按规定计算的销项税。其定额子目是除税价格，建设工程材料市场信息价采用除税价形式。

（13）湖北省各专业消耗量定额及全费用基价表中的全费用由人工费、材料费、施工机具使用费、费用、增值税组成。

（14）费用的内容包括总价措施项目费、企业管理费、利润、规费。各项费用是以人工费加施工机具使用费之和为计费基数，按相应费率计取。

（15）湖北省各专业消耗量定额及全费用基价表中的增值税指按一般计税方法的税率（9%）计算的。

在工程造价活动中，符合简易计税方法规定，且承发包双方采用了简易计税方法的，计价时可根据《湖北省建设工程公共专业消耗量定额及全费用基价表》的附录中材料与机械台班的含税价和各专业消耗量定额、本费用定额计算工程造价。

2.3.2 费率标准

1. 一般计税法的费率标准

（1）总价措施项目费。

安全文明施工费见表2-2。

表2-2 安全文明施工费

单位：%

专业		房屋建筑工程	装饰工程	通用安装工程	市政工程	园建工程	绿化工程	土石方工程
计费基数		人工费+施工机具使用费						
费率		13.64	5.39	9.29	12.44	4.30	1.76	6.58
其中	安全施工费	7.72	3.05	3.67	3.97	2.33	0.95	2.01
	文明施工费 环境保护费	3.15	1.20	2.02	5.41	1.19	0.49	2.74
	临时设施费	2.77	1.14	3.60	3.06	0.78	0.32	1.83

其他总价措施项目费见表2-3 。

表2-3 其他总价措施项目费

单位：%

专业		房屋建筑工程	装饰工程	通用安装工程	市政工程	园建工程	绿化工程	土石方工程
计费基数		人工费+施工机具使用费						
费率		0.70	0.60	0.66	0.90	0.49	0.49	1.29
其中	夜间施工增加费	0.16	0.14	0.15	0.18	0.13	0.13	0.32
	二次搬运费	按施工组织设计						
	冬雨季施工增加费	0.40	0.34	0.38	0.54	0.26	0.26	0.71
	工程定位复测费	0.14	0.12	0.13	0.18	0.10	0.10	0.26

（2）企业管理费（表2-4）。

表2-4 企业管理费

单位：%

专业	房屋建筑工程	装饰工程	通用安装工程	市政工程	园建工程	绿化工程	土石方工程
计费基数	人工费+施工机具使用费						
费率	28.27	14.19	18.86	25.61	17.89	6.58	15.42

（3）利润（表2-5）。

表2-5 利润

单位：%

专业	房屋建筑工程	装饰工程	通用安装工程	市政工程	园建工程	绿化工程	土石方工程
计费基数	人工费+施工机具使用费						
费率	19.73	14.64	15.31	19.32	18.15	3.57	9.42

（4）规费（表 2-6）。

表 2-6 规费

单位：%

专业		房屋建筑工程	装饰工程	通用安装工程	市政工程	园建工程	绿化工程	土石方工程
计费基数		人工费+施工机具使用费						
费率		26.85	10.15	11.97	26.34	11.78	10.67	11.57
社会保险费		20.08	7.58	8.94	19.70	8.78	8.50	8.65
其中	养老保险金	12.68	4.87	5.75	12.45	5.65	5.55	5.49
	失业保险金	1.27	0.48	0.57	1.24	0.56	0.55	0.55
	医疗保险金	4.02	1.43	1.68	3.94	1.65	1.62	1.73
	工伤保险金	1.48	0.57	0.67	1.45	0.66	0.52	0.61
	生育保险金	0.63	0.23	0.27	0.62	0.26	0.26	0.27
住房公积金		5.29	1.91	2.26	5.19	2.21	2.17	2.28
工程排污费		1.48	0.66	0.77	1.45	0.79	-	0.64

注：绿化工程规费中不含工程排污费。

（5）增值税（表 2-7）。

表 2-7 增值税

单位：%

增值税计税基数	不含税工程造价
税率	9

注：依据（建办标函〔2019〕93 号）规定，湖北省建设工程计价依据中增值税税率由 10%调整为 9%，自 2019 年 4 月 1 日起施行。2019 年 4 月 1 日前已签订合同，纳税人在增值税税率调整前的增值税应税行为，按原适用税率计算。

2. 简易计税法的费率标准

（1）总价措施项目费。

安全文明施工费：见表 2-8。

表 2-8 安全文明施工费

单位：%

专业		房屋建筑工程	装饰工程	通用安装工程	市政工程	园建工程	绿化工程	土石方工程
计费基数		人工费+施工机具使用费						
费率		13.63	5.38	9.28	12.37	4.30	1.74	6.19
其中	安全施工费	7.71	3.05	3.66	3.94	2.33	0.94	1.89
	文明施工费 环境保护费	3.15	1.19	2.02	5.38	1.19	0.48	2.58
	临时设施费	2.77	1.14	3.60	3.05	0.78	0.32	1.72

其他总价措施项目费：见表 2-9。

表 2-9　其他总价措施项目费

单位：%

专业		房屋建筑工程	装饰工程	通用安装工程	市政工程	园建工程	绿化工程	土石方工程
计费基数		人工费+施工机具使用费						
费率		0.70	0.60	0.66	0.90	0.49	0.49	1.21
其中	夜间施工增加费	0.16	0.14	0.15	0.18	0.13	0.13	0.30
	二次搬运费	按施工组织设计						
	冬雨季施工增加费	0.40	0.34	0.38	0.54	0.26	0.26	0.67
	工程定位复测费	0.14	0.12	0.13	0.18	0.10	0.10	0.24

（2）企业管理费（表 2-10）。

表 2-10　企业管理费

单位：%

专业	房屋建筑工程	装饰工程	通用安装工程	市政工程	园建工程	绿化工程	土石方工程
计费基数	人工费+施工机具使用费						
费率	28.22	14.18	18.83	25.46	17.88	6.55	14.51

（3）利润（表 2-11）。

表 2-11　利润

单位：%

专业	房屋建筑工程	装饰工程	通用安装工程	市政工程	园建工程	绿化工程	土石方工程
计费基数	人工费+施工机具使用费						
费率	19.70	14.63	1.5.29	19.21	18.14	3.55	8.87

（4）规费（表 2-12）。

表 2-12　规费

单位：%

专业		房屋建筑工程	装饰工程	通用安装工程	市政工程	园建工程	绿化工程	土石方工程
计费基数		人工费+施工机具使用费						
费率		26.79	10.14	11.96	26.20	11.77	10.62	10.90
社会保险费		20.04	7.57	8.93	19.60	8.77	8.46	8.14
其中	养老保险金	12.66	4.87	5.74	12.38	5.64	5.52	5.17
	失业保险金	1.27	0.48	0.57	1.24	0.56	0.55	0.52
	医疗保险金	4.01	1.43	1.68	3.92	1.65	1.61	1.63
	工伤保险金	1.47	0.56	0.67	1.44	0.66	0.52	0.57
	生育保险金	0.63	0.23	0.27	0.62	0.26	0.26	0.25
住房公积金		5.28	1.91	2.26	5.16	2.21	2.16	2.15
工程排污费		1.47	0.66	0.77	1.44	0.79	-	0.61

注：绿化工程规费中不含工程排污费。

（5）增值税（表 2-13）。

表 2-13　增值税

单位：%

计税基数	不含税工程造价
征收率	3

注：除市政工程、土石方工程简易计税费率有调整外，其他专业费率不调整。

2.3.3　定额计价模式下建筑安装工程费用的计算程序

1．定额计价相关说明

（1）定额计价是以全费用基价表中的全费用为基础，依据本定额的计算程序计算工程造价。

（2）材料市场价格指发、承包人双方认定的价格，也可以是当地建设工程造价管理机构发布的市场信息价格。双方应在相关文件上约定。

（3）人工发布价、材料市场价格、机械台班价格进入全费用。

（4）包工不包料工程、计时工按定额计算出的人工费的 25%计取综合费用。综合费用包括总价措施项目费、企业管理费、利润和规费。施工用的特殊工具，如手推车等，由发包人解决。综合费用中不包括税金，由总包单位统一支付。

（5）总包服务费和以费用形式表示的索赔与现场签证费均不含增值税。

（6）二次搬运费按施工组织设计计取。

2．建筑安装工程费用计算程序（表 2-14）

表 2-14　建筑安装工程费用计算程序

序号	费用项目		计算方法
1	分部分项工程和单价措施项目费		1.1+1.2+1.3+1.4+1.5
1.1	其中	人工费	Σ（人工费）
1.2		材料费	Σ（材料费）
1.3		施工机具使用费	Σ（施工机具使用费）
1.4		费用	Σ（费用）
1.5		增值税	Σ（增值税）
2	其他项目费		2.1+2.2+2.3
2.1	总包服务费		项目价值×费率
2.2	索赔与现场签证费		Σ（价格×数量）/Σ费用
2.3	增值税		（2.1+2.2）×税率
3	含税工程造价		1+2

本工作任务主要分两大部分内容介绍：其一，介绍了费用定额的基本内容，包括费用定额的概念、组成、编制原则；其二，以《湖北省建筑安装工程费用定额》（2018）为例，介绍了湖北省建筑安装工程费用定额的组成及在定额计价模式下的费用计算程序。

检查评估

1. 填空题

（1）建筑安装工程费用主要包括＿＿＿＿＿＿、＿＿＿＿＿＿、＿＿＿＿＿＿、＿＿＿＿＿＿和＿＿＿＿＿＿。

（2）安全文明施工费由＿＿＿＿＿＿、＿＿＿＿＿＿和＿＿＿＿＿＿组成。

（3）企业管理费是指建筑安装企业＿＿＿＿＿＿和＿＿＿＿＿＿所需费用。

（4）增值税，根据增值税的性质，分为＿＿＿＿＿＿和＿＿＿＿＿＿。

（5）湖北省安装工程专业的计费基础都是以＿＿＿＿＿＿与＿＿＿＿＿＿之和为计费基数的。

2. 名词解释

（1）分部分项工程费

（2）单价措施项目费

（3）暂估价

（4）暂列金额

（5）其他项目费

工作任务 3

给排水工程定额计价

知识目标

（1）掌握识读给排水工程图并正确列项的方法；

（2）掌握计算给排水工程量的方法；

（3）掌握给排水工程定额应用方法

能力目标

能够准确计算给排水工程量，并编制定额计价工程造价文件

素质目标

（1）培养学生严谨细致的工作态度；

（2）培养学生良好的职业操守

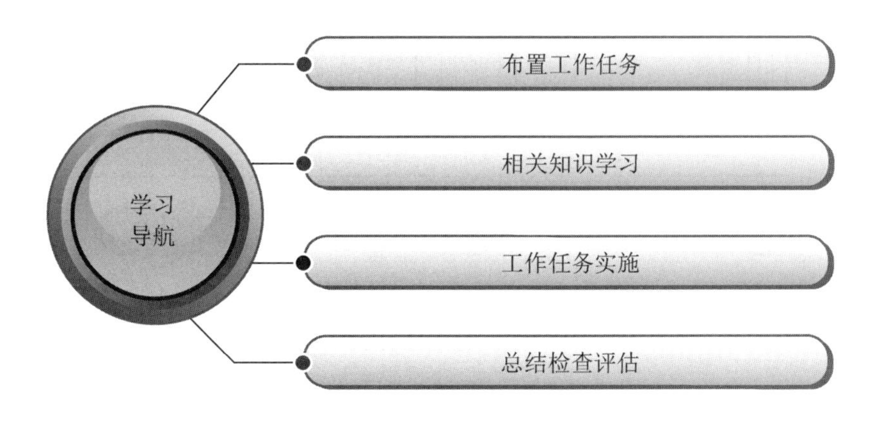

3.1 布置工作任务

3.1.1 工程基本概况

（1）图 3.1～图 3.3 为某住宅楼工程的室内给排水平面图和系统图，本住宅楼共 5 层，由 3 个布局完全相同的单元组成，每单元一梯两户。因对称布置，所以只画出了 1/2 单元的平面图和系统图。图中标注尺寸标高以 m 计，其余均以 mm 计。所注标高以底层卧室地坪为±0.00m，室外地面为-0.60m。

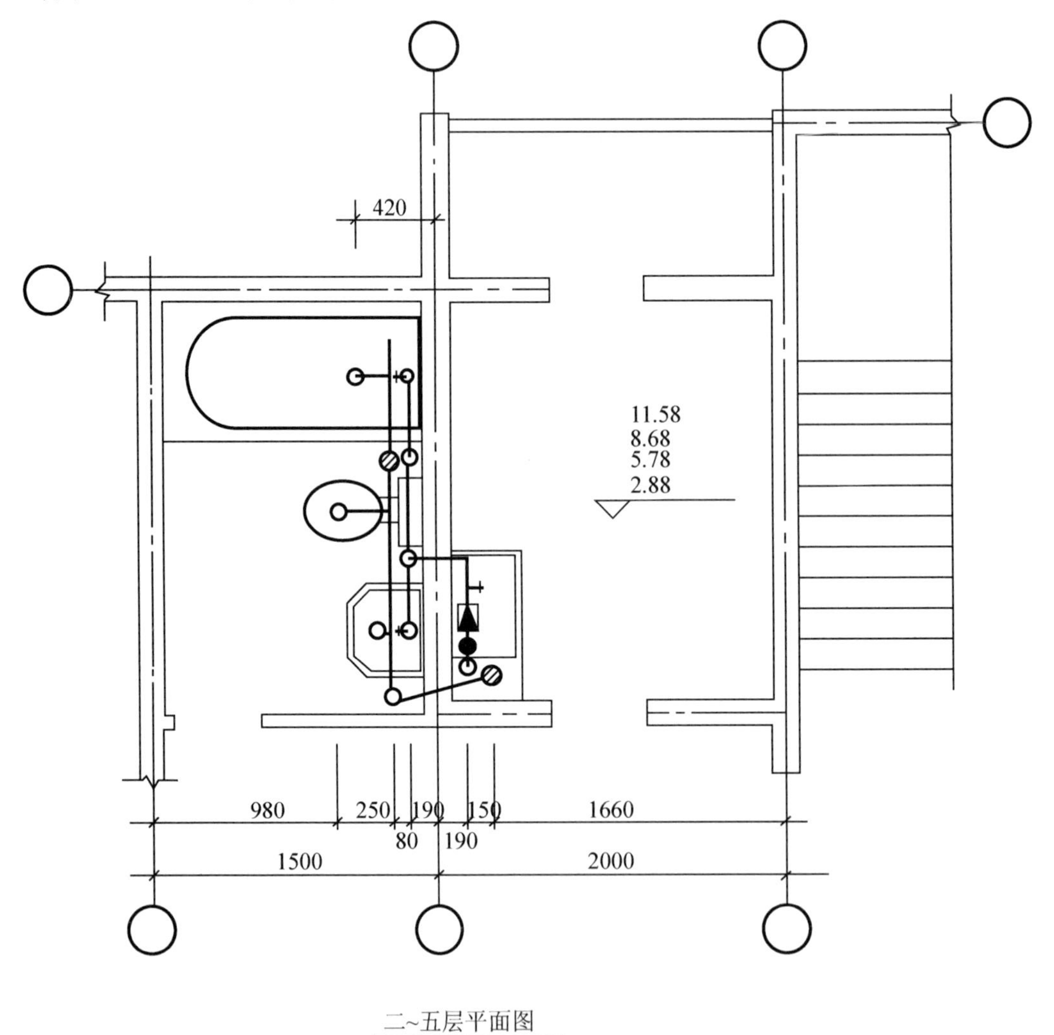

图 3.1　给排水平面图

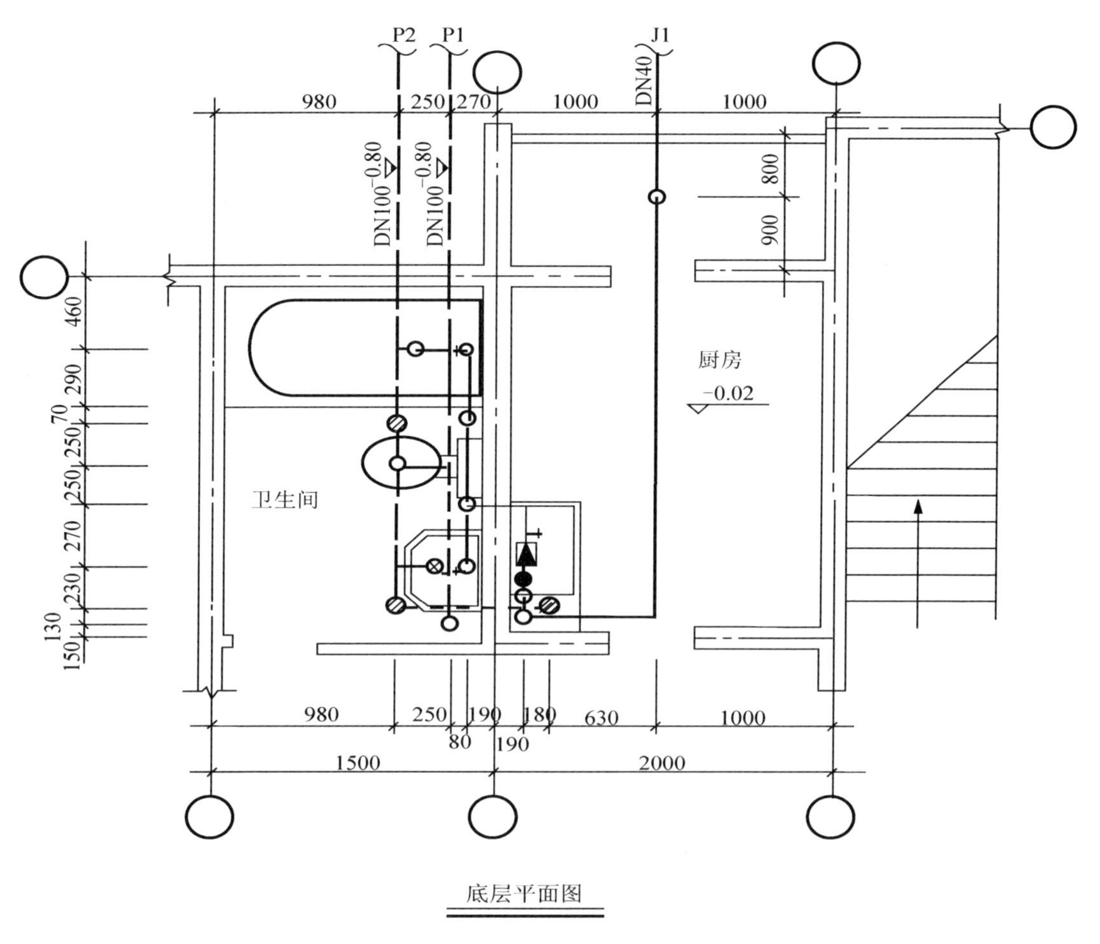

底层平面图

图 3.1 给排水平面图（续）

（2）给水管采用聚丙烯塑料给水管（表 3-1），热熔连接。排水管采用硬聚氯乙烯（UPVC）排水管（表 3-2），粘接连接。

表 3-1 塑料给水管公称直径与外径对照表

单位：mm

公称直径 DN	15	20	25	32	40	50	65	80	100
外径 De	20	25	32	40	50	63	75	90	110

表 3-2 塑料排水管公称直径与外径对照表

单位：mm

公称直径 DN	50	75	100	150
外径 De	50	75	110	160

（3）卫生器具均参照《全国通用给水排水标准图集》的要求安装，选用节水型。洗脸盆水龙头为普通冷水嘴；洗涤盆水龙头为冷水单嘴；浴盆采用 1200mm×650mm 的铸铁搪瓷浴盆，采用冷热水带喷头式（暂不考虑热水供应）。给水总管下部安装一个 J41T-1.6PPR 专用螺纹截止阀，房间内水表为螺纹连接旋翼式水表。

（4）给水系统施工完毕进行静水压力试验，试验压力为0.6MPa，排水系统安装完毕进行灌水试验，施工完毕再进行通水、通球试验。排水管道横管严格按坡度施工，图中未注明坡度者依管径大小分别为DN75、i=0.025，DN100、i=0.02。

（5）给排水进户道穿越基础外墙宜设置刚性防水套管，给水干、立管穿墙及楼板处宜设置一般钢套管。本工作任务暂不计刷油及管道套管等工作内容。

（6）未尽事宜按现行施工及验收规范的有关内容执行。

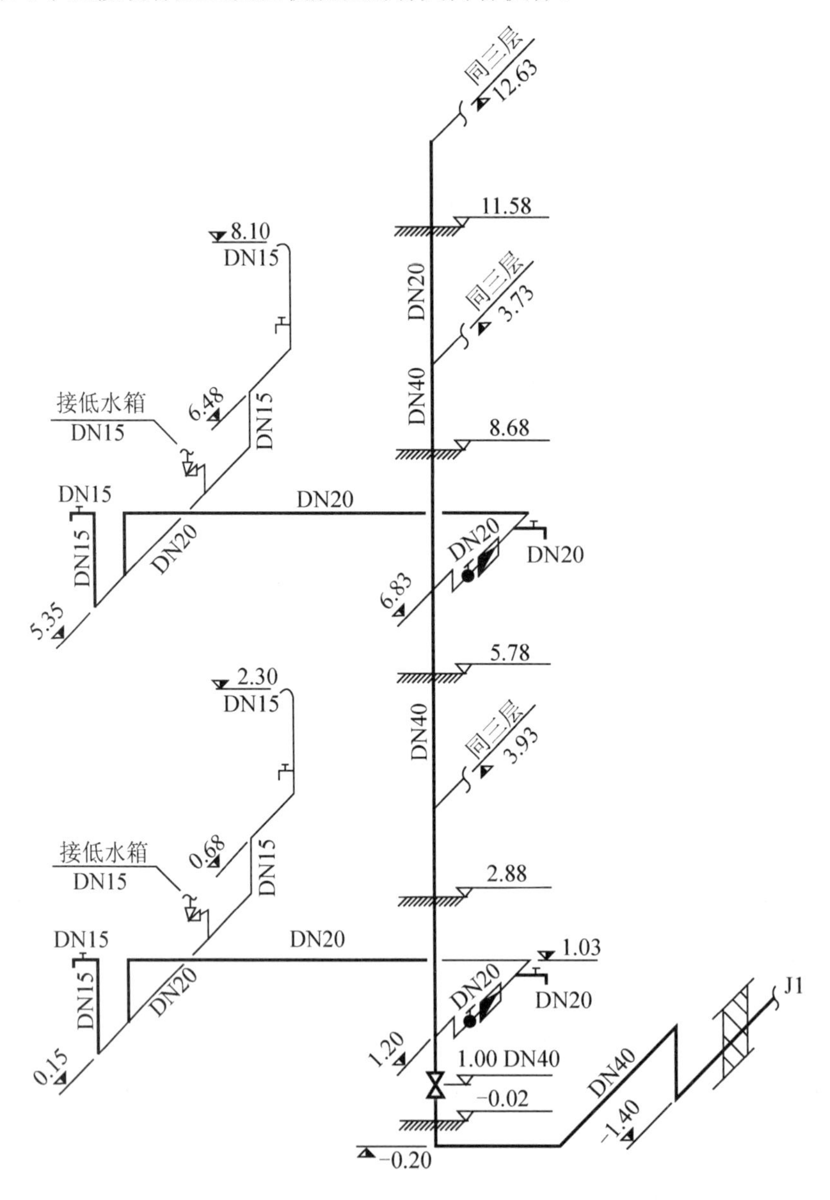

图3.2　给水系统图

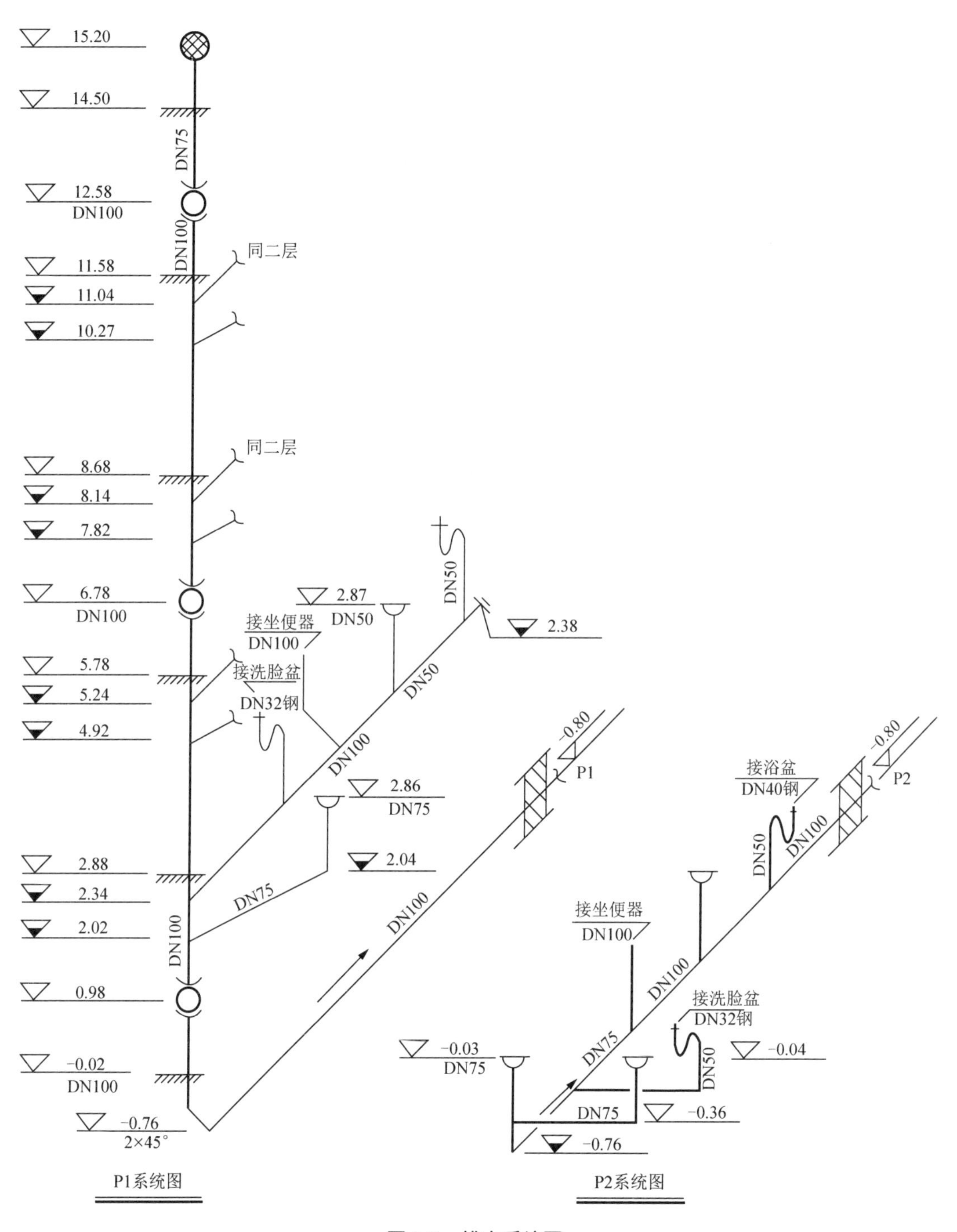

图 3.3 排水系统图

3.1.2 工作任务要求

（1）按照《湖北省通用安装工程消耗量定额及全费用基价表》（2018）的有关内容列项、计算工程量、套用定额并计取相关费用。

（2）应用 2018 版《湖北省建筑安装工程费用定额》计取相关费用。

（3）主材价格可参考当地工程造价信息网。

3.2 相关知识学习

3.2.1 给排水工程定额的内容及使用定额的注意事项

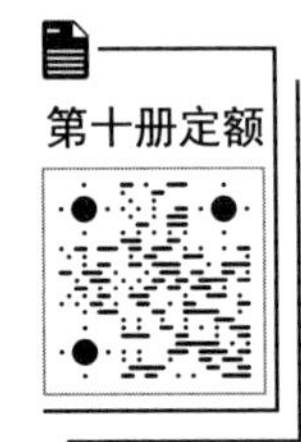

1. 定额的内容

以《湖北省通用安装工程消耗量定额及全费用基价表》(2018)为例，给排水工程应用第十册《给排水、采暖、燃气工程》(以下简称第十册定额)，本册定额共十一章，其中与给排水工程有关的内容为第一章、第五章、第六章、第九章、第十一章，具体内容见第十册定额。

2. 定额应用的注意事项

1）定额的适用范围

第十册定额适用于工业与民用建筑的生活用给排水、采暖、空调水、燃气系统中的管道、附件、器具及附属设备等安装工程。这里所说的“生活用”，除了比较直观地服务于人们居住生活的住宅工程外，还指为完善生产、工作及其他公共场所设施条件、提高环境舒适度而设置的上述管道系统安装，即附属于建筑物的（不属于生产工艺、生产过程）水、暖、卫等工程项目，包括厂房、办公室、写字楼、商场、医院、学校、影剧院等。

2）使用其他册相应定额的工程项目

（1）工业管道、生产生活共用的管道，锅炉房、泵房、站类管道以及建筑物内加压泵房、空调制冷机房、消防泵房管道等执行第八册《工业管道工程》相应项目。

（2）第十册定额未包括的采暖、给排水设备安装，执行第一册《机械设备安装工程》、第三册《静置设备与工艺金属结构制作安装工程》等相应项目。

（3）给排水、采暖设备、器具等电气检查、接线工作，执行第四册《电气设备安装工程》相应项目。

（4）刷油、防腐蚀、绝热工程执行第十二册《刷油、防腐蚀、绝热工程》相应项目。

（5）凡涉及管沟、工作坑及井类的土方开挖、回填、运输、垫层、基础、砌筑、地沟盖板预制安装、路面开挖及修复、管道混凝土支墩的项目，以及混凝土管道、水泥管道安装执行湖北省相关专业定额项目。

3. 第十册定额中各项费用的规定

关于定额中按系数计取的费用，定额中有三类不同的调整系数：一是定额各章说明中的定额换算系数；二是子目调整系数，包括操作超高、高层建筑、管井管道及洞库、暗室施工等；三是综合计算系数，包括采暖工程系统调整和属于施工措施项目的脚手架搭拆等。计算时第一类系数列入第二类系数的计算基础，第一类与第二类系数列入第三类系数的计算基础。当一个项目适用两个或两个以上调整系数时，同一类系数分别计算，不能将系数连乘计算。

第十册定额说明中规定，下列费用可按系数分别计取。

（1）脚手架搭拆费按定额人工费的 5%计算，其费用中人工费占 35%。单独承担的室外埋地管道工程，不计取该费用。

（2）操作高度增加费：定额中操作物高度以距离楼地面3.6m为限，超过3.6m时，超过部分工程量按定额人工费乘以表3-3系数。

表3-3 超高建筑增加费系数

操作物高度/m	≤10	≤30	≤50
系数	1.10	1.2	1.5

（3）建筑物超高增加费，指高度在6层或20m以上的工业与民用建筑物上进行安装时增加的费用，按表3-4计算，其费用中人工费占65%。

表3-4 高层建筑增加费系数

建筑物高度/m	≤40	≤60	≤80	≤100	≤120	≤140	≤160	≤180	≤200
建筑层数/层	≤12	≤18	≤24	≤30	≤36	≤42	≤48	≤54	≤60
按人工费的百分比/（%）	2	5	9	14	20	26	32	38	44

（4）在洞库、暗室，在已封闭的管道间（井）、地沟、吊顶内安装的项目，人工、机械费乘以系数1.20。

（5）采暖工程系统调整费按采暖系统工程人工费的10%计算，其费用中人工费占35%。

（6）空调水系统调整费按空调水系统工程（含冷凝水管）人工费的10%计算，其费用中人工费占35%。

4. 其他规定

册说明、章说明、工程量计算规则、附注中凡涉及用人工（费）、机械（费）进行系数计算的项目，均应按《湖北省建筑安装工程费用定额》（2018）有关规定，计取（或调整）全费用中的费用和增值税。

3.2.2 给排水工程量计算及定额应用

1. 给排水管道安装

第十册定额中，第一章给排水管道适用于室内外生活用给排水管道的安装，包括镀锌钢管、钢管、不锈钢管、铜管、铸铁管、塑料管、复合管等不同材质的管道安装及室外管道碰头等项目。

计算工程量之前，首先确定室内外管道的计算界线。

1）管道的界线划分

（1）给水管道。

① 室内外给水管道的界线：入口处设阀门者以阀门为界，无阀门者以建筑物外墙皮1.5m为界。

② 给水管道与市政管道界线：以与市政管道碰头点或计量表、阀门（井）为界，如图3.4所示。

③ 与设在建筑物内的水泵房（间）管道以泵房（间）外墙皮为界。

（2）排水管道。

① 室内外排水管道的界线：室内外排水管道以出户第一个排水检查井为界。

② 室外排水管道以与市政管道碰头点为界，如图 3.5 所示。

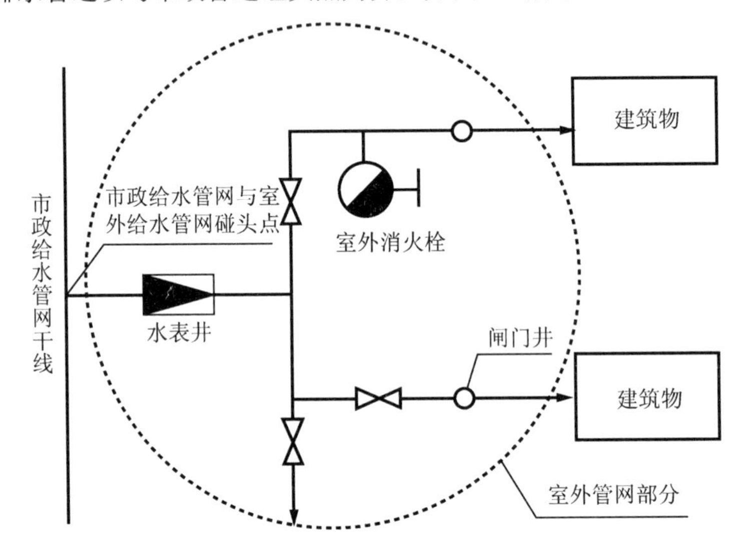

图 3.4　给水管道界线

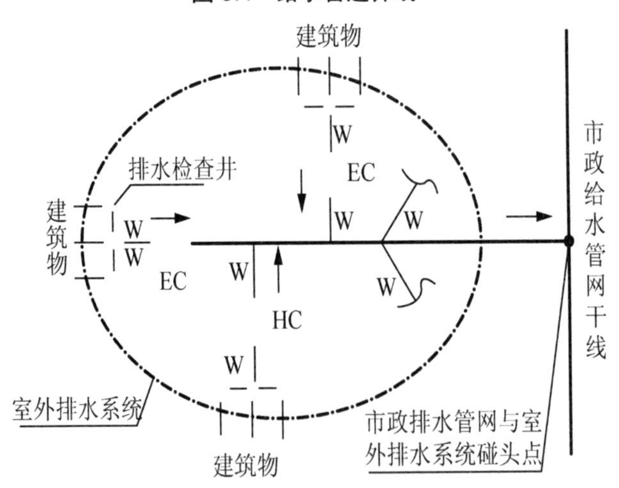

图 3.5　排水管道界线

2）管道的适用范围

（1）给水管道适用于生活饮用水、热水、中水及压力排水等管道的安装。

（2）塑料管安装适用于 UPVC、PVC、PP-C、PP-R、PE、PB 管等塑料管安装。

（3）镀锌钢管（螺纹连接）项目适用于室内外焊接钢管的螺纹连接。

（4）钢塑复合管安装适用于内涂塑、内外涂塑、内衬塑、外覆塑内衬塑复合管道安装。

（5）钢管沟槽连接适用于镀锌钢管、焊接钢管及无缝钢管等沟槽连接的管道安装。不锈钢管、铜管、复合管的沟槽连接，可参照执行。

3）给排水管道工程量计算

（1）管道列项。各类管道安装按室内外、材质、连接形式、规格分别列项，以“10m”

为计量单位。定额中铜管、塑料管、复合管（除钢塑复合管外）按公称外径表示，其他管道均按公称直径表示。

（2）工程量计算规则。各类管道安装工程量，均按设计管道中心线长度，以“10m”为计量单位，不扣除阀门、管件、附件（包括器具组成）及井类所占长度。

关于管道长度工程量的计取方法

（1）水平管道在平面图上获得，尽量采用图上标注的对应尺寸计算，如果图纸是按照比例绘制的，可用比例尺在图上按管线实际位置直接量取。

（2）垂直尺寸一般在系统图上获得，一般为“止点标高-起点标高”。

在给排水工程图中，给水管道一般标注管中心线标高（图中标高符号为▼），排水管道一般标注管底标高（图中标高符号为▼）。当图示标高为管底标高时，应换算为管中心标高，排水管道因按一定的坡度敷设，所以其两端的标高不同，应按平均后的管中心标高计算（小于DN50的管径可以忽略不计）。

（3）卫生器具支管的计算界定。

给排水管道工程量计算时，卫生器具给排水支管是管道工程量计算的难点，一般要结合卫生器具的安装范围等因素综合考虑确定卫生器具给排水支管的计算范围。

依据第十册定额第六章卫生器具安装范围，各类卫生器具安装项目包括卫生器具本体、配套附件、成品支托架安装。各类卫生器具配套附件是指给水附件（水嘴、金属软管、阀门、冲洗管、喷头等）和排水附件（下水口、排水栓、存水弯、与地面或墙面排水口间的排水连接管等）。

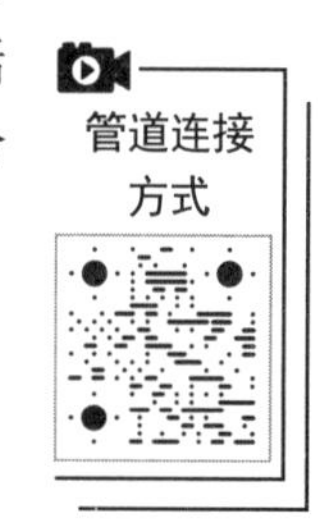

① 卫生器具给水支管界线：给水管道工程量计算至卫生器具（含附件）前与管道系统连接的第一个连接件（角阀、三通、弯头、管箍等）止。

② 卫生器具排水支管界线：排水管道工程量自卫生器具出口处的地面或墙面的设计尺寸算起；与地漏连接的排水管道自地面设计尺寸算起，不扣除地漏所占长度。

综上所述，以常见卫生器具为例，解读卫生器具连接管道工程量计算界线及注意事项见表3-5。

表3-5　常用卫生器具连接管道工程量计算界线及注意事项

器具名称	计算单位	计算界线	计算图示	备注
浴盆	组	给水（冷、热）管道算至卫生器具（含附件）前与管道系统连接的第一个连接件，排水管道算至出口处地面	给水管道与卫生器具连接的分界线 750 排水管道与卫生器具连接的分界线完成地面	给水管道计算至图示三通处，即给水水平管与浴盆支管交接处；排水管道算至图示完成地面处

续表

器具名称	计算单位	计算界线	计算图示	备注
洗脸盆	组	给水（冷、热）管道算至卫生器具（含附件）前与管道系统连接的第一个连接件，排水管道算至出口处地（墙）面	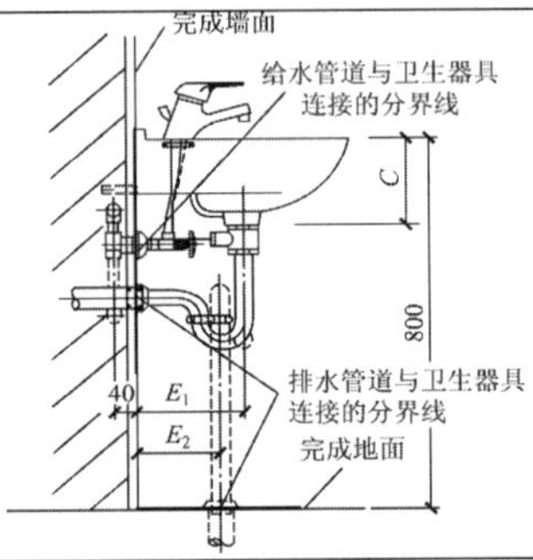 完成墙面 给水管道与卫生器具连接的分界线 排水管道与卫生器具连接的分界线 完成地面	给水管道计算至图示三通处，即给水水平管与洗脸盆支管交接处；排水管道算至图示墙面或完成地面处
坐式大便器	套	给水管道算至卫生器具（含附件）前与管道系统连接的第一个连接件，排水管道算至出口处地面	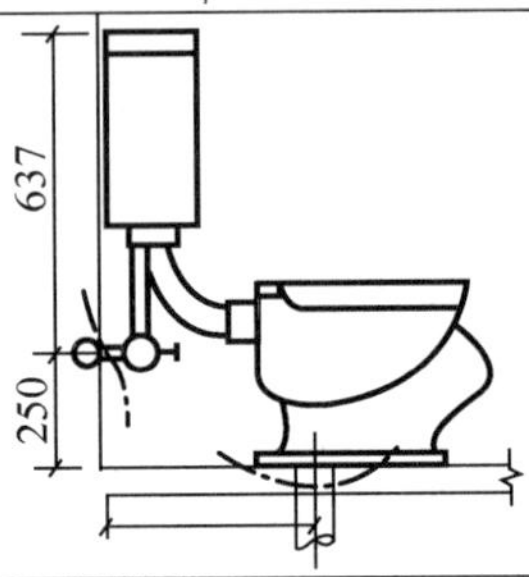	给水管道计算至图示三通处，即给水水平管与坐式大便器支管交接处；排水管道算至图示完成地面处
蹲式大便器（冲洗阀式）	套	给水管道算至卫生器具（含附件）前与管道系统连接的第一个连接件，排水管道算至出口处地面	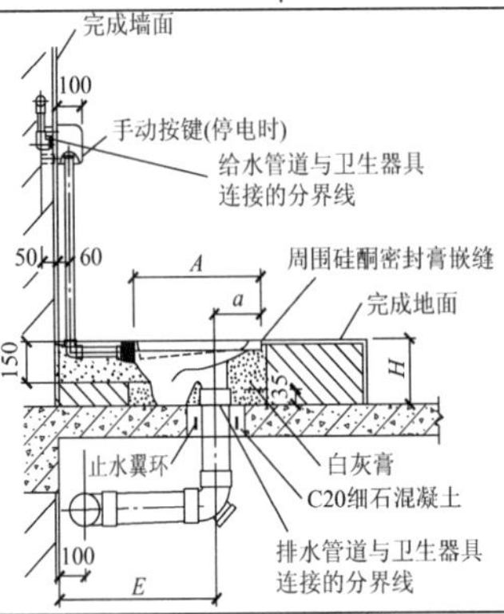 完成墙面 手动按键(停电时) 给水管道与卫生器具连接的分界线 周围硅酮密封膏嵌缝 完成地面 止水翼环 白灰膏 C20细石混凝土 排水管道与卫生器具连接的分界线	给水管道计算至图示阀门处；排水管道算至图示出口地面处
立式小便器	10套	计算起点以给水水平管与支管交接处起，止点为排水管至存水弯交接处	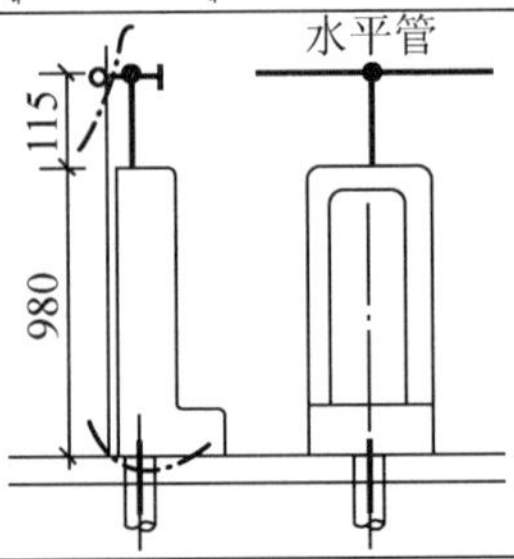 水平管	给水管道计算至图示三通处，即给水水平管与立式小便器支管交接处；排水管道算至图示完成地面处
挂式小便斗	套	给水管道算至卫生器具（含附件）前与管道系统连接的第一个连接件，排水管道算至出口处地面	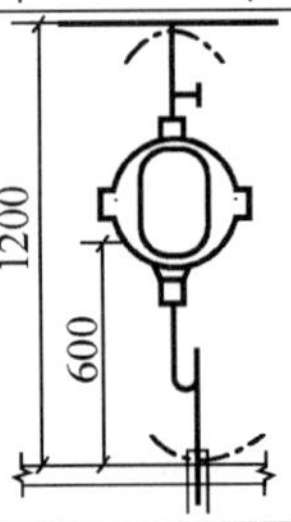	给水管道计算至图示三通处，即给水水平管与挂式小便斗支管交接处；排水管道算至图示完成地面处

续表

器具名称	计算单位	计算界线	计算图示	备注
高水箱三联挂斗小便器	10套	计算起点以给水水平管与支管交接处起，止点为排水管至存水弯交接处		给水管道计算至图示三通处，即给水水平管与高水箱三联挂斗小便器支管交接处；排水管道算至图示完成地面处
淋浴器	组	给水（冷、热）管道算至卫生器具（含附件）前与管道系统连接的第一个连接件		给水管道计算至图示三通处，即给水水平管与淋浴器支管交接处

4）给排水管道安装定额应用

（1）管道安装项目中，均包括相应管件安装、水压试验及水冲洗工作内容。各种管件数量系综合取定，执行定额时，成品管件数量可依据设计文件及施工方案或参照本册附录“管道管件数量取定表”计算，定额中其他消耗量均不做调整。

第十册定额管件含量中不含与螺纹阀门配套的活接、对丝，其用量含在螺纹阀门安装项目中。

（2）钢管焊接安装项目中均综合考虑了成品管件和现场煨制弯管、摔制大小头、挖眼三通。

（3）管道安装项目中，除室内直埋塑料给水管项目中已包括管卡安装外，均不包括管道支架、管卡、托钩等制作安装以及管道穿墙、穿楼板套管制作安装、预留孔洞、堵洞、打洞、凿槽等工作内容，发生时，应按本册第十一章相应项目另行计算。

（4）管道安装定额中，包括水压试验及水冲洗内容，饮用水管道的消毒冲洗应按本册第十一章相应项目另行计算。排（雨）水管道包括灌水（闭水）及通球试验工作内容；排水管道不包括止水环、透气帽本体材料，发生时按实际数量另计材料费。

（5）室内柔性铸铁排水管（机械接口）按带法兰承口的承插式管材考虑。

（6）雨水管系统中的雨水斗安装执行第六章相应项目。

（7）塑料管热熔连接公称外径DN125及以上管径按热熔对接连接考虑。

（8）室内直埋塑料管道是指敷设于室内地坪下或墙内的塑料给水管段。其包括充压隐蔽、水压试验、水冲洗以及地面划线标示等工作内容。

（9）安装带保温层的管道时，可执行相应材质及连接形式的管道安装项目，其人工乘以系数1.10；管道接头保温执行第十二册《刷油、防腐蚀、绝热工程》，其人工、机械乘以系数2.0。

（10）室外管道碰头项目适用于新建管道与已有水源管道的碰头连接，如已有水源管道已做预留接口，则不执行相应安装项目。

2. 卫生器具安装

卫生器具安装定额项目是参照国家建筑标准设计图集《给水排水标准图集：排水设备及卫生器具安装》（2010 年合订本）中有关标准图编制的，包括浴缸（盆）、净身盆、洗脸盆、洗涤盆、化验盆、大便器、小便器、烘手器、淋浴器、淋浴间、桑拿浴房、大小便器自动冲洗水箱、给排水附件、小便槽冲洗管制作安装、冷热水混合器、饮水器和隔油器等器具安装项目。

1）卫生器具安装工程量计算规则

各种卫生器具均按设计图示数量计算，以“10 组”或“10 套”为计量单位。

2）卫生器具安装定额应用

（1）各类卫生器具安装项目除另有标注外，均适用于各种材质。

（2）各类卫生器具安装项目包括卫生器具本体、配套附件、成品支托架安装。各类卫生器具配套附件是指给水附件（水嘴、金属软管、阀门、冲洗管、喷头等）和排水附件（下水口、排水栓、存水弯、与地面或墙面排水口间的排水连接管等）。

（3）各类卫生器具所用附件已列出消耗量，如随设备或器具配套供应时，其消耗量不得重复计算。各类卫生器具支托架如现场制作时，执行第十一章相应项目。

（4）与卫生器具配套的电气安装，应执行第四册《电气设备安装工程》相应项目。

（5）各类卫生器具的混凝土或砖基础、周边砌砖、瓷砖粘贴，蹲式大便器蹲台砌筑、台式洗脸盆的台面，浴厕配件安装，应执行《房屋建筑与装饰工程消耗量定额》相应项目。

（6）卫生器具所有项目安装不包括预留、堵孔洞，发生时执行第十一章相应项目。

3. 管道附件安装

管道附件包括螺纹阀门、法兰阀门、塑料阀门、沟槽阀门、法兰、减压器、疏水器、除污器、水表、热量表、倒流防止器、水锤消除器、补偿器、软接头（软管）、塑料排水管消声器、浮标液面计、浮标水位标尺等安装。

1）阀门、法兰工程量计算规则

（1）各种阀门、补偿器、软接头、水锤消除器、塑料排水管消声器安装，均按照不同连接方式、公称直径，以“个”为计量单位。

（2）减压器、疏水器、水表、倒流防止器、热量表组成安装，按照不同组成结构、连接方式、公称直径，以“组”为计量单位。减压器安装按高压侧的直径计算。

（3）法兰均区分不同公称直径，以“副”为计量单位。承插盘法兰短管按照不同连接方式、公称直径，以“副”为计量单位。

2）阀门、法兰定额应用

（1）阀门安装均综合考虑了标准规范要求的强度及严密性试验工作内容。若采用气压试验时，除定额人工外，其他相关消耗量可进行调整。

（2）安全阀安装后进行压力调整的，其人工乘以系数 2.0。螺纹三通阀安装按螺纹阀门安装定额人工、材料、机械乘以系数 1.3。

（3）电磁阀、温控阀安装项目均包括了配合调试工作内容，不再重复计算。

（4）对夹式蝶阀安装已含双头螺栓用量，在套用与其连接的法兰安装项目时，应将法兰安装项目中的螺栓用量扣除。浮球阀安装已包括了联杆及浮球的安装。

（5）与螺纹阀门配套的连接件，如设计与定额中材质不同时，可按设计进行调整。

（6）法兰阀门、法兰式附件安装项目均不包括法兰安装，应另行套用相应法兰安装项目。

（7）每副法兰和法兰式附件安装项目中，均包括一个垫片和一副法兰螺栓的材料用量。各种法兰连接用垫片均按石棉橡胶板考虑，如工程要求采用其他材质可按实调整。

（8）减压器、疏水器安装均按组成安装考虑，分别依据《国家建筑标准设计图集》01SS105和05R407编制。疏水器组成安装未包括止回阀安装，若安装止回阀执行阀门安装相应项目。单独安装减压器、疏水器时执行阀门安装相应项目。

（9）除污器组成安装依据《国家建筑标准设计图集》03R402编制，适用于立式、卧式和旋流式除污器组成安装。单个过滤器安装执行阀门安装相应项目人工乘以系数1.2。

（10）普通水表、IC卡水表安装不包括水表前的阀门安装。水表安装定额是按与钢管连接编制的，若与塑料管连接时其人工乘以系数0.6，材料、机械消耗量可按实调整。

（11）水表组成安装是依据《国家建筑标准设计图集》05S502编制的。法兰水表（带旁通管）组成安装中三通、弯头均按成品管件考虑。

（12）热量表组成安装是依据《国家建筑标准设计图集》10K509、10R504编制的。如实际组成与此不同时，可按法兰、阀门等附件安装相应项目计算或调整。

（13）倒流防止器组成安装是根据《国家建筑标准设计图集》12S108-1编制的，按连接方式不同分为带水表与不带水表安装。

（14）器具组成安装项目已包括标准设计图集中的旁通管安装，旁通连接管所占长度不再另计管道工程量。

（15）器具组成安装均分别依据现行相关标准图集编制的，其中连接管、管件均按钢制管道、管件及附件考虑。如实际采用其他材质组成安装，则按相应项目分别计算。器具附件组成如实际与定额不同时，可按法兰、阀门等附件安装相应项目分别计算或调整。

（16）补偿器项目包括方形补偿器制作安装和焊接式、法兰式成品补偿器安装，成品补偿器包括球形、填料式、波纹式补偿器。补偿器安装项目中包括就位前进行预拉（压）工作。

（17）法兰式软接头安装适用于法兰式橡胶及金属挠性接头安装。

（18）塑料排水管消声器安装按成品考虑。

（19）浮标液面计、水位标尺分别依据《采暖通风国家标准图集》N102-3和《全国通用给排水标准图集》S318编制的，如设计与标准图集不符时，主要材料可做调整，其他不变。

（20）电动阀门安装、电子水处理仪安装执行电磁阀门安装相应项目。

（21）管道附件所有安装项目均不包括固定支架的制作安装，发生时执行第十一章相应项目。

法兰计算如图 3.6 所示，为了管道安装方便，在 DN100 的钢管上装有一副焊接法兰，问是否需要计算工程量？如果在这副法兰之间加装一个焊接法兰阀门，应该怎样计算工程量？

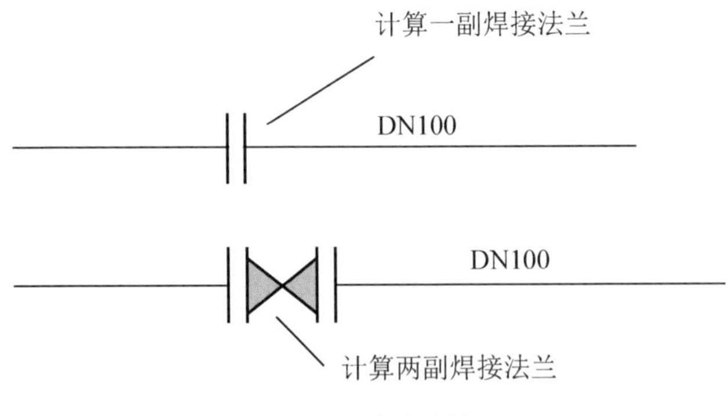

图 3.6　法兰计算

定额中法兰阀门（带短管甲乙）的意思及其作用

带短管甲乙就是表示阀门与管道连接时的接口材料。举个例子，在装球墨铸铁管时，这个球墨铸铁管有两个头，一个承口（大头）和一个插口（小头），在这个管中间装法兰阀门就需要这个甲、乙短管。这个甲、乙短管各长约 50cm，一个短管的一边是法兰，另一边是插口，另一个短管的一边是法兰，另一边是承口，这样就可以把法兰阀门装上去了。在球墨铸铁管的承口处接一个短管（一边是法兰，另一边是插口），短管的法兰与法兰阀门相接，再接一个短管（一边是法兰，另一边是承口），这样在第二个短管后就又可以接球墨铸铁管了，如图 3.7 所示。

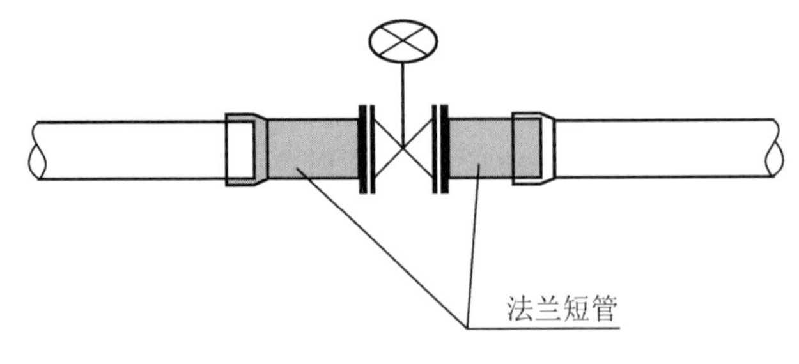

图 3.7　法兰短管

3）水表安装

（1）水表工程量计算规则。

水表定额中包括普通水表安装（螺纹连接）、IC 卡水表（螺纹连接）、螺纹水表组成安装、法兰水表组成安装，均以“个”“组”为计量单位计算。

（2）水表定额应用注意事项。

① 螺纹水表组成安装包括表前闸阀（如图 3.8 所示）。水表组成安装是依据《国家建

筑标准设计图集》05S502编制的。法兰水表（带旁通管）组成安装中三通、弯头均按成品管件考虑，如图3.9所示。

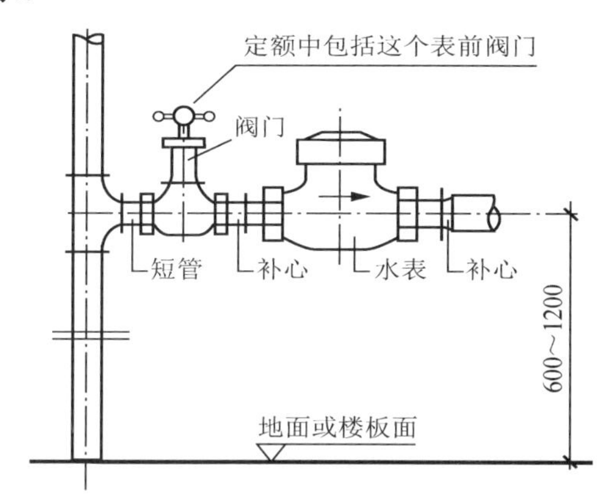

图3.8　螺纹水表组成安装

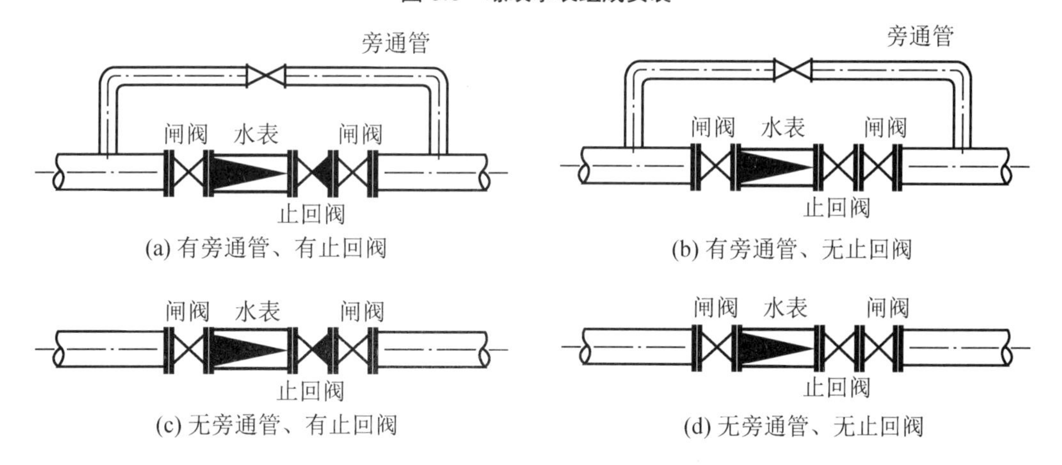

图3.9　法兰水表组成安装

② 普通水表、IC卡水表安装不包括水表前的阀门安装。水表安装定额是按与钢管连接编制的，若与塑料管连接时其人工乘以系数0.6，材料、机械消耗量可按实调整。

4. 给排水设备

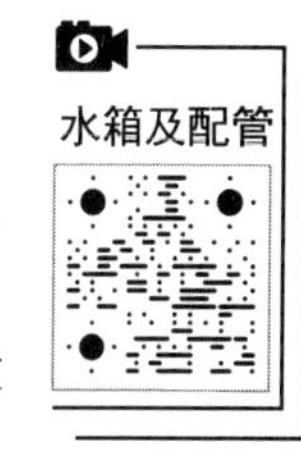

给排水设备，包括生活给排水系统中的各种变频给水设备、稳压给水设备、无负压给水设备、气压罐、太阳能集热装置、除砂器、水处理器、水箱自洁器、水质净化器、紫外线杀菌设备、热水器、开水炉、消毒器、消毒锅、直饮水设备、水箱制作安装等项目。

1）水箱

水箱属于小型容器制作安装项目，定额分列了整体水箱安装、组装水箱安装、矩形和圆形钢板水箱制作项目。

（1）工程量计算规则。

水箱安装项目按水箱设计容量，以“台”为计量单位；钢板水箱制作分圆形、矩形，按水箱设计容量，以箱体金属重量“100kg”为计量单位。

（2）定额应用中的注意事项。

水箱安装适用于玻璃钢、不锈钢、钢板等各种材质，不分圆形、方形，均按箱体容积执行相应项目。水箱安装按成品水箱编制，如现场制作、安装水箱，水箱主材不得重复计算。水箱消毒冲洗及注水试验用水按设计图示容积或施工方案计入。组装水箱的连接材料是按随水箱配套供应考虑的。

2）给水设备

给水设备定额中，分列了变频给水设备、稳压给水设备、无负压给水设备。

（1）工程量计算规则。

给水设备按同一底座设备重量列项，以“套”为计量单位。

（2）定额应用中的注意事项。

给水设备均按整体组成安装编制。

3）给排水设备定额应用说明

（1）设备安装定额中均包括设备本体以及与其配套的管道、附件、部件的安装和单机试运转或水压试验、通水调试等内容，均不包括与设备外接的第一片法兰或第一个连接口以外的安装工程量，发生时应另行计算。设备安装项目中包括与本体配套的压力表、温度计等附件的安装，如实际未随设备供应附件时，其材料另行计算。

（2）设备安装定额中均未包括减震装置、机械设备的拆装检查、基础灌浆、地脚螺栓的埋设，若发生时执行第一册《机械设备安装工程》相应项目。

（3）设备安装定额中均未包括设备支架或底座制作安装，如采用型钢支架执行第十一章设备支架相应子目，混凝土及砖底座执行《湖北省房屋建筑与装饰工程消耗量定额》（2018）相应项目。

5. 支架及其他项目

其包括管道支架、设备支架和各种套管制作安装，管道水压试验，管道消毒、冲洗，成品表箱安装，剔堵槽、沟，机械钻孔，预留孔洞，堵洞等项目。

1）管道、设备支架

（1）工程量计算规则。

管道、设备支架制作安装按设计图示单件重量，以“100kg”为计量单位。

（2）定额应用中的注意事项。

① 管道支架制作安装项目，适用于室内外管道的管架制作与安装。如单件质量大于100kg时，应执行第十一章设备支架制作安装相应项目。

② 管道支架采用木垫式、弹簧式管架时，均执行第十一章管道支架安装项目，支架中的弹簧减震器、滚珠、木垫等成品件重量应计入安装工程量，其材料数量按实计入。

③ 管道、设备支架的除锈、刷油，执行第十二册《刷油、防腐蚀、绝热工程》相应项目。

2）套管

其包括一般钢套管制作安装、一般塑料套管制作安装、柔性防水套管制作安装、刚性防水套管制作安装、穿楼板翼环钢套管制作安装、成品防火套管等项目。

（1）工程量计算规则。

一般穿墙套管、柔性、刚性套管，按介质管道的公称直径执行定额子目，分规格、材质以“个”为计量单位。

（2）定额应用中的注意事项。

① 套管制作安装项目已包含堵洞工作内容。第十一章所列堵洞项目，适用于管道在穿墙、穿楼板不安装套管时的洞口封堵。

② 刚性防水套管和柔性防水套管安装项目中，包括了配合预留孔洞及浇筑混凝土工作内容。一般套管制作安装项目，均未包括预留孔洞工作，发生时按第十一章所列预留孔洞项目另行计算。

③ 套管内填料按油麻编制，如与设计不符时，可按工程要求调整换算填料。

3）管道水压试验

管道水压试验、消毒冲洗按设计图示管道长度，分规格以“100m”为计量单位。

水压试验项目仅适用于因工程需要而发生且非正常情况的管道水压试验。管道安装定额中已经包括了规范要求的水压试验，不得重复计算。

4）管道保护管制作与安装

管道保护管是指在管道系统中，为避免外力（荷载）直接作用在介质管道外壁上，造成介质管道受损而影响正常使用，在介质管道外部设置的保护性管段。

管道保护管制作与安装，分为钢制和塑料两种材质，区分不同规格，按设计图示管道中心线长度以“10m”为计量单位。

5）管消毒冲洗

管道安装定额中已包含消毒冲洗工作内容，如因工程需要再次发生管道冲洗时，执行第十一章消毒冲洗定额项目，同时扣减定额中漂白粉消耗量，其他消耗量乘以系数0.6。

6）成品表箱

成品表箱安装适用于水表、热量表、燃气表箱的安装。成品表箱安装按箱体半周长以“个”为计量单位。

7）机械钻孔项目

机械钻孔项目，区分混凝土楼板钻孔及混凝土墙体钻孔，按钻孔直径以“10个”为计量单位。

机械钻孔项目是按混凝土墙体及混凝土楼板考虑的，厚度系综合取定。如实际墙体厚度超过300mm，楼板厚度超过220mm时，按相应定额人工、材料、机械乘以系数1.2。砖墙及砌体墙钻孔按机械钻孔定额人工、材料、机械乘以系数0.4。

8）剔堵槽沟项目

剔堵槽沟项目，区分砖结构及混凝土结构，按截面尺寸以“10m”为计量单位。

9）预留孔洞、堵洞项目

预留孔洞、堵洞项目，按工作介质管道直径，分规格以“10个”为计量单位。

3.3 工作任务实施

3.3.1 安装工程施工图预算的编制步骤和方法

1. 熟悉施工图纸

为了准确、快速地编制施工图预算，在编制安装工程等单位工程施工图预算之前，必须全面熟悉施工图纸，了解设计意图和工程全貌。熟图过程也是对施工图纸的再审查过程。检查施工图、标准图等是否齐全，如有短缺，应当补齐。对设计中的错误、遗漏可提交设计单位改正、补充。对于不清楚之处，可通过技术交底解决。这样，才能避免预算编制工作的重算和漏算。熟悉施工图纸一般可按如下顺序进行。

1）阅读设计说明书

设计说明书中阐明了设计意图，施工要求，管道保温材料、方法，管道连接方法、材料等内容。

2）熟悉图例符号

安装工程施工图中的管道、管件、附件、灯具、设备和器具等，都是按规定的图例表示的。所以在熟悉施工图纸时，了解图例所代表的内容，对识图是必要和有用的。

3）熟悉工艺流程

给排水、供暖、燃气和通风空调工程，电气施工图是按照一定工艺流程顺序绘制的。如读建筑给水系统图时，可按“引入管→水表节点→水平干管→立管→支管→用水器具”的顺序进行。因此，了解工艺流程（或系统组成）对熟悉施工图纸是十分必要的。

4）阅读施工图纸

在熟悉施工图纸时，应将施工平面图、系统图和施工详图结合起来看，从而搞清管道与管道、管道与管件、管道与设备（或器具）间的关系。有的内容在施工平面图或系统图上看不出来时，可在施工详图中搞清。如卫生间管道及卫生器具安装尺寸，通常不标注在施工平面图和系统图上，在计算工程量时，可在施工详图中找出相应的尺寸。

2. 熟悉合同或协议

熟悉建设单位和施工单位签订的工程合同或协议内容和有关规定是很必要的。因为有些内容在施工图和设计说明书中是反映不出来的，如工程材料供应方式、包干方式、结算方式、工期及相应奖罚措施等内容，都是在合同或协议中写明的。

3. 熟悉施工组织设计

施工单位根据安装工程的工程特点、施工现场情况和自身施工条件及能力（技术、装备等），编制的施工组织设计，对施工起着组织、指导作用。编制施工图预算时，应考虑施工组织设计对工程费用的影响因素。

4. 工程量计算

工程量是编制施工图预算的主要数据，是一项细致、烦琐、量大的工作。工程量计算的准确与否，直接影响施工图预算的编制质量、工程造价的高低、投资大小、施工企业的生产经营计划的编制等。工程量计算要严格按照预算定额规定和工程量计算规则进行。工程量计算时，通常采用表格形式，见表3-6。安装工程等单位工程预算工程量计算方法详见以后各工作任务。

表3-6 工程量计算书

工程名称： 年 月 日

序 号	分部分项工程名称	单 位	数 量	计算式	备 注

5. 汇总工程量、编制预算书

工程量计算完毕，按预算定额规定和要求，以分项工程顺序汇总，整理填写预算书。安装工程预（结）算书形式见表3-7。

表3-7 安装工程预（结）算书

工程名称： 年 月 日

定额编号	分项工程名称	单位	数量	单价/元				合价/元			
				主材	基价	其中工资	其中机械	主材	合计	其中工资	其中机械

为制订材料计划，组织材料供应，应编制主要材料明细表。其格式见表3-8。

表3-8 主要材料明细表

工程名称： 年 月 日

序 号	材料名称	规 格	单 位	数 量	备 注

6. 套预算单价

在套预算单价前首先要读懂预算定额总说明及各章、节（或分部分项）说明。定额中包括哪些内容，哪些工程量可以换算等，在说明中都有注明。如有些省工程预算工程量计算规则中规定：暖气管道安装工程项目中，管路中的乙字弯、元宝弯等安装定额均已包括，无论是现场煨制或成品弯管均不得换算。对于既不能套用、又不能换算的则需编制补充定额。补充定额的编制要合理，并须经当地定额管理部门批准。

套预算单价时，所列分项工程的名称、规格、计量单位必须与预算定额所列内容完全一致，且所列项目要按预算定额的分部分项（或章、节）顺序排列。

7. 计算单位工程预算造价

计算出各分项工程预算价值后，再将其汇总成单位工程预算价值，即定额直接费。首先以定额直接费中的人工费为计算基础，根据各省建筑安装工程费用定额中规定的各项费率，计算出工程费总额，即单位工程预算造价。

8. 编写施工图预算编制说明

其内容主要是对所采用的施工图、预算定额、单位估价表、费用定额，以及在编制施工图预算中存在的问题和处理结果等加以说明。

3.3.2 编制安装工程预算书

下面就对本工作任务开头时布置的某住宅楼的室内给排水工程，进行工程量计算，编制安装工程预算书，计算直接工程费。

1. 工程量计算（仅计算 1/2 单元）

1）给水管道

（1）PPR 管热熔连接 DN40（给水总管埋地部分）：

[1.5+0.8+0.9+0.46+0.29+0.07+0.25×2+0.27+0.23+0.13/2（估）+0.63+0.18]（水平段）+[（-0.02）-（-1.4）]（垂直段）=7.275（m）

（2）PPR 管热熔连接 DN40（给水立管地上部分）：

9.90-（-0.02）=9.92（m）

（3）PPR 管热熔连接 DN20（给水立管地上部分）：

12.80-9.90=2.90（m）

（4）一～五层 PPR 管热熔连接 DN20：

{（0.19×2+0.13/2+0.23+0.27+0.25）（水平段）+[（1.2-1.03）+（1.03-0.15）]（垂直段）}×5（层）=11.225（m）

（5）一～五层 PPR 管热熔连接 DN15：

[（0.27+0.25+0.07+0.29）（水平段）+（0.68-0.15）（垂直段）]×5=7.05（m）

说明：由供水干管到坐便器低水箱、浴盆、淋浴器的支管尺寸，已包含在定额内。

2）排水管道

（1）底层工程量。

排水横干管平均管中心标高计算（如图 3.10 所示）：

[（-0.8）+（-0.76）]÷2（平均管底标高）+0.1÷2（管径的 1/2）=-0.73（m）

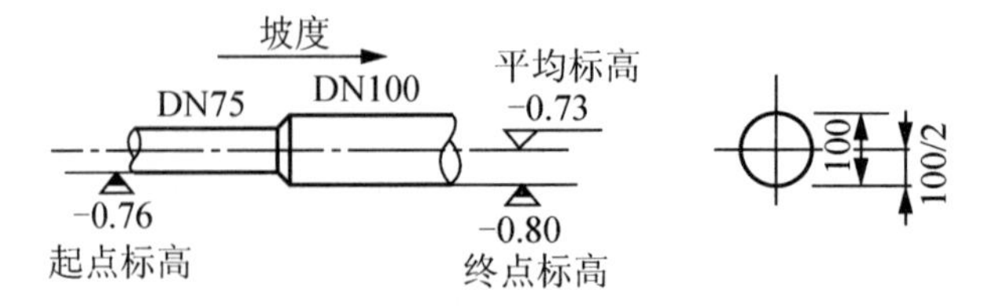

图 3.10 排水横干管平均管中心标高计算

① DN100 器具排水管。

由排水横管至坐便器（如图 3.11 所示）：

（−0.02）−（−0.73）=0.71（m）

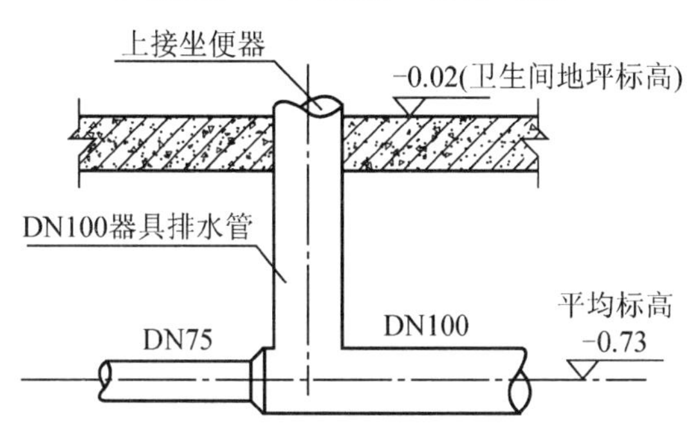

图 3.11　器具排水管计算（一）

② DN75 器具排水管。

由排水横管至地漏（如图 3.12 所示）：

（−0.03）−（−0.73）=0.70（m）

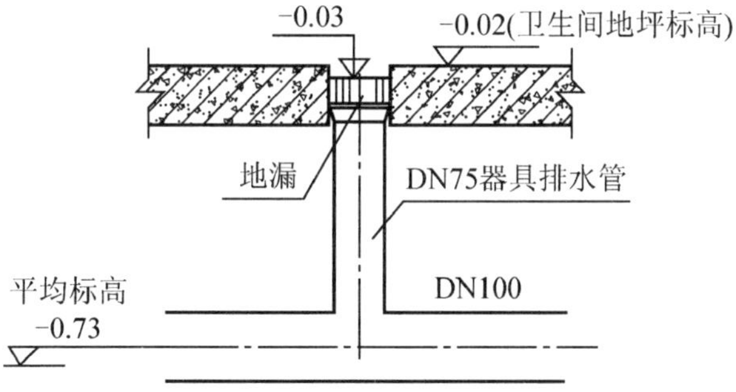

图 3.12　器具排水管计算（二）

由排水横管至洗涤池地漏：

[（−0.03）−（−0.36）]（垂直段）+（0.18+0.19×2+0.08+0.25）（水平段）=1.22（m）

由排水横管至洗脸盆前地漏：

（−0.03）−（−0.73）=0.70（m）

③ DN50 器具排水管。

由排水横管至洗脸盆和浴盆：

[（−0.02）−（−0.73）]×2（垂直段）+0.22（水平段，估）=1.64（m）

④ DN75 埋地干管（水平段）。

0.23+0.27+0.25=0.75（m）

⑤ DN100 埋地立管（P1 系统）。

（−0.02）−（−0.73）=0.71（m）

⑥ DN100 埋地干管（水平段）。

P1 系统：1.5+0.12+0.46+0.29+0.07+0.25×2+0.27+0.23+0.13=3.57（m）

P2 系统：1.5+0.12+0.46+0.29+0.07+0.25=2.69（m）

（2）二～五层工程量。

排水横干管平均管中心标高计算：

（2.38+2.34）÷2（平均管底标高）+（0.1÷2）（管径的 1/2）=2.41（m）

① DN100 器具排水管。

由排水横管至坐便器：

[（2.88−2.41）（垂直段）+0.25（水平段）]×4=2.88（m）

② DN75 器具排水管。

由排水横管至洗涤池地漏：

{2.86−[（2.04+2.02）÷2+0.75/2]（垂直段）+[（0.08+0.19+0.19+0.15）^{2}+0.13^2]$^{1/2}$（水平段）}×4=4.312（m）

③ DN50 器具排水管。

由排水横管至洗脸盆和浴盆：

（2.88−2.41）×2×4=3.76（m）

由排水横管至地漏：

（2.87−2.41）×4=1.84（m）

④ DN50 排水横管。

[0.07+0.29+0.46（估）÷2]×4=2.36（m）

⑤ DN100 排水横管。

（0.25+0.25+0.27+0.23+0.13）×4=4.52（m）

⑥ DN100 排水立管。

12.58−（−0.02）=12.60（m）

⑦ DN75 通气立管。

15.20−12.58=2.62（m）

3）卫生器具

（1）洗脸盆（普通冷水嘴）：5 组。

（2）洗涤盆（单嘴）：5 组。

（3）连体水箱坐式大便器：5 套。

（4）搪瓷浴盆（冷热水带喷头式）：5 组。

（5） DN75 地漏：7 个。

（6） DN50 地漏：1×4=4（个）。

4）阀门、水表安装

（1）螺纹截止阀 DN40：1 个。

（2）内螺纹水表 DN20：5 组。

5）套管

本例暂不计算。

2. 工程量汇总表（3 个单元工程量合计）

给排水工程量汇总表见表 3-9。

表 3-9　给排水工程量汇总表

项目名称	单位	数量	计算过程
PPR 管热熔连接 DN40	m	103.17	[7.275（给水总管埋地部分）+9.92（给水立管地上部分）]×2（1 个单元户数）×3（单元数）
PPR 管热熔连接 DN20	m	84.75	[2.90（给水立管地上部分）+11.225（一～五层）]×2（1 个单元户数）×3（单元数）
PPR 管热熔连接 DN15	m	42.30	[7.05（一～五层）]×2（1 个单元户数）×3（单元数）
UPVC 排水管 DN100	m	166.08	底层：[0.71（器具排水管）+0.71（埋地立管）+（3.57+2.69）（埋地干管）]×2（1 个单元户数）×3（单元数） 二～五层：[2.88（器具排水管）+4.52（排水横管）+12.60（排水立管）]×2（1 个单元户数）×3（单元数）
UPVC 排水管 DN75	m	61.812	底层：[（0.70+1.22+0.70）（器具排水管）+0.75（埋地干管）]×2（1 个单元户数）×3（单元数） 二～五层：[4.312（器具排水管）+2.62（通气立管）]×2（1 个单元户数）×3（单元数）
UPVC 排水管 DN50	m	57.6	底层：[1.64（器具排水管）]×2（1 个单元户数）×3（单元数） 二～五层：[（3.76+1.84）（器具排水管）+2.36（排水横管）]× 2（1 个单元户数）×3（单元数）
洗脸盆（普通冷水嘴）	组	30	5×2（1 个单元户数）×3（单元数）
洗涤盆（单嘴）	组	30	5×2（1 个单元户数）×3（单元数）
连体水箱坐式大便器	套	30	5×2（1 个单元户数）×3（单元数）
搪瓷浴盆（冷热水带喷头式）	组	30	5×2（1 个单元户数）×3（单元数）
DN50 地漏	个	24	4×2（1 个单元户数）×3（单元数）
DN75 地漏	个	42	（3+4）×2（1 个单元户数）×3（单元数）
螺纹截止阀 DN40	个	6	1×2（1 个单元户数）×3（单元数）
内螺纹水表 DN20	组	30	5×2（1 个单元户数）×3（单元数）

技能训练

请同学们依据《湖北省通用安装工程消耗量定额及全费用基价表》2018 中给排水工程第十册《给排水　采暖　燃气工程》定额，根据表 3-9 工程量计算结果，套用给排水工程中相应分部分项工程全费用定额。

总结

本工作任务介绍了现行《湖北省通用安装工程消耗量定额及全费用基价表》(2018)中第十册《给排水、采暖、燃气工程》各章的定额内容、工程量计算规则及定额使用中应注意的问题。以典型工作项目为载体对计算规则应用进行进一步深化。本工作任务的学习重、难点是管道的工程量计算和定额应用。通过对本工作任务的学习，应具备编制给排水工程施工图预算的能力。

检查评估

请根据本工作任务所学的内容，独立完成下面工程案例，进行自我检查评价。

1. 工程基本概况

(1) 图 3.13 为某学校办公楼底层平面图，该建筑中部设有男女卫生间。图 3.14～图 3.18 为该卫生间给排水管道平面图和系统图。图中标注尺寸标高以 m 计，其余均以 mm 计。所注标高以底层办公室地坪为±0.00m，室外地面为-0.60m。

(2) 给水管采用镀锌钢管，丝扣连接。排水管采用铸铁排水管，承插连接，石棉水泥接口。

(3) 大便器为瓷高水箱冲洗，小便槽采用多孔冲洗管冲刷，地漏为 DN50 铸铁地漏。所有阀门均为丝扣铜球阀，规格同管径。

(4) 给、排水埋地干管管道均做环氧煤沥青普通防腐，地上的铸铁排水管刷红丹防锈漆两遍后，再刷银粉两遍。进、出户道穿越基础外墙设置刚性防水套管，给水干、立管穿墙及楼板处设置一般钢套管（本题暂不计刷油及管道套管等工作内容）。

(5) 给水系统管道施工完毕进行静水压力试验，试验压力为 0.6MPa；排水系统安装完毕进行灌水试验，施工完毕再进行通水、通球试验。排水管道横管严格按坡度施工，图中未注明坡度者依管径大小分别为 DN75、i=0.025，DN100、i=0.02。

(6) 未尽事宜，按现行施工及验收规范的有关内容执行。

2. 工作任务要求

按照《湖北省通用安装工程消耗量定额及全费用基价表》(2018) 中的相关内容计算工程量，并套用定额。

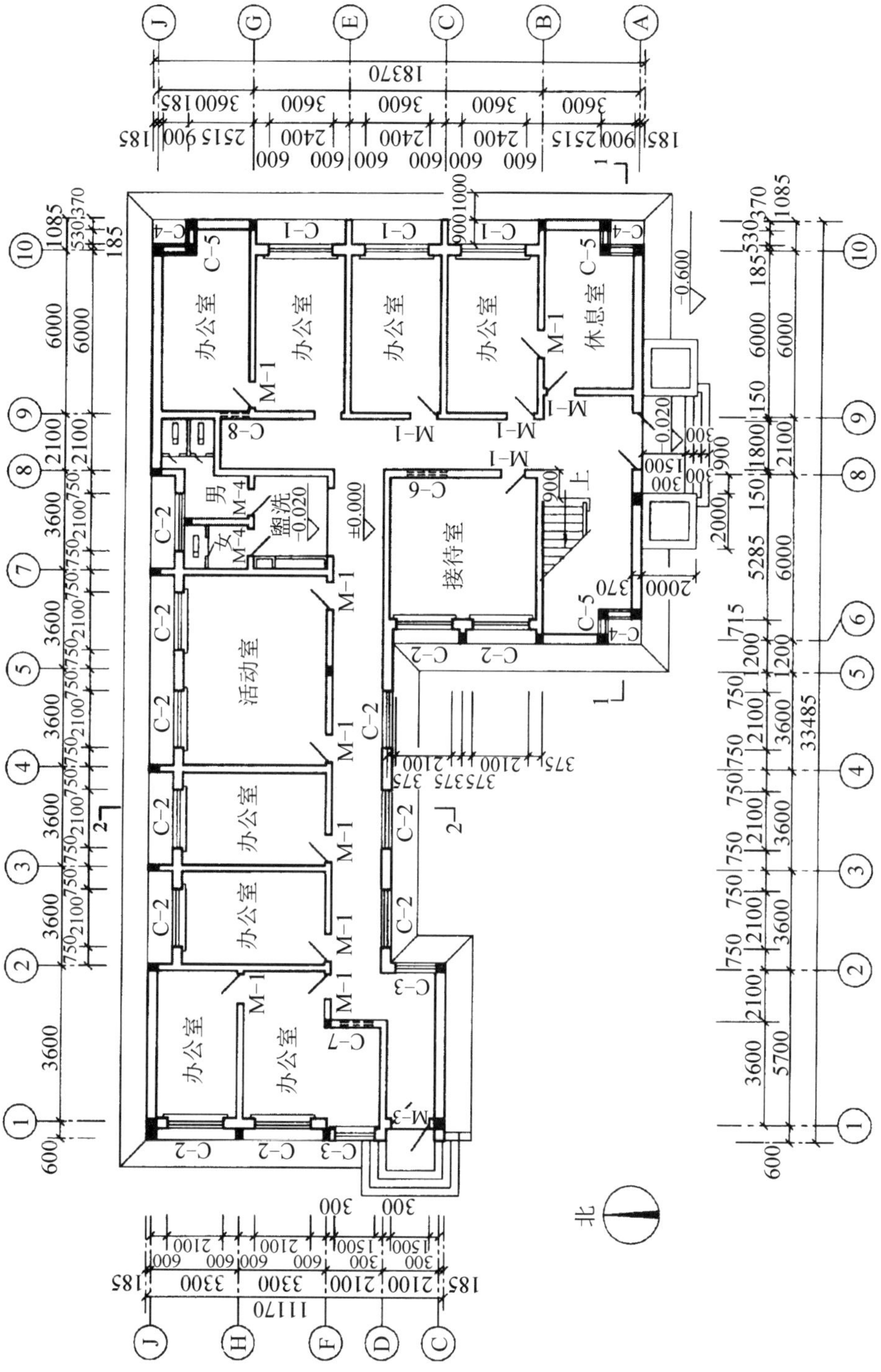

底层平面图 1：100

图 3.13 某学校办公楼底层平面图

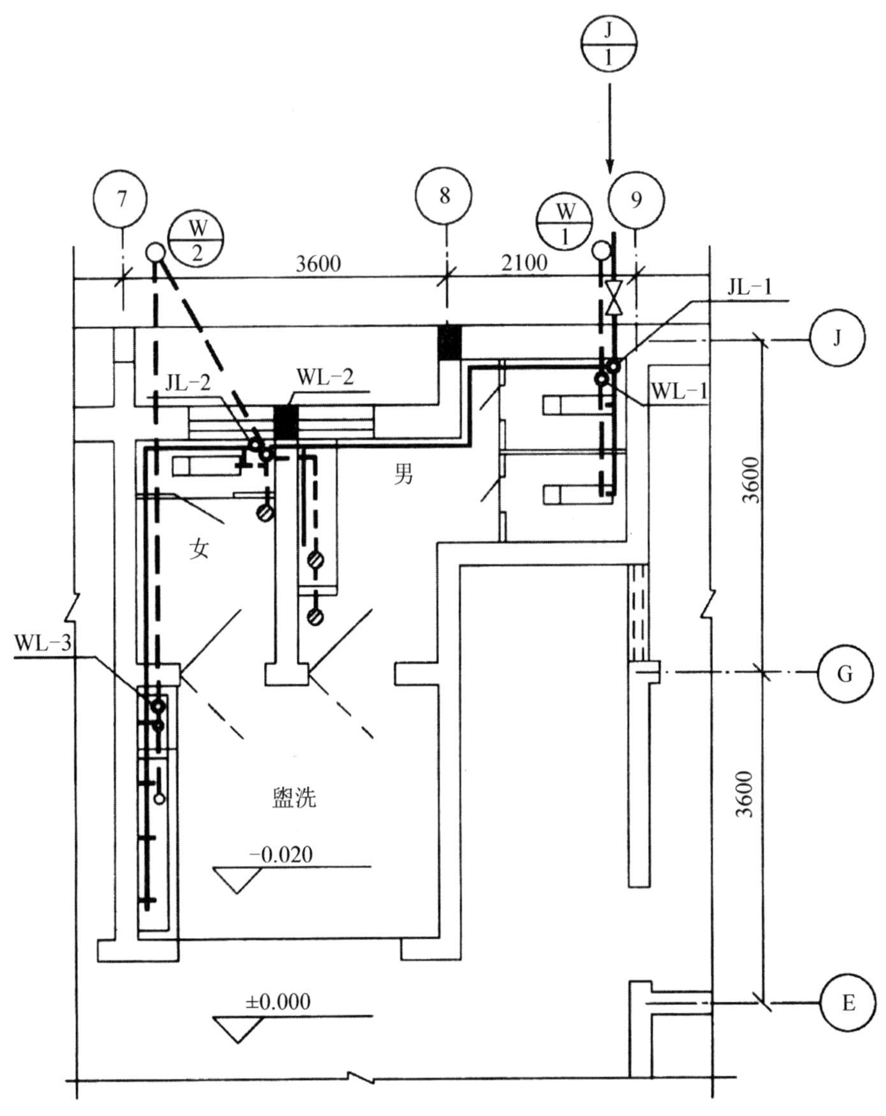

图 3.14　底层给排水管道平面图

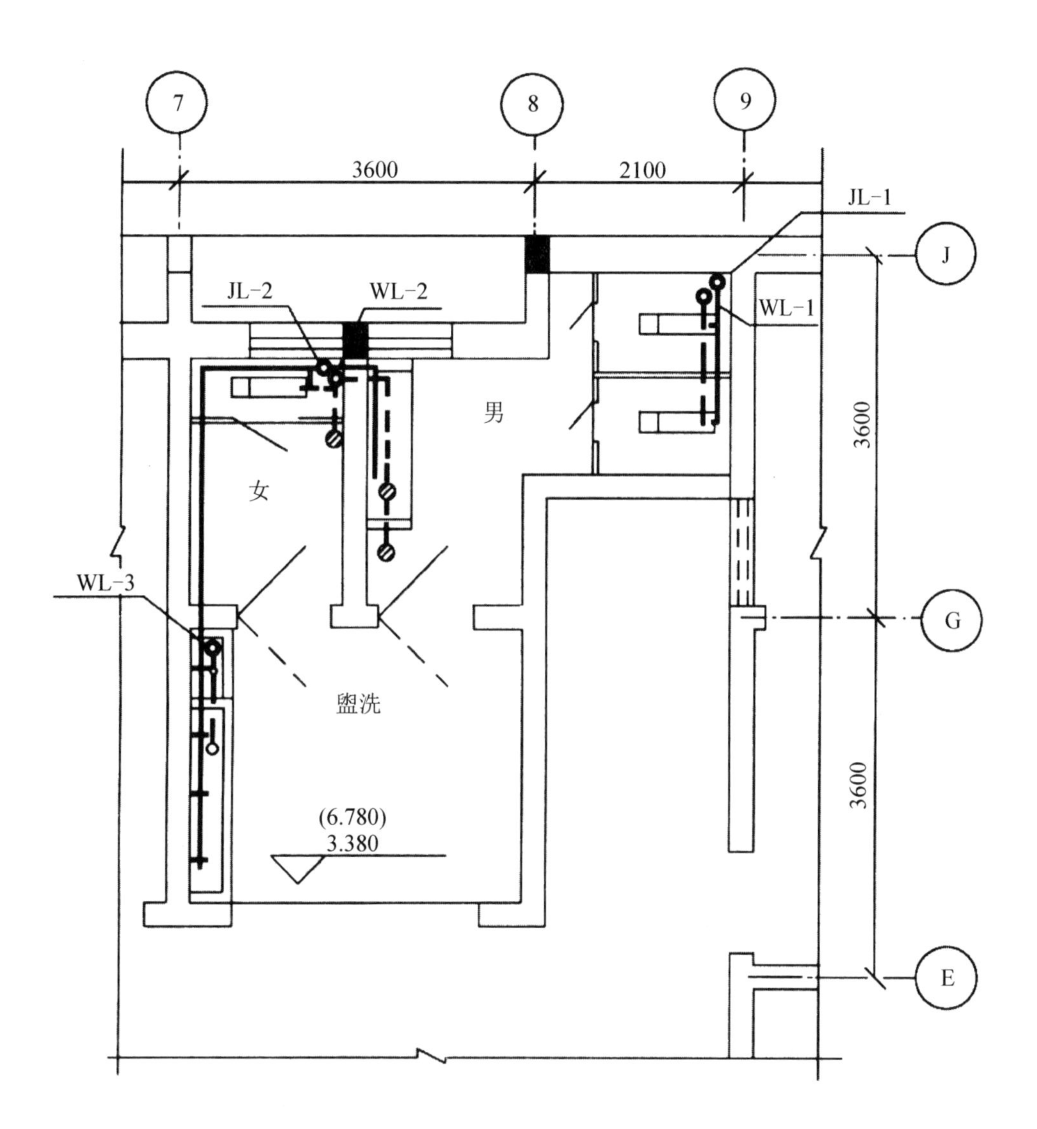

图 3.15　标准层给排水管道平面图

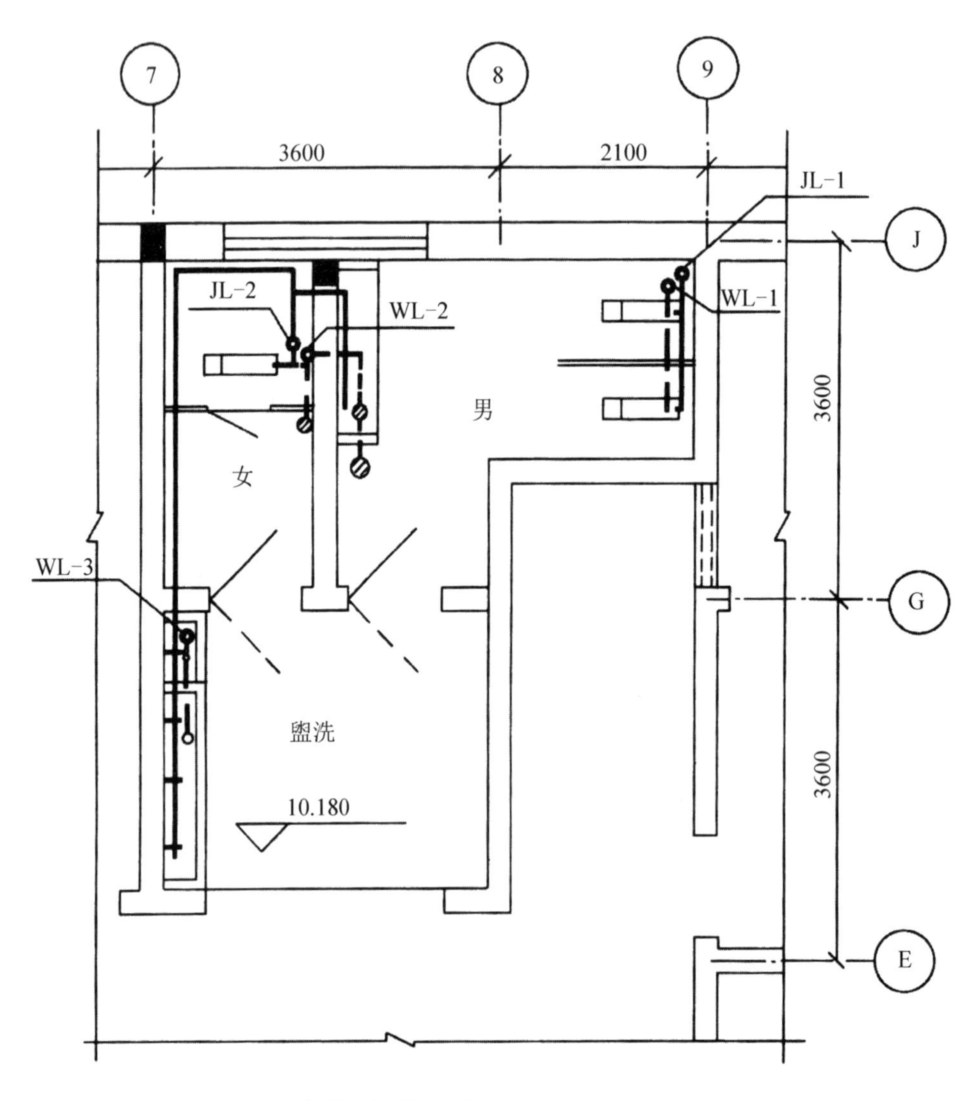

图 3.16　顶层给排水管道平面图

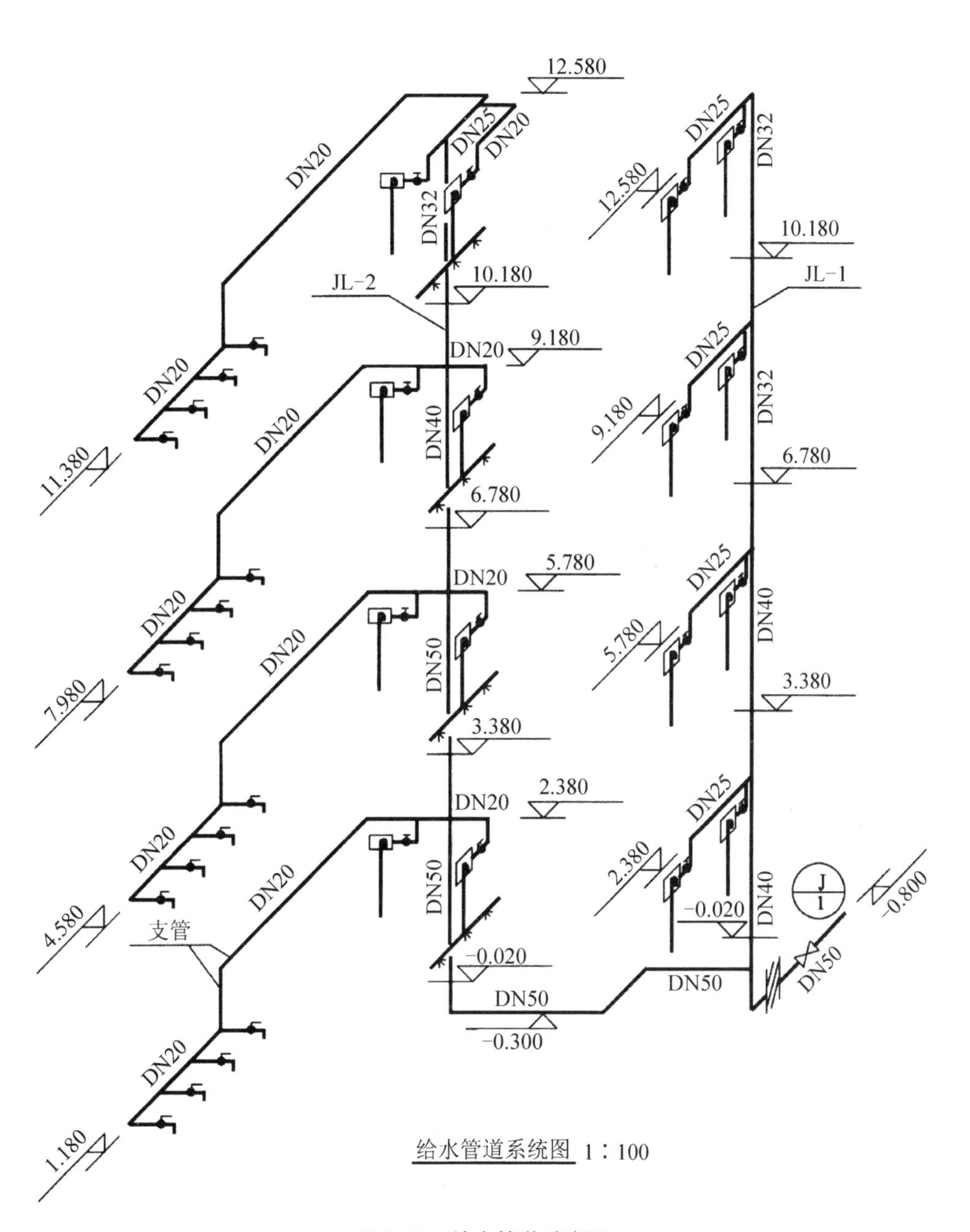

图 3.17 给水管道系统图

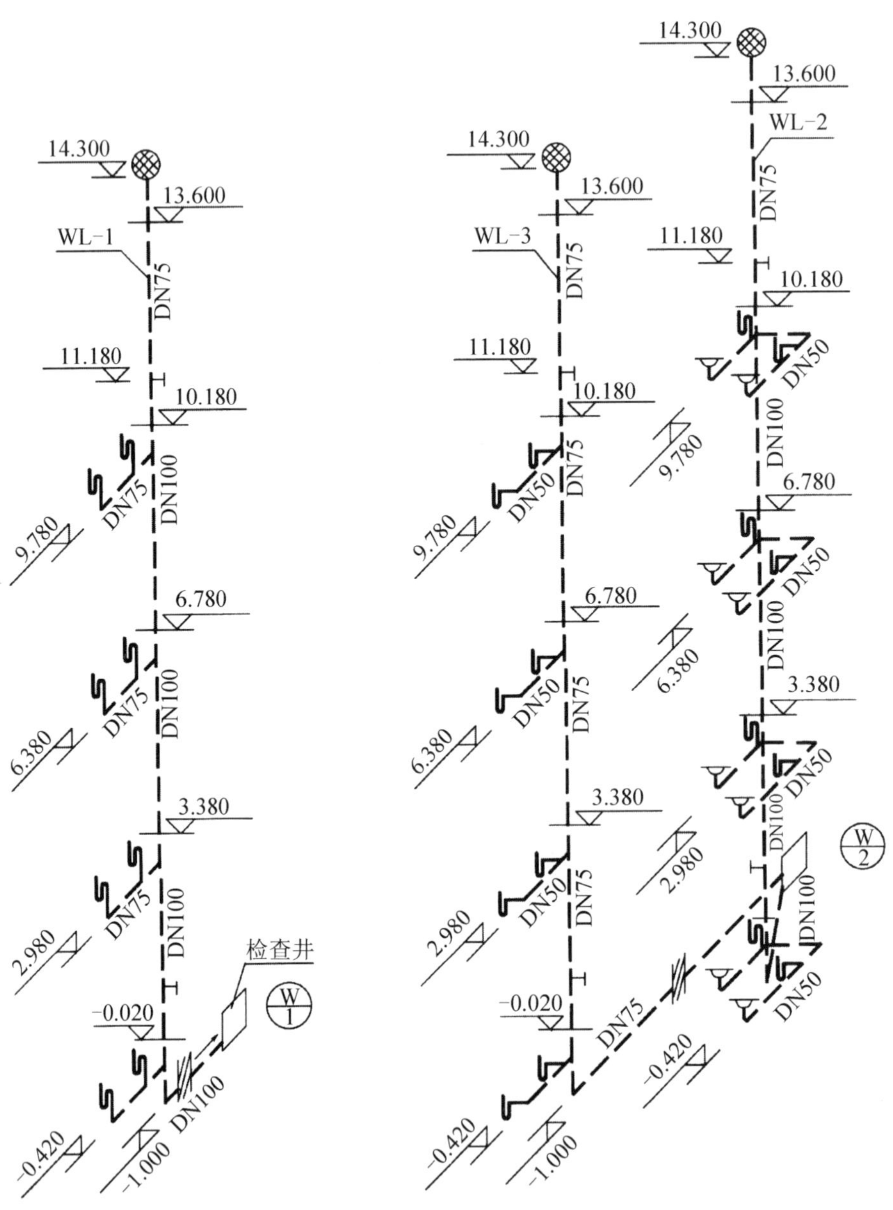

排水管道系统图 1：100

图 3.18　排水管道系统图

工作任务 4

消防工程定额计价

知识目标

（1）掌握识读消防工程图并正确列项的方法；

（2）掌握计算给排水工程量的方法；

（3）掌握消防工程定额的应用方法

能力目标

能够准确计算消防工程量，并编制定额计价工程造价文件

素质目标

（1）培养学生严谨细致的工作态度；

（2）培养学生良好的职业操守

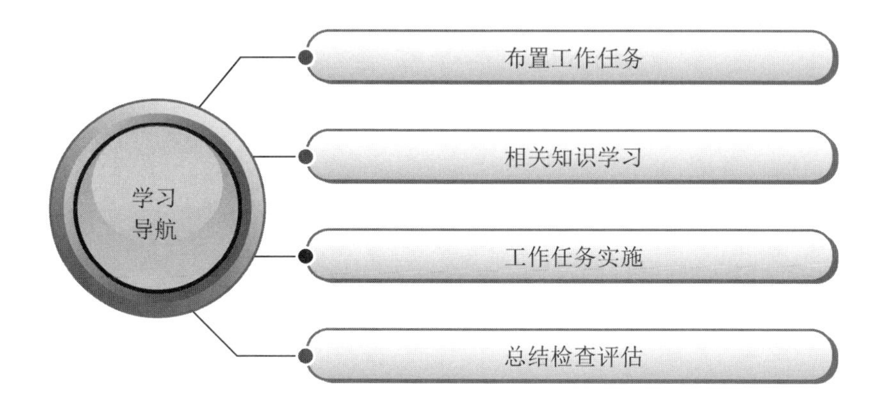

4.1　布置工作任务

4.1.1　工程基本概况

（1）图 4.1～图 4.6 所示为某活动中心消火栓和自动喷淋系统的一部分，消火栓和喷淋系统均采用热镀锌钢管，连接方式为螺纹连接。

（2）消火栓系统采用 SN65 普通型消火栓，配有 19mm 水枪一支，25m 长衬里麻织水带一条。

（3）消防水管穿过地下室外墙处设刚性防水套管，穿过墙和楼板处设一般钢套管；水平干管在吊顶内敷设。

（4）施工完毕，对整个系统进行静水压力试验。消火栓系统工作静水压力为 0.40MPa；喷淋系统工作静水压水为 0.55MPa。消火栓系统试验静水压力为 0.675MPa；喷淋系统试验静水压力为 1.40MPa。

（5）图中标高均以 m 计，其他尺寸标注均以 mm 计。

（6）本案例暂不考虑操作物高度增加费，以及刷油、保温，系统调试等工作内容。

（7）未尽事宜按国家及地方现行施工及验收规范的有关规定执行。

4.1.2　工作任务要求

按照《湖北省通用安装工程消耗量定额及全费用基价表》（2018）的有关内容列项、计算工程量、套用定额并计算相关费用。

（2）应用《湖北省建筑安装工程费用定额》（2018）计取相关费用。

（3）主材价格可参考当地工程造价信息网。

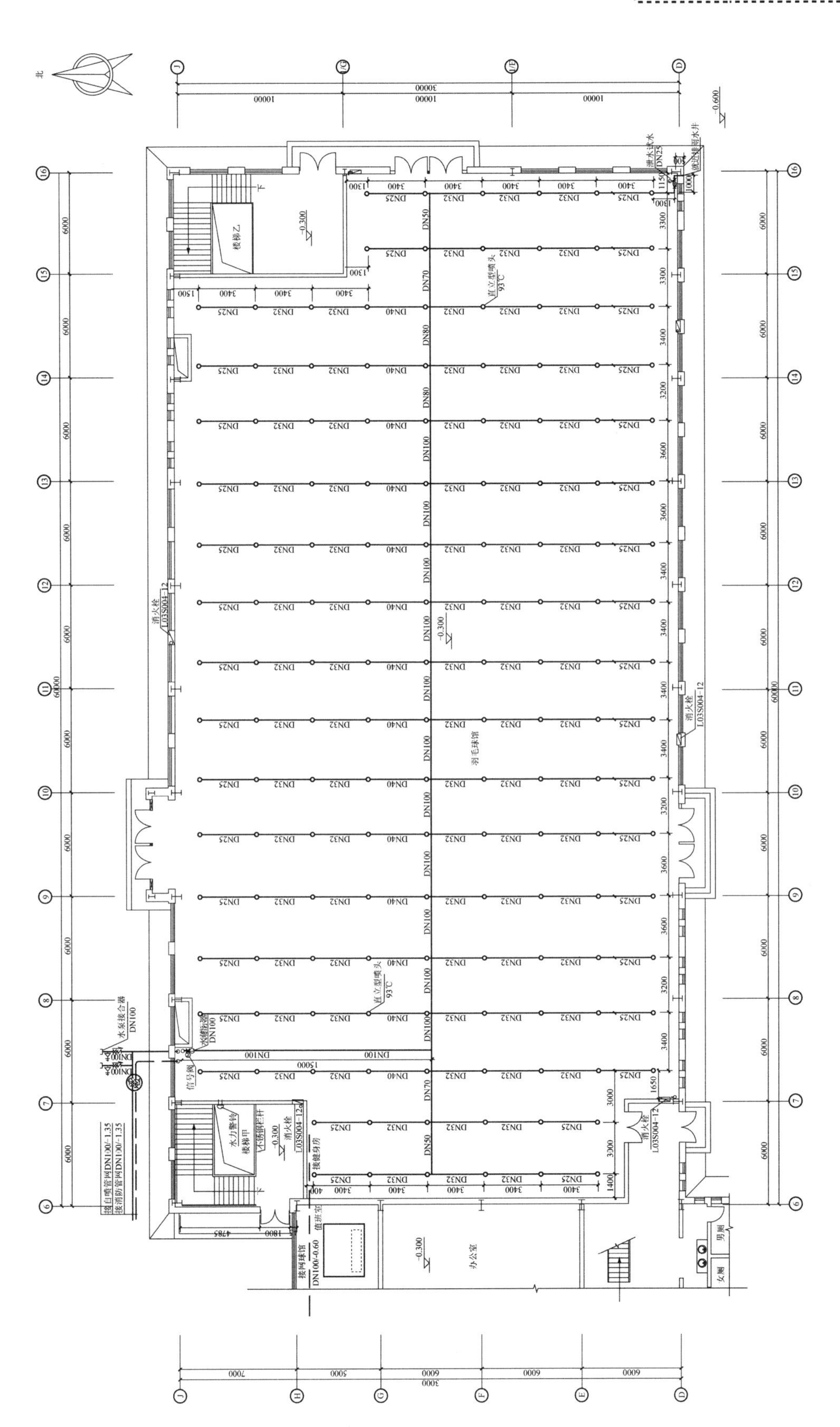

图 4.1 一层设备管线、自动消防平面图

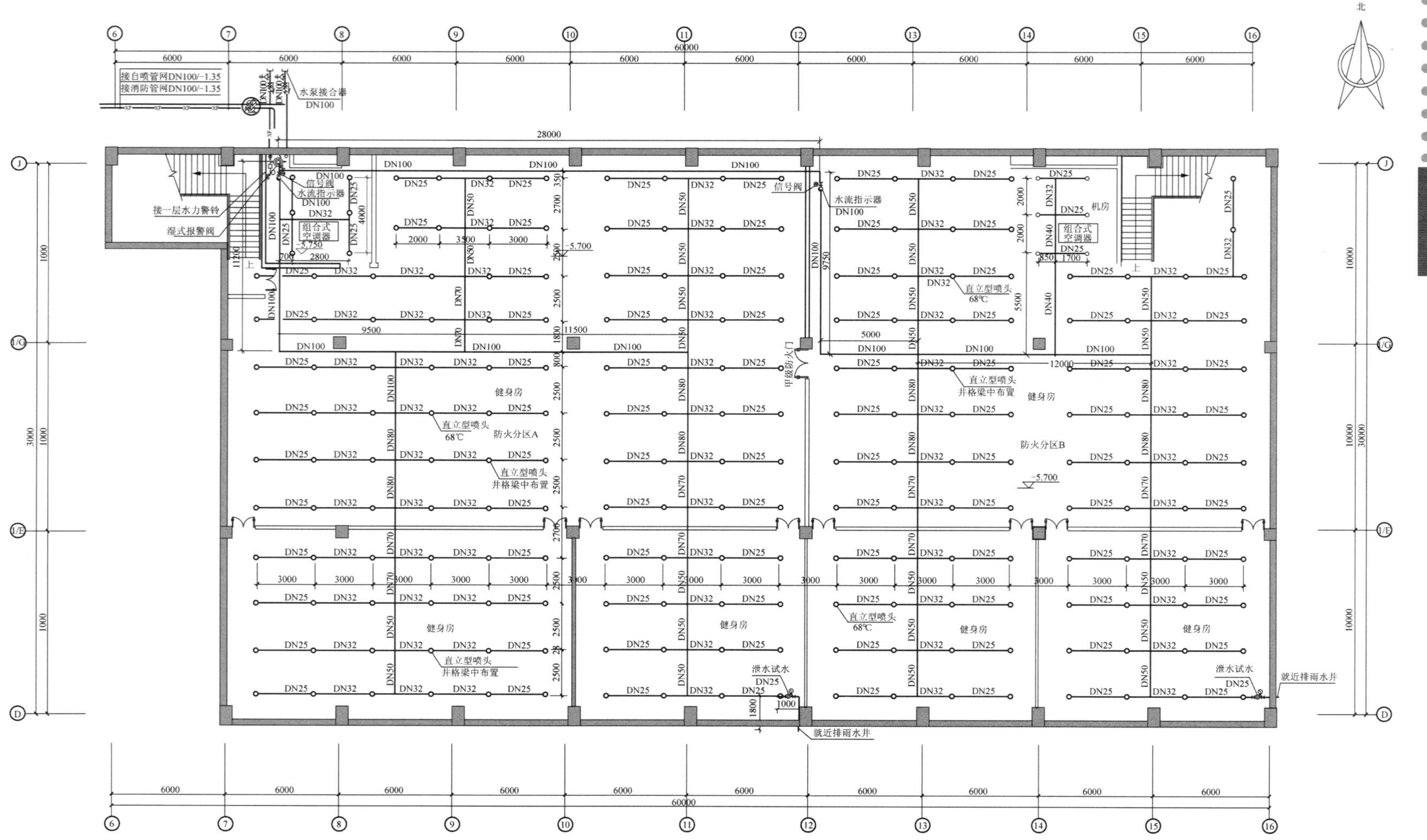

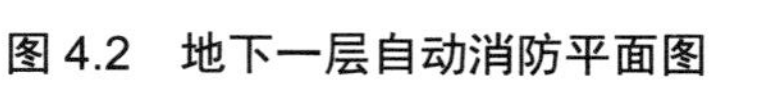
图 4.2　地下一层自动消防平面图

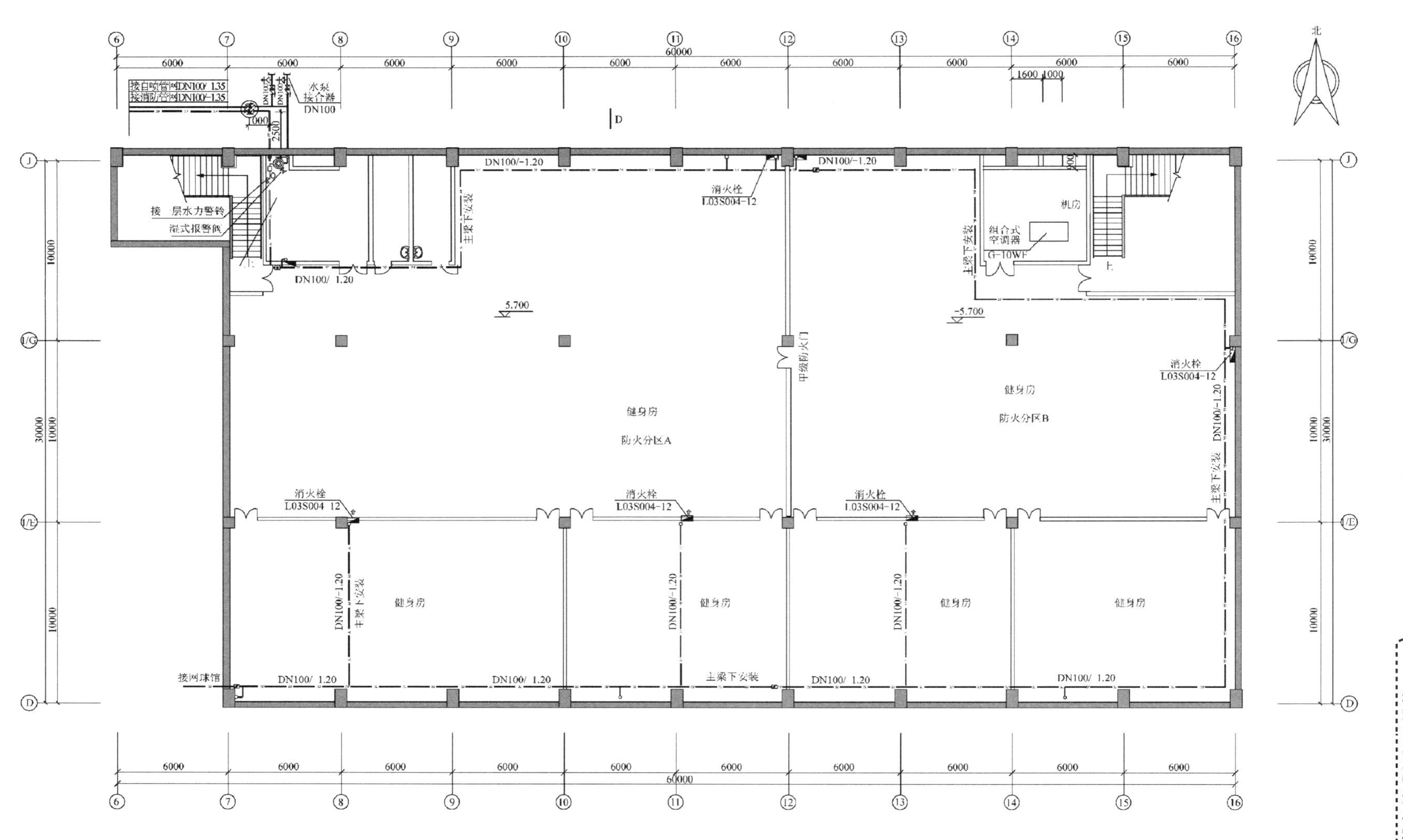

图 4.3 地下一层设备管线、消防平面图

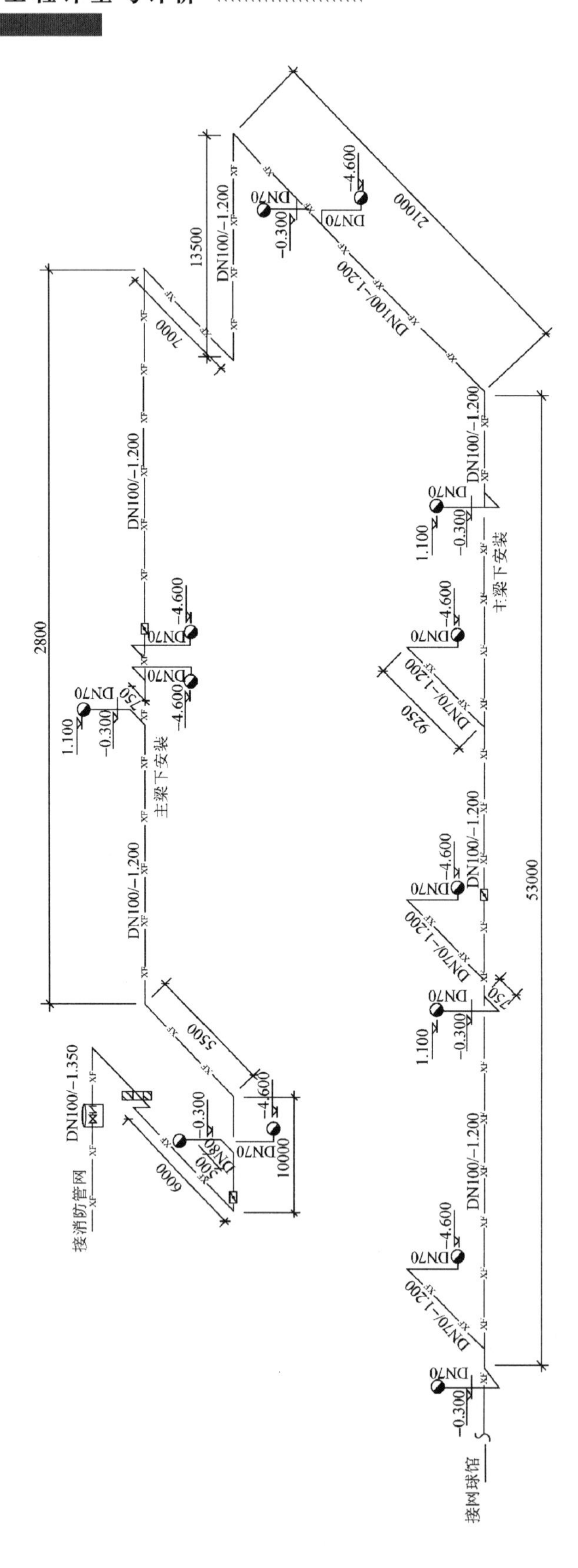

接消防管网
DN100/-1.350
DN100/-1.200
DN70/-1.200
DN70
DN80
-0.300
-4.600
1.100
主梁下安装
接网球馆
2800
53000
21000
13500
7000
5500
6000
10000
9250
750
300

图 4.4　消防栓系统图

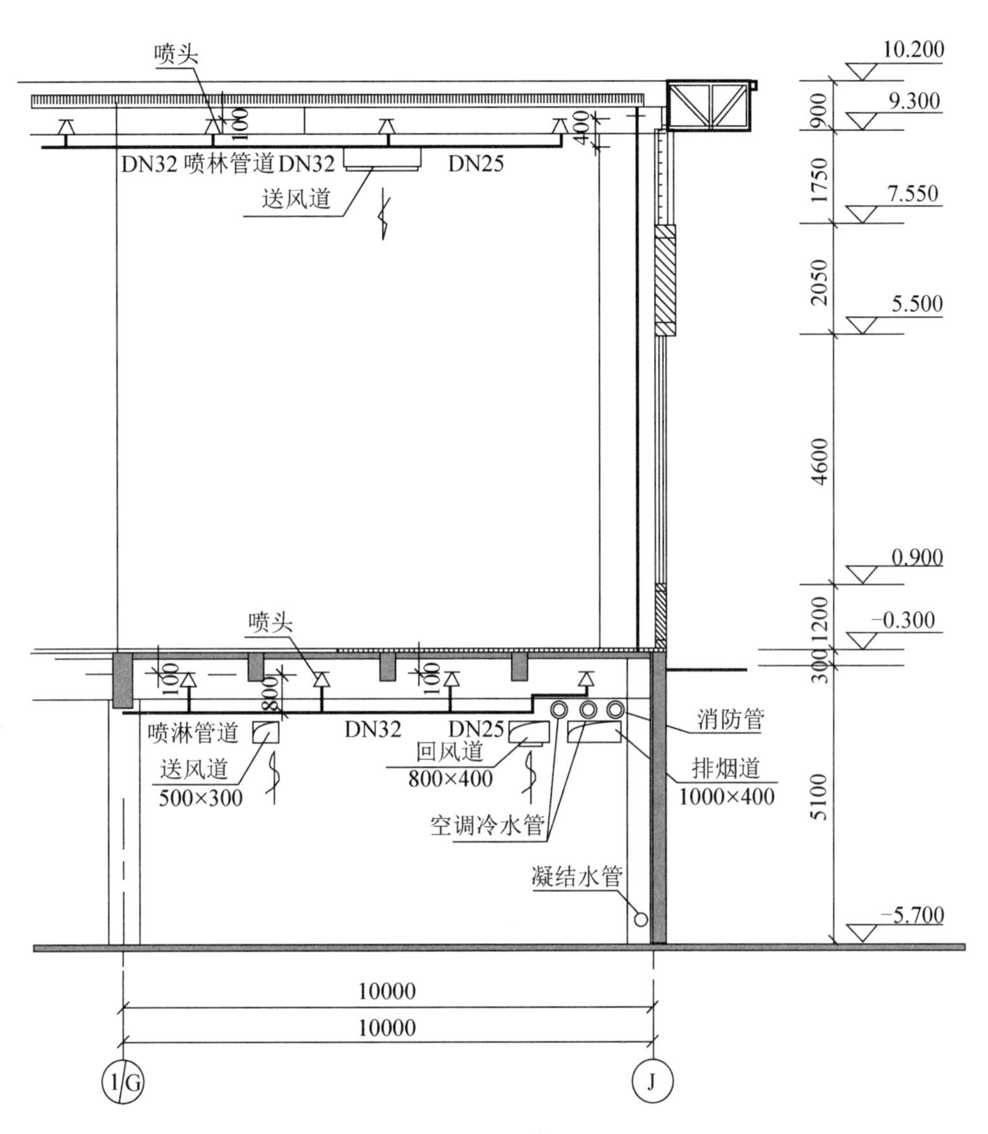
喷头
DN32 喷林管道 DN32
DN25
送风道
100
400
10.200
9.300
7.550
5.500
0.900
−0.300
−5.700
900
1750
2050
4600
1200
300
5100
喷头
100
800
100
喷淋管道
送风道
500×300
DN32
DN25
回风道
800×400
空调冷水管
消防管
排烟道
1000×400
凝结水管
10000
10000
1/G
J

图 4.5 *D*—*D* 剖面图

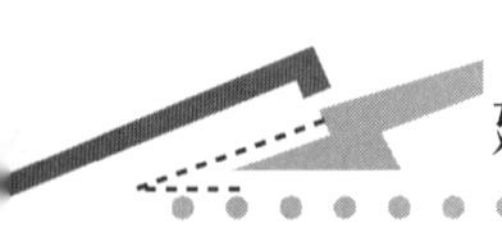

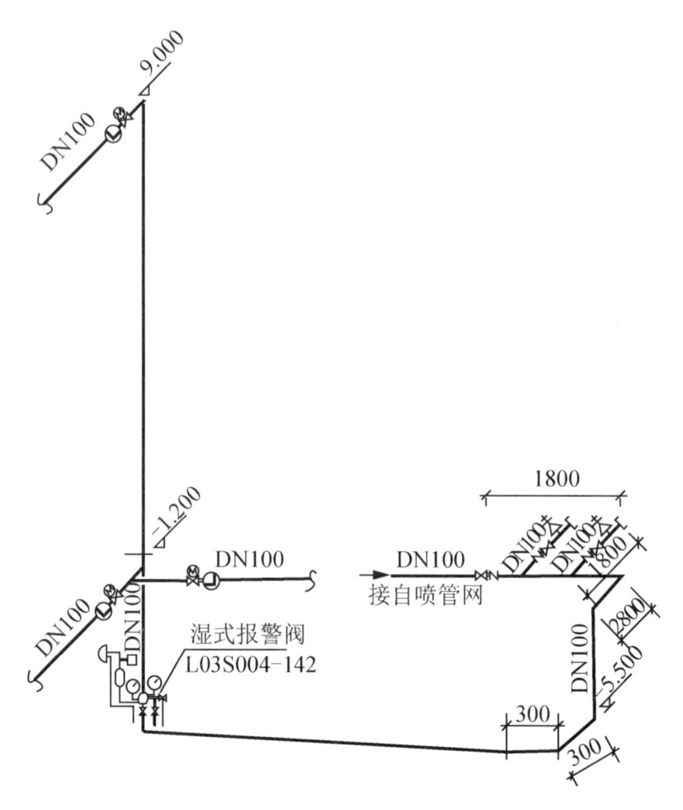

图 4.6　自动喷淋系统图

4.2　相关知识学习

第九册定额

4.2.1　消防工程定额的内容及使用定额的注意事项

1. 定额的内容

消防工程使用《湖北省通用安装工程消耗量定额及全费用基价表》(2018) 第九册《消防工程》定额（以下简称第九册定额），本定额共五章，其中与水灭火消防系统有关的为第一章、第五章，具体内容见第九册定额。

2. 定额应用的注意事项

1）定额的适用范围

第九册定额适用于工业与民用建筑中的新建、扩建和整体更新改造的消防安装工程。

2）使用《湖北省通用安装工程消耗量定额及全员基价表》(2018) 其他册及其他定额的工程项目

(1) 阀门、气压罐安装，消防水箱、套管、支架制作安装（注明者除外），执行第十册《给排水、采暖、燃气工程》相应项目。

(2) 各种消防泵、稳压泵安装，执行第一册《机械设备安装工程》相应项目。

(3) 不锈钢管、铜管管道安装，执行第八册《工业管道工程》相应项目。

（4）刷油、绝热、防腐蚀、衬里，执行第十二册《刷油、防腐蚀、绝热工程》相应项目。

（5）电缆敷设、桥架安装、配管配线、接线盒、电动机检查接线、防雷接地装置等安装，执行第四册《电气设备安装工程》相应项目。

（6）各种仪表的安装及带电讯号的阀门、水流指示器、压力开关、驱动装置及泄露报警开关的接线、校线等，执行第六册《自动化控制仪表安装工程》相应项目。

（7）剔槽打洞及恢复，执行第十册《给排水、采暖、燃气工程》相应项目。

（8）凡涉及管沟、基坑及井类的土方开挖、回填、运输，垫层、基础浇筑，地沟盖板预制安装，路面开挖及修复，管道混凝土支墩的项目，执行湖北省市政工程消耗量定额或公用专业消耗量定额。

3）第九册定额各项费用的规定

（1）脚手架搭拆费按定额人工费的5%计算，其费用中人工费占35%。

（2）操作高度增加费：本册定额操作高度，均按5m以下编制；安装高度超过5m时，超过部分工程量按定额人工费乘以表4-1中的系数计算。

表4-1　超高增加消耗量系数表

操作物高度（m）	≤10	≤30
系数	1.1	1.2

（3）建筑物超高增加费；在超过6层或20m的工业与民用建筑物上进行安装时增加的费用，按表4-2计算，其费用中人工费占65%。

表4-2　高层建筑增加系数表

建筑物檐高（m）	≤40	≤60	≤80	≤100	≤120	≤140	≤160	≤180	≤200
建筑物层数（层）	≤12	≤18	≤24	≤30	≤36	≤42	≤48	≤54	≤60
按人工费的百分比（%）	2	5	9	14	20	26	32	38	44

4.2.2　消防工程量计算及定额应用

本节只涉及水灭火消防系统，火灾报警部分的相应内容见第九册《消防工程》定额相关内容。

1．水灭火系统安装定额

水灭火系统安装定额适用于工业和民用建（构）筑物设置的水灭火系统的管道、各种组件、消火栓、消防水炮等安装。本章内容包括水喷淋钢管、消火栓钢管、水喷淋（雾）喷头、报警装置、水流指示器、温感式水幕装置、减压孔板、末端试水装置、集热板、消火栓、消防水泵结合器、灭火器、消防水炮等安装。

1）界线划分

（1）室内外界线：入口处设阀门者消防系统室内外管道以阀门为界，入口处未设阀门者以建筑物外墙皮1.5m为界；室外埋地管道执行第十册《给排水、采暖、燃气工程》中室外给水管道安装相应项目。

（2）厂区范围内的装置、站、罐区的架空消防管道执行第九册定额相应子目。

（3）消防管道与市政给水管道的界限划分：以与市政给水管道碰头点（井）为界。

2）工程量计算规则

（1）管道安装长度按设计图示管道中心线长度计算，以“10m”为计量单位。不扣除阀门、管件及各种组件所占长度。

（2）管件分规格、连接方式，以“10个”为计量单位。沟槽管件主材包括卡箍及密封圈，以“套”为计量单位。

（3）喷头、水流指示器、减压孔板、集热板按设计图示数量计算，按安装部位、方式、规格以“个”为计量单位。

（4）报警装置按设计图示数量计算，按成套产品以“组”为计量单位；室内消火栓、室外消火栓、消防水泵接合器按设计图示数量计算，成套产品以“套”为计量单位。成套产品包括的内容详见第九册定额附录。

（5）末端试水装置按设计图示数量计算，分规格以“组”为计量单位。

（6）温感式水幕装置安装以“组”为计量单位。

（7）消防水炮按设计图示数量计算，分规格以“台”为计量单位。

（9）灭火器按设计图示数量计算，分形式以“具、组”为计量单位。

3）消防管道安装定额计算相关规定

（1）管道安装定额包括工序内一次性水压试验、水冲洗。

（2）钢管（法兰连接）定额中包括管件及法兰安装，但管件、法兰数量应按设计图纸用量另行计算，螺栓按设计用量加3%损耗计算。

（3）若设计或规范要求钢管需要镀锌，其镀锌及场外运输定额另行计算。。

（4）管道安装（沟槽连接）已包括直接卡箍件安装，其他沟槽管件另行执行相关项目。

（5）消火栓管道采用无缝钢管焊接时，定额中包括管件安装，管件数量依据设计图纸另行计算。

（6）消火栓管道采用钢管（沟槽连接）时，执行水喷淋钢管（沟槽连接）相关项目。

4）定额应用说明

（1）沟槽式阀门安装执行第十册《给排水、采暖、燃气工程》管道附件相应项目。

（2）报警装置安装项目，定额中已包括装配管、泄放试验管及水力警铃出水管安装，水力警铃进水管按图示尺寸执行管道安装相应项目；其他报警装置适用于雨淋、干湿两用及预作用报警装置。

（3）水流指示器（马鞍型连接）项目，主材中包括胶圈、U型卡；若设计要求水流指示器采用螺纹连接时，执行第十册《给排水、采暖、燃气工程》螺纹阀门相应项目。

（4）喷头、报警装置及水流指示器安装定额均按管网系统试压、冲洗合格后安装考虑，定额中已包括丝堵、临时短管的安装、拆除及摊销。

（5）温感式水幕装置安装定额中已包括给水三通至喷头、阀门间的管道、管件、阀门、喷头等全部安装内容，管道和喷头的主材费另计。在计算管道的主材数量时，按设计管道中心长度另加损耗计算；在计算喷头数量时，按设计数量另加损耗计算。

（6）落地组合式消防柜安装，执行室内消火栓（明装）定额项目。

（7）室外消火栓、消防水泵接合器安装，定额中包括法兰接管及弯管底座（消火栓三通）的安装，本身价值另行计算。

（8）消防水炮及模拟末端装置项目，定额中仅包括本体安装，不包括型钢底座制作安装和混凝土基础砌筑；型钢底座制作安装执行第十册《给排水、采暖、燃气工程》设备支架制作安装相应项目，混凝土基础执行《房屋建筑与装饰工程消耗量定额》相应项目。

（9）设置于管道间、管廊内的管道，其定额人工、机械乘以系数 1.2。

2. 气体灭火系统安装定额

气体灭火系统安装，适用于工业和民用建筑中设置的七氟丙烷、IG541、二氧化碳灭火系统中的管道、管件、系统装置及组件等的安装。

1）工程量计算规则

（1）管道安装长度按设计图示管道中心线长度计算，以“10m”为计量单位。不扣除阀门、管件及各种组件所占长度。

（2）钢制管件分规格、连接方式，以“10 个”为计量单位。

（3）气体驱动装置管道长度按设计图示管道中心线长度计算，以“10m”为计量单位。

（4）选择阀、喷头安装按设计图示数量计算，分规格、连接方式以“个”为计量单位。

（5）贮存装置、称重检漏装置、无管网气体灭火装置安装，按设计图示数量计算，以“套”为计量单位。

（6）管网系统试验按贮存装置数量，以“套”为计量单位。

2）定额应用说明

（1）中压加厚无缝钢管（法兰连接）定额包括管件及法兰安装，但管件、法兰及法兰螺栓主材费另计，管件、法兰数量应按设计用量计算，法兰螺栓按设计用量加 3%损耗计算。

（2）若设计或规范要求钢管需要镀锌，其镀锌及场外运输定额另行计算。

（3）气体灭火系统管道若采用不锈钢管、铜管时，管道及管件安装执行第八册《工业管道工程》相应项目。

（4）贮存装置安装定额中，包括灭火剂贮存容器和驱动气瓶的安装固定支框架、系统组件（集流管、容器阀、气液单向阀、高压软管）、安全阀等贮存装置和阀驱动装置的安装及氮气增压。二氧化碳贮存装置安装时，不须增压，执行定额时，扣除高纯氮气，其余不变。

（5）二氧化碳称重检漏装置包括泄漏报警开关、配重及支架安装。

（6）管网系统包括管道、选择阀、气液单向阀、高压软管等组件。管网系统试验工作内容包括充氮气，但氮气消耗量及其材料费另行计算。

（7）气体灭火系统装置调试费执行第五章相应子目。

（8）本章阀门安装分压力执行第八册《工业管道工程》相应项目；阀驱动装置与泄漏报警开关的电气接线执行第六册《自动化控制仪表安装工程》相应项目。

3. 泡沫灭火系统安装定额

泡沫灭火系统安装内容包括泡沫发生器、泡沫比例混合器等安装工程。

1）工程量计算规则

泡沫发生器、泡沫比例混合器安装按设计图示数量计算，均按不同型号以“台”为计量单位，法兰和螺栓根据设计图纸要求另行计算。

2）定额应用说明

（1）第九册第三章定额适用于高、中、低倍数固定式或半固定式泡沫灭火系统的发生器及泡沫比例混合器安装。

（2）泡沫发生器及泡沫比例混合器安装中包括整体安装、焊法兰、单体调试及配合管道试压时隔离本体所消耗的人工和材料。

（3）第九册第三章设备安装工作内容中不包括支架的制作、安装和二次灌浆，应另行计算。

（4）泡沫灭火系统的管道、管件、法兰、阀门、管道支架等的安装及管道系统试压及冲（吹）洗，执行第八册《工业管道工程》相应项目。

（5）泡沫发生器、泡沫比例混合器安装定额中不包括泡沫液充装，泡沫液充装另行计算。

（6）泡沫灭火系统的调试另行计算。

4. 系统调试定额

系统调试包括自动报警系统调试、水灭火控制装置调试、防火控制装置联动调试、气体灭火系统装置调试工程。

1）工程量计算规则

（1）自动喷水灭火系统调试按水流指示器数量，以“点（支路）”为计量单位；消火栓灭火系统按消火栓启泵按钮数量，以“点”为计量单位；消防水炮控制装置系统调试按水炮数量，以“点”为计量单位。

（2）气体灭火系统装置调试按调试、检验和验收所消耗的试验容量总数计算，以“点”为计量单位。由七氟丙烷、IG541、二氧化碳等组成的气体灭火系统的调试按气体灭火系统装置的瓶头阀数量，以“点”为计量单位。

2）定额应用说明

系统调试是指消防报警和防火控制装置灭火系统安装完毕且联通，并达到国家有关消防施工验收规范、标准的要求，进行的全系统检测、调整和试验的过程。

（1）定额中不包括气体灭火系统调试试验时采取的安全措施，应另行计算。

（2）自动报警系统装置包括各种探测器、手动报警按钮和报警控制器；灭火系统控制装置包括消火栓、自动喷水、七氟丙烷、二氧化碳等固定灭火系统的控制装置。

4.3 工作任务实施

4.3.1 消火栓系统

消火栓系统的工程量计算书见表4-3。

表 4-3　某活动中心消火栓工程量计算书

工程名称：某活动中心消火栓系统

序号	分部分项工程名称	单位	工程量	计算公式
1	镀锌钢管 DN100	m	147.65	1+2.5+[−1.2−（−1.35）]+6+10+5.5+28+7+13.5+21+53=147.65
2	镀锌钢管 DN80	m	1	0.5×2=1
3	镀锌钢管 DN70	m	69.35	[1.1−（−1.2）]×6+0.75×6+9.25×3+[−1.2−（−4.6）]×7=69.35
4	室内消火栓 DN65	套	13	
5	蝶阀	个	3	
6	刚性防水套管 DN100	个	1	
7	一般穿墙套管 DN100	个	6	
8	一般穿墙套管 DN70	个	7	

4.3.2 自动喷淋系统

自动喷淋系统工程量计算书见表 4-4。

表 4-4　某活动中心自动喷淋系统工程量计算书

工程名称：某活动中心自动喷淋系统

序号	分部分项工程名称	单位	工程量	计算公式
1	镀锌钢管 DN100mm 以内	m	150.3	一层：3.6×4+3.4×5+3.2×2+15=52.8 地下一层：2.5+0.8+12+5+9.75+28+11.5+9.5+11.2=90.25 干管：1.8×3+2.8+0.3×2+（5.5-1.35-3.3）=9.65 立管：（9−3.3）+（5.5−0.3−3.3）=7.6
2	镀锌钢管 DN80 mm 以内	m	29	一层：3.4+3.2=6.6 地下一层：2.5×8+0.8×3=22.4
3	镀锌钢管 DN70 mm 以内	m	35	一层 3.3+3=6.3 地下一层：（2.7+2.5）×4+2.5+1.8×3=28.7
4	镀锌钢管 DN50 mm 以内	m	56.9	一层：3.3+3=6.3 地下一层：2.5×（2+3×3）+1.8+2.5+2.5×2+2.5×2+2.7×3+0.7=50.6
5	镀锌钢管 DN40 mm 以内	m	112.5	一层：3.4×（16+14）=102 地下一层：3+2+5.5=10.5
6	镀锌钢管 DN32 mm 以内	m	427.2	一层：3.4×[2×（18+14）+2]=224.4 地下一层：3×3×10+3.5+2.8+3×12+3×12+3×9+3+2.5+2=202.8
7	镀锌钢管 DN25 mm 以内	m	656.35	一层：3.4×（18+18）+1.3（试水）+1+0.5+0.4×150=185.2 地下一层：3×（2×10+2×12+2×10+2×12）+（0.85+1.7）×3+（2+3）×2+4×2+2.5+1（试水）+1.8+1.8+0.8×218=471.15 （试水管竖向部分暂未考虑）
8	喷头（无吊顶）	个	368	一层：9×14+6×4=150（超高 12m 以内） 地下一层：6×10+8+6+4×12+4×12+4×10+8=218
9	水流指示器	个	3	一层：1 地下一层：2

续表

序号	分部分项工程名称	单位	工程量	计算公式
10	信号阀	个	3	一层：1 地下一层：2
11	湿式报警装置	组	1	
12	末端试水装置	组	3	一层：1 地下一层：2
13	消防水泵接合器 DN100	套	2	
14	刚性防水套管 DN100	个	1	
15	一般穿墙套管 DN100	个	6	
16	一般穿墙套管 DN70	个	4	
17	一般穿墙套管 DN50	个	1	
18	一般穿墙套管 DN40	个	1	
19	一般穿墙套管 DN32	个	2	
20	一般穿墙套管 DN25	个	2	

技能训练

请同学们依据《湖北省通用安装工程消耗量定额及全费用基价表》(2018)第九册《消防工程》定额，根据表 4-3、表 4-4 工程量计算结果，套用消防工程分部分项工程全费用定额。

总结

本工作任务介绍了《湖北省通用安装工程消耗量定额及全费用基价表》（2018）第九册《消防工程》的定额内容、工程量计算规则及定额使用中应注意的问题，以典型工作项目为载体对计算规则应用进行进一步深化，通过对本工作任务的学习，应具备编制消防工程施工图预算的能力。

检查评估

请根据本工作任务所学的内容，独立完成下面工程案例，并进行自我检查评价。

1. 工程基本概况

（1）本工程为某宾馆消火栓和自动喷淋系统的一部分，消防平面图如图 4.7、图 4.8 所示，自动喷淋系统图如图 4.9 所示，消火栓系统图如图 4.10 所示。图中标高均以 m 计，其他尺寸标注均以 mm 计。外墙厚为 370mm，内墙厚为 240mm。

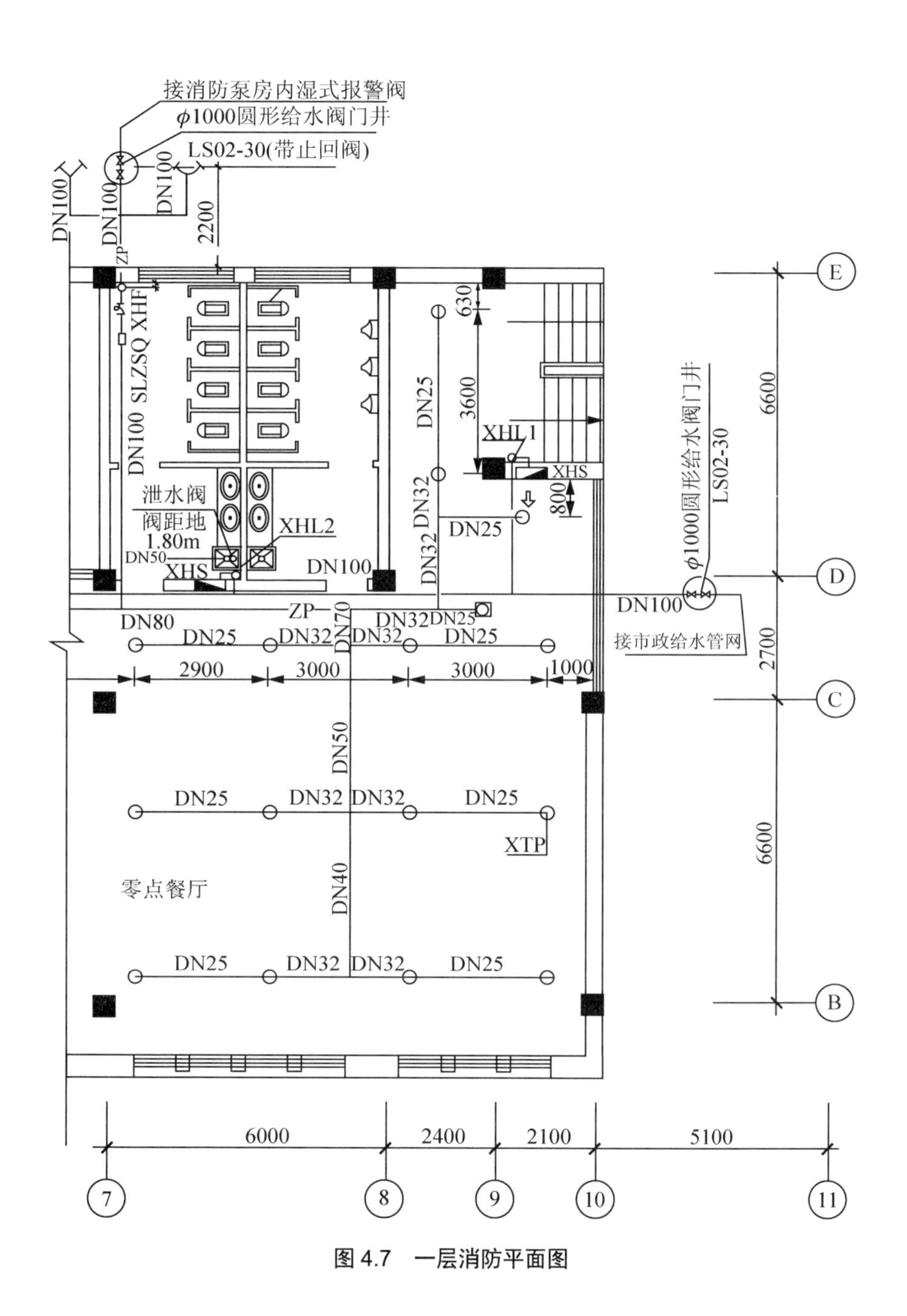

接消防泵房内湿式报警阀
φ1000圆形给水阀门井
LS02-30(带止回阀)
DN100
DN100
DN100
2200
ZP
XHF
DN100 SLZSQ
DN25
630
3600
XHL1
XHS
800
DN32
DN25
DN32
泄水阀
阀距地
1.80m
XHL2
DN50
XHS
DN100
φ1000圆形给水阀门井
LS02-30
DN100
接市政给水管网
ZP
DN80
DN70
DN32
DN25
DN25
DN32
DN32
DN25
2900
3000
3000
1000
DN50
DN25
DN32
DN32
DN25
XTP
零点餐厅
DN40
DN25
DN32
DN32
DN25
6600
2700
6600
E
D
C
B
6000
2400
2100
5100
7
8
9
10
11

图 4.7 一层消防平面图

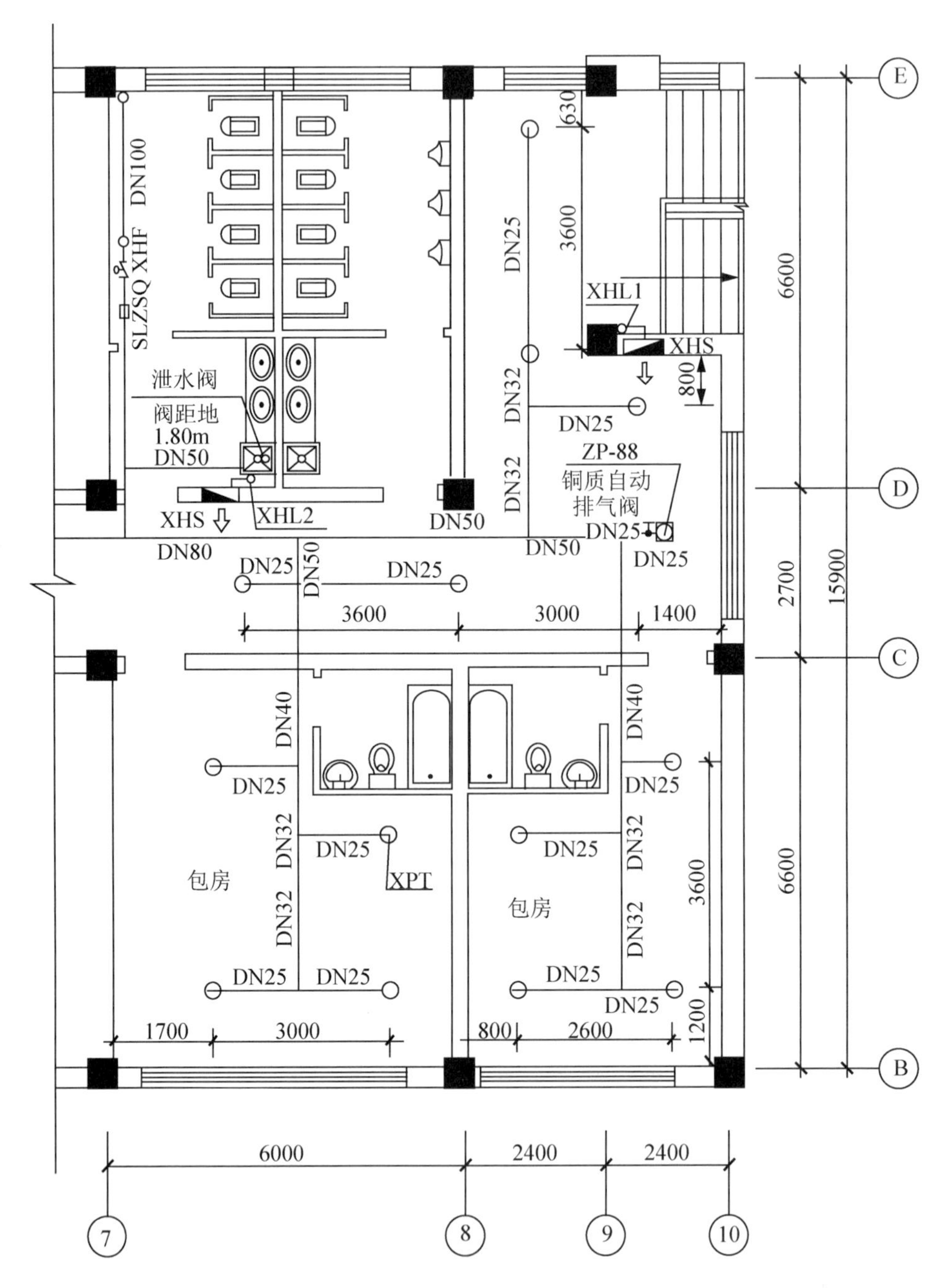
DN100
SLZSQ XHF
DN25
630
3600
XHL1
XHS
800
DN32
DN25
泄水阀
阀距地
1.80m
DN50
ZP-88
铜质自动
排气阀
XHS
XHL2
DN50
DN80
DN50
DN25
DN25
3600
3000
1400
6600
2700
15900
DN40
DN32
XPT
包房
3600
1200
1700
3000
800
2600
6000
2400
2400
E
D
C
B
7
8
9
10

图 4.8　二层消防平面图

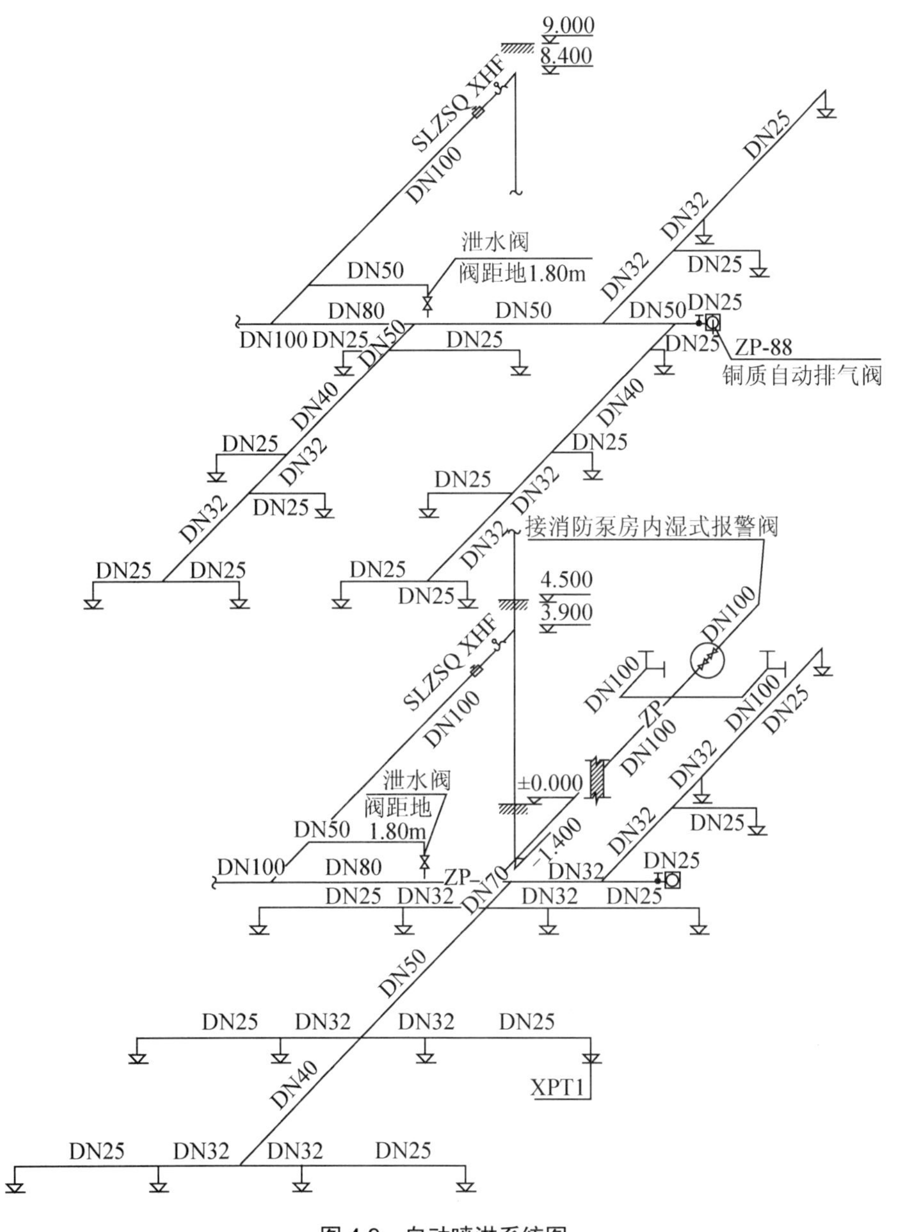
9.000
8.400
SLZSQ XHF
DN100
DN25
DN32
DN32
DN25
泄水阀
阀距地1.80m
DN50
DN80
DN50
DN50
DN25
DN100
DN25
DN50
DN25
DN25
ZP-88
铜质自动排气阀
DN40
DN40
DN25
DN32
DN25
DN32
DN25
DN32
DN32
接消防泵房内湿式报警阀
DN25
DN25
DN25
DN25
4.500
3.900
SLZSQ XHF
DN100
DN100
DN100
ZP
DN100
DN100
DN25
DN32
±0.000
泄水阀
阀距地
1.80m
DN50
DN25
DN32
DN100
DN80
ZP
DN70
-1.400
DN32
DN25
DN25
DN32
DN32
DN25
DN50
DN25
DN32
DN32
DN25
XPT1
DN40
DN25
DN32
DN32
DN25

图 4.9　自动喷淋系统图

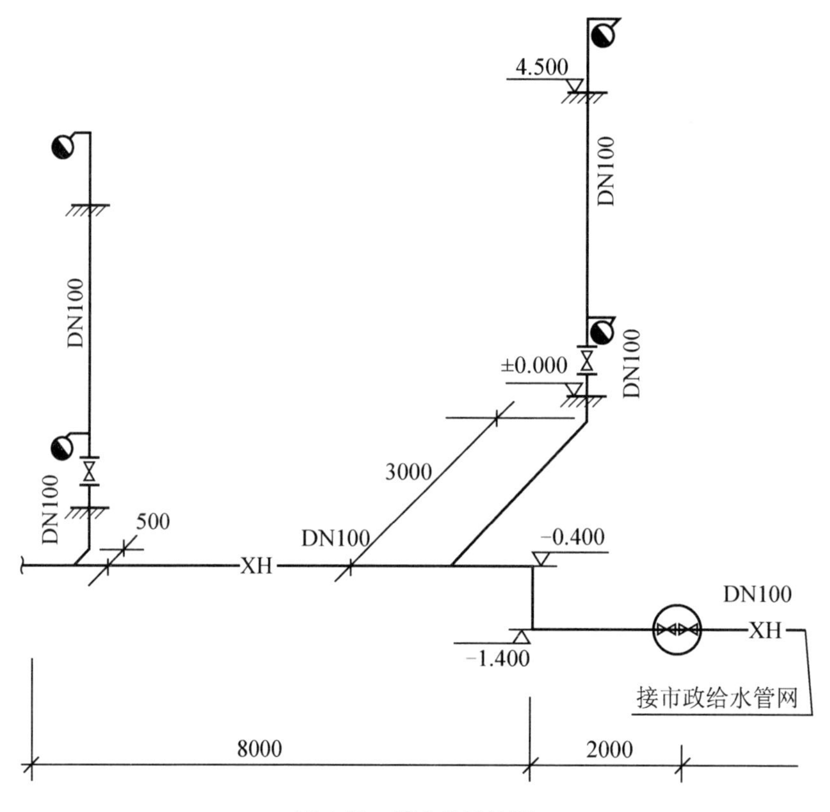

图 4.10　消火栓系统图

（2）消火栓和喷淋系统均采用热镀锌钢管，连接方式为螺纹连接。

（3）消火栓系统采用 SN65 普通型消火栓，配有 19mm 水枪一支，25m 长衬里麻织水龙带一条。

（4）消防水管穿过基础侧墙处设柔性防水套管，穿过楼板处设一般钢套管；水平干管在吊顶内敷设。

（5）施工完毕，应对整个系统进行静水压力试验。消火栓系统工作静水压力为 0.40MPa，喷淋系统工作静水压力为 0.55MPa。消火栓系统试验静水压力为 0.675MPa，喷淋系统试验静水压力为 1.40MPa。

（6）本案例暂不计刷油、保温等工作内容，阀门井内阀件暂不计。

（7）未尽事宜按现行施工及验收规范的有关规定执行。

2. 工作任务要求

（1）按照《湖北省通用安装工程消耗量定额及全费用基价表》（2018）的有关内容计算工程量。

（2）套用《湖北省通用安装工程消耗量定额及全费用基价表》（2018）计算直接工程费。

工作任务 5

通风空调工程定额计价

知识目标

（1）熟悉通风空调工程定额子目；

（2）掌握通风空调工程定额子目的工程量计算及定额的套用

能力目标

能够正确编制通风空调工程定额子目工程施工图预算

素质目标

（1）培养学生团队协作精神；

（2）培养学生严谨细致的工作态度；

（3）培养学生良好的职业操守；

（4）培养学生吃苦耐劳的工作作风

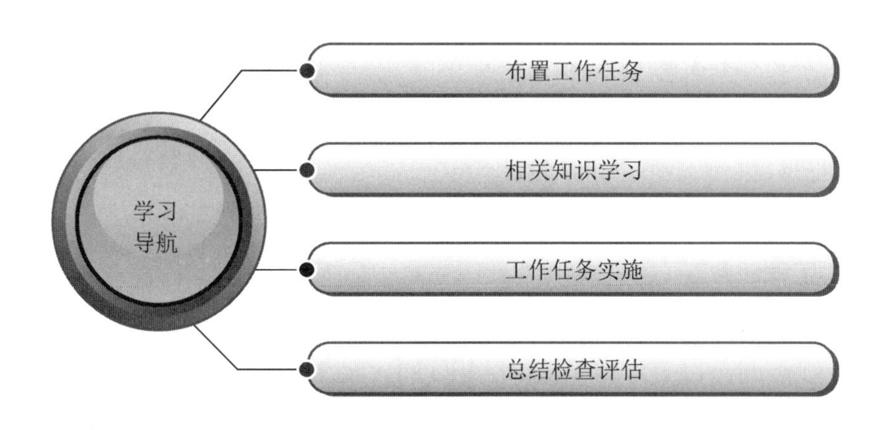

5.1 布置工作任务

5.1.1 工程任务一

1. 工程基本概况

本工程为某大厦多功能厅通风空调工程，图中标高以 m 计，其余以 mm 计。通风平面图如图 5.1 所示，通风剖面图如图 5.2 所示。

（1）空气处理由位于图中①和②轴线之间的空气处理室内的变风量整体空调箱（机组）完成，其规格为 8000（m^3/h）/0.6t。在空气处理室位于Ⓐ轴线的外墙上，安装了一个 630mm×1000mm 的铝合金防雨单层百叶新风口（带过滤网），其底部距地面 2.8m，在空气处理室位于②轴线的内墙上距地面 1m 处，装有一个 1600mm×800mm 的铝合金百叶回风口，其后面接一阻抗复合消声器，型号为 T701-6 型 5#，二者组成回风管。室内大部分空气由此消声器吸入，回到空气处理室，与新风混合后被吸入空调箱，处理后经风管被送入多功能厅内。

（2）本工程风管采用镀锌薄钢板，咬口连接。其中矩形风管 240mm×240mm、250mm×250mm，铁皮厚度 δ=0.75mm，矩形风管 800mm×250mm、800mm×500mm、630mm×250mm、500mm×250mm，铁皮厚度 δ=1mm，矩形风管 1250mm×500mm，铁皮厚度 δ=1.2mm。

（3）阻抗复合消声器为现场制作安装，送风管上的管式消声器为成品安装。

（4）图中风管防火阀、对开多叶风量调节阀、铝合金新风口、铝合金回风口、铝合金方形散流器均为成品安装。

（5）主风管（1250mm×500mm）上，设置温度测定孔和风量测定孔各一个。

（6）风管保温采用岩棉板，δ=25mm，外缠玻璃丝布一道，玻璃丝布不刷油漆。安装时使用黏接剂、保温钉。风管在现场按先绝热后安装的顺序施工。

（7）未尽事宜按现行施工及验收规范的有关内容执行。

2. 工作任务要求

（1）按照《湖北省通用安装工程消耗量定额及全费用基价表》（2018）的有关内容列项、计算工程量。

（2）本案例风管保温暂不考虑。

5.1.2 工程任务二

1. 工程基本概况

本工程为某办公楼（一层部分房间）风机盘管工程。图中标高以 m 计，其余以 mm 计。风机盘管布置平面图如图 5.3 所示，空调水管道布置平面图如图 5.4 所示，空调水管道系统图如图 5.5 所示，风机盘管安装详图如图 5.6 所示。

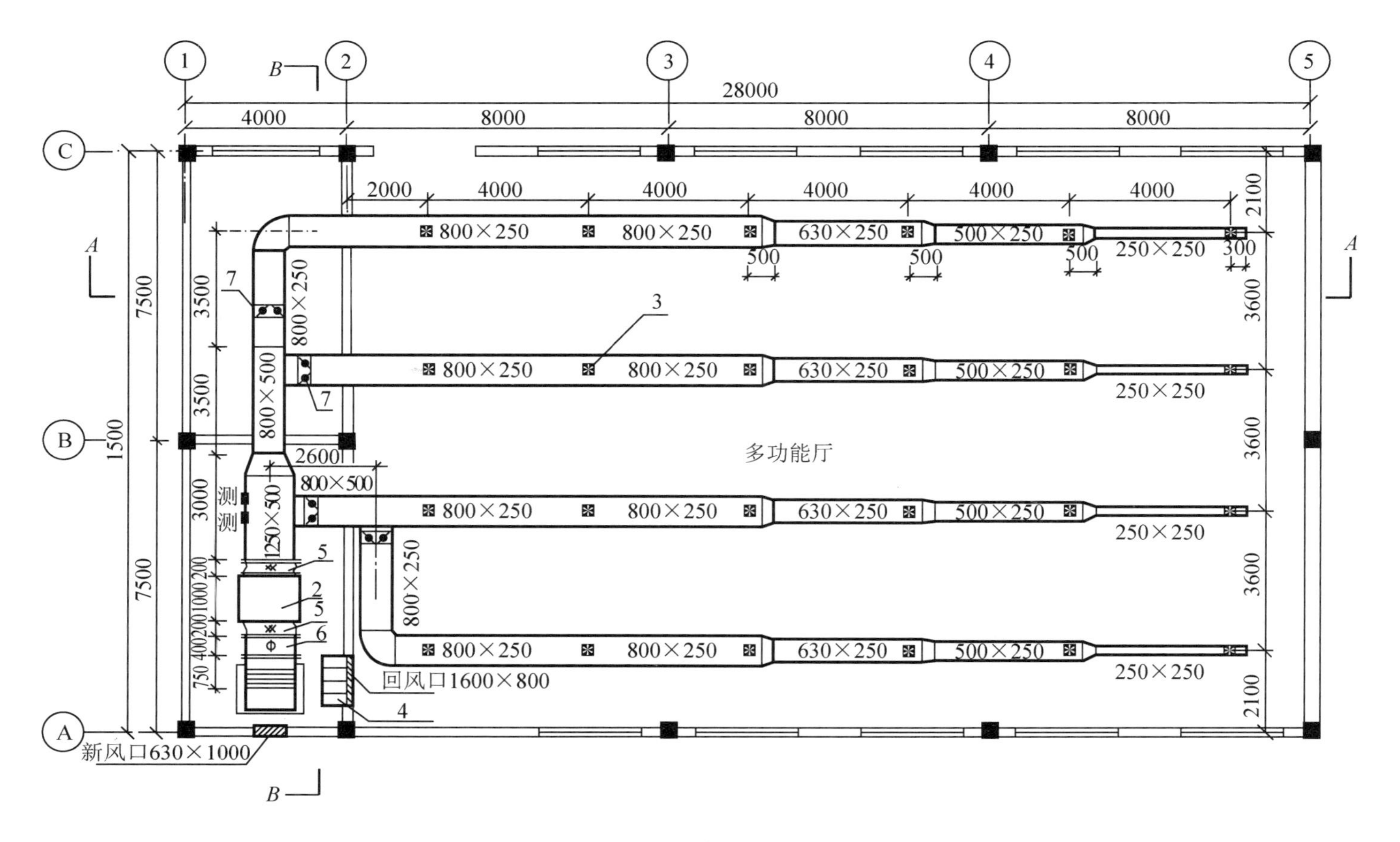

28000
4000
8000
2000
2100
3600
3500
3000
7500
1500
2600
500
300
800×250
630×250
500×250
250×250
800×500
1250×500
多功能厅
测
回风口1600×800
新风口630×1000

图 5.1 通风平面图

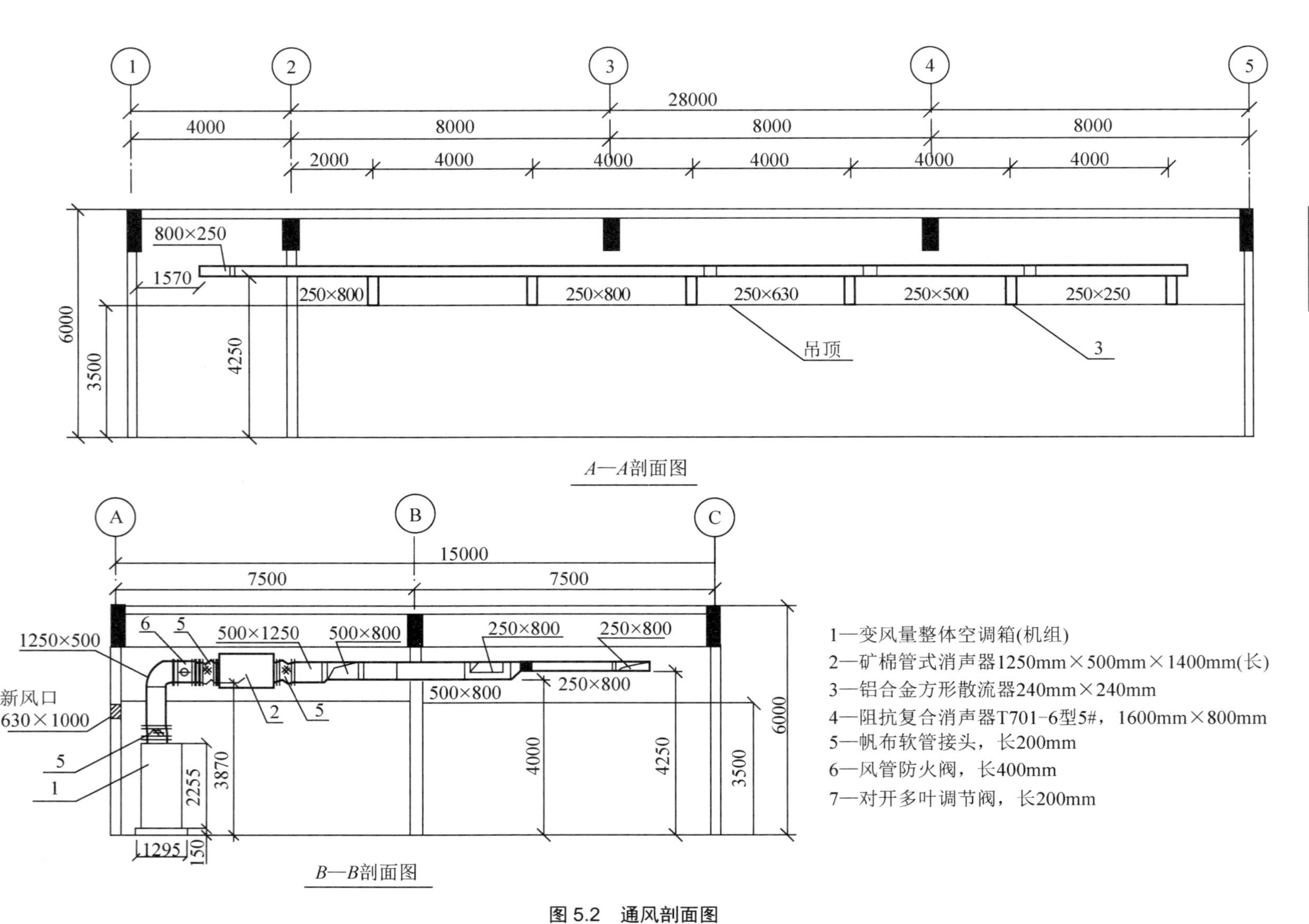
A—A剖面图
B—B剖面图
吊顶
新风口
630×1000
1250×500
500×1250
500×800
250×800
250×630
250×500
250×250
800×250
28000
15000
7500
8000
4000
2000
6000
3500
4250
3870
2255
1295
150
1570
1—变风量整体空调箱(机组)
2—矿棉管式消声器1250mm×500mm×1400mm(长)
3—铝合金方形散流器240mm×240mm
4—阻抗复合消声器T701-6型5#，1600mm×800mm
5—帆布软管接头，长200mm
6—风管防火阀，长400mm
7—对开多叶调节阀，长200mm

图 5.2 通风剖面图

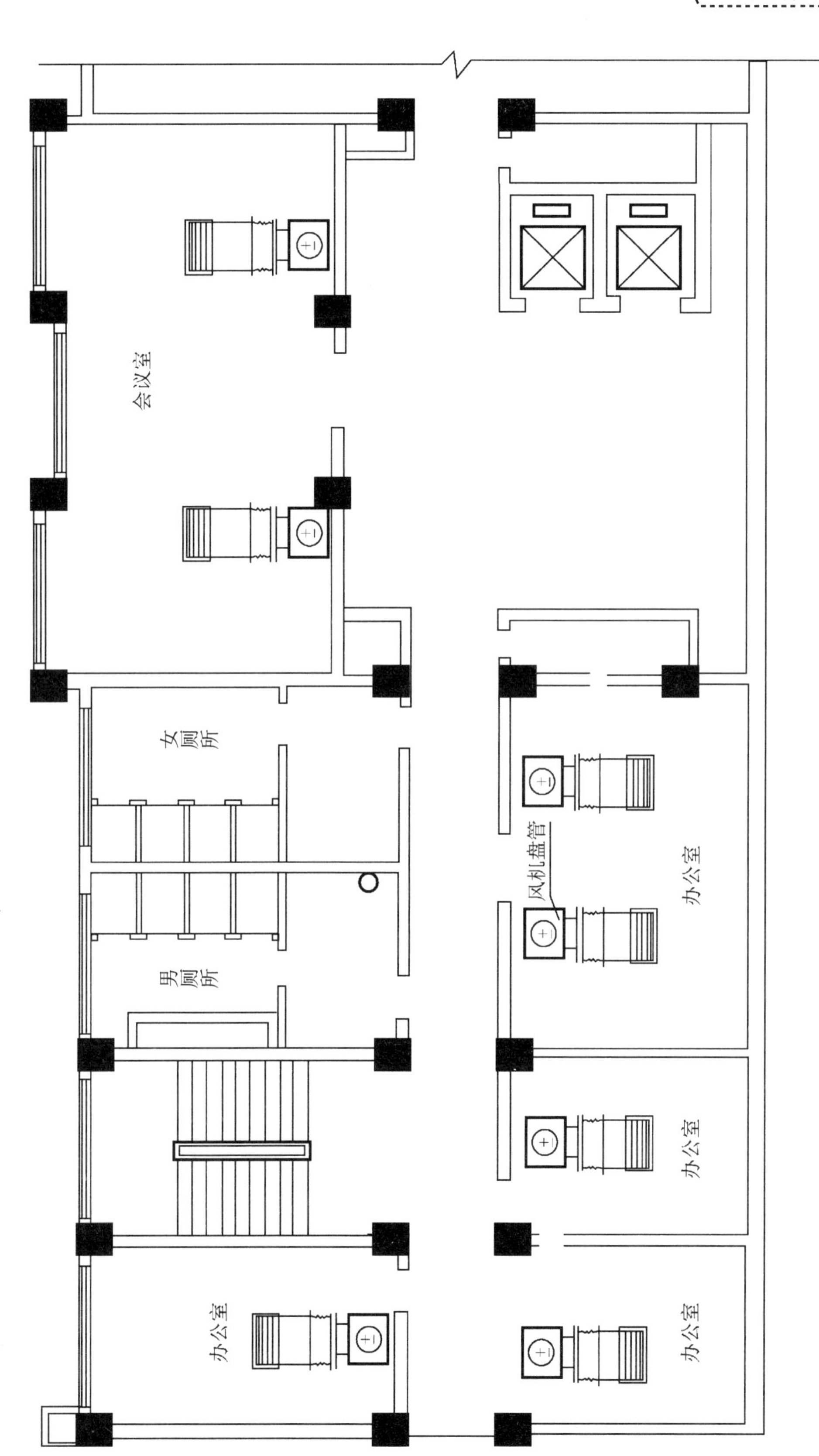

图5.3 风机盘管布置平面图

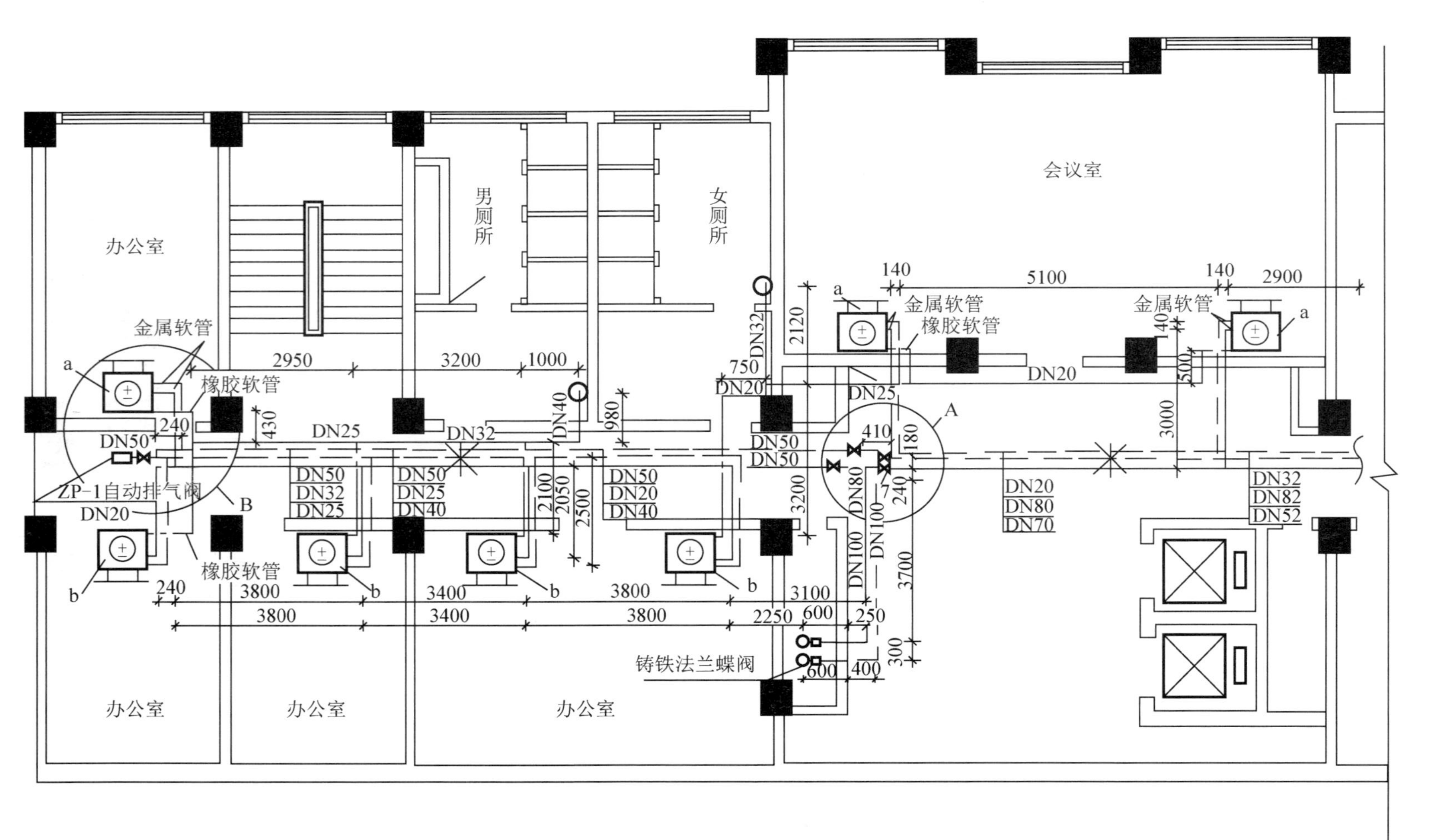

图 5.4　空调水管道布置平面图

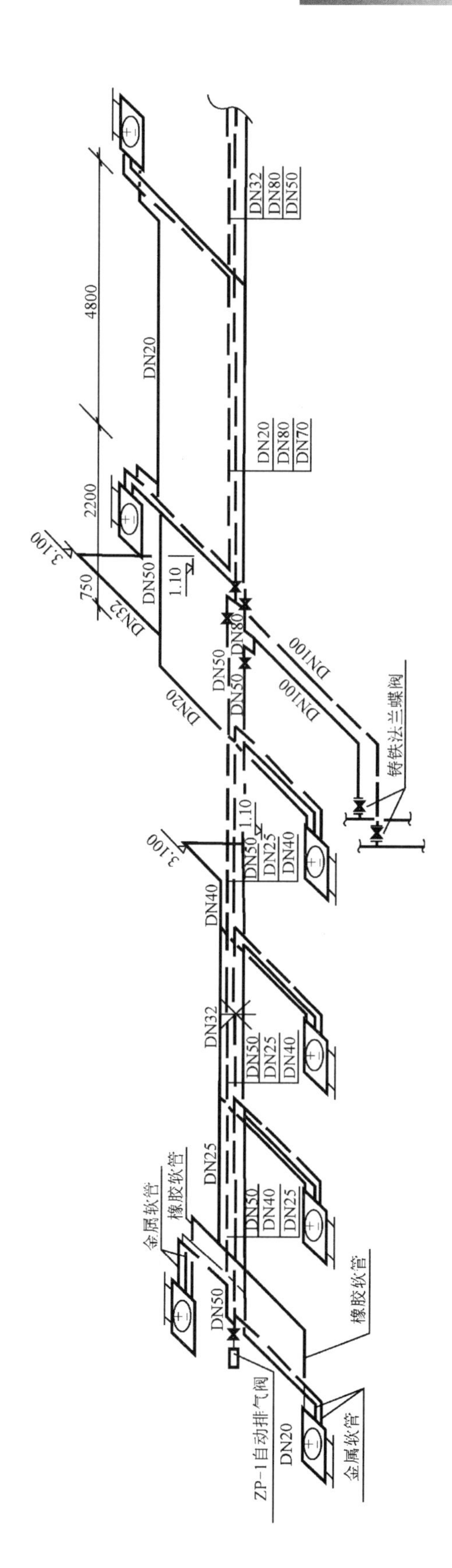

图 5.5 空调水管道系统图

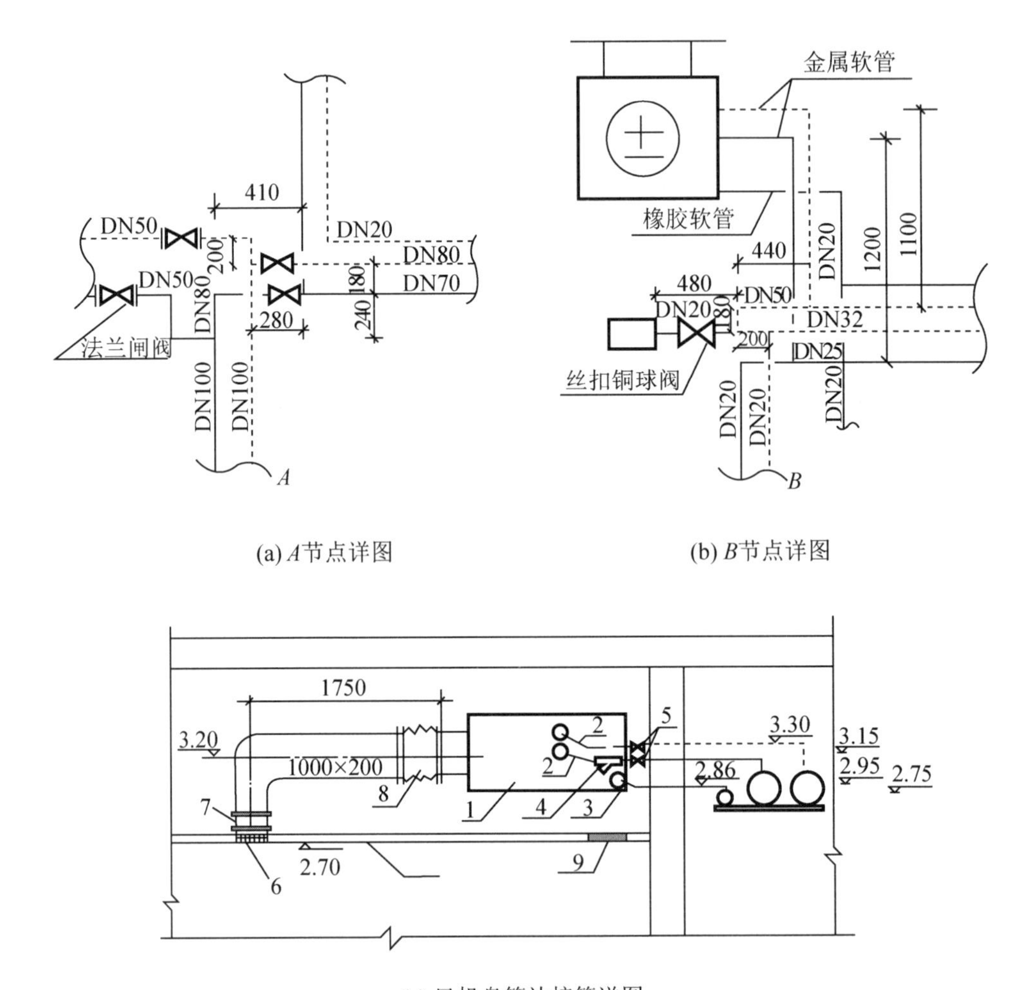

(a) A节点详图　　(b) B节点详图

(c) 风机盘管边接管详图

图 5.6　风机盘管安装详图

1—风机盘管；2—金属软管；3—橡胶软管；4—过滤器；5—螺纹铜球阀；
6—铝合金双层百叶送风口（1000mm×200mm）；7—帆布软管接口（长 200m）；
8—帆布软管接口（长 300mm）；9—铝合金回风口（400mm×250mm）

（1）风机盘管采用卧式暗装（吊顶式），风机盘管连接管采用镀锌薄钢板，铁皮厚度 δ=1mm，截面尺寸为 1000mm×200mm。

（2）风机盘管送风口为铝合金双层百叶风口，回风口为铝合金单层百叶风口，均为成品安装。

（3）空调供水、回水及凝结水管均采用镀锌钢管，连接方式为螺纹连接。进出风机盘管供、回水支管均装金属软管（丝接）各一个，凝结水管与风机盘管连接需装橡胶软管（丝接）一个。

（4）图中阀门均采用铜球阀，规格同管径。管道穿墙处均设一般钢套管。

（5）管道安装完毕后要求试压，空调系统试验压力为 1.3MPa。凝结水管需做灌水试验。

（6）未尽事宜均参照有关标准或规范执行。

2. 工作任务要求

（1）按照《湖北省通用安装工程消耗量定额及全费用基价表》（2018）的有关内容列项，计算工程量（只计算图示一层）。

（2）套用《湖北省通用安装工程消耗量定额及全费用基价表》（2018）第七册《通风空调工程》定额（本任务暂不计管道保温内容）。

5.2 相关知识学习

5.2.1 通风空调工程定额的内容及使用定额的注意事项

1. 定额的内容

通风空调工程使用《湖北省通用安装工程消耗量定额及全费用基价表》（2018）第七册《通风空调工程》定额为例，本册定额共3章。

2. 定额应用的注意事项

1）第七册定额的适用范围

本册定额适用于工业与民用建筑的新建、扩建项目中的通风空调设备及部件制作安装、通风管道及部件制作安装工程。

2）使用《湖北省通用安装工程消耗量定额及全费基价表》（2018）其他册及其他定额的工程项目

（1）通风设备、除尘设备为专供通风工程配套的各种风机及除尘设备。其他工业用风机（如热力设备用风机）及除尘设备安装执行第一册《机械设备安装工程》、第二册《热力设备安装工程》相应项目。

（2）空调系统中管道配管执行第十册《给排水、采暖、燃气工程》相应项目，制冷机机房、锅炉房管道配管执行第八册《工业管道工程》相应项目。

（3）管道及支架的除锈、油漆，管道的防腐蚀、绝热等内容，执行第十二册《刷油、防腐蚀、绝热工程》相应项目。

① 薄钢板风管刷油按其工程量执行项目，仅外（或内）面刷油时定额中的人工、材料、机械分别乘以系数1.2，内外均刷油时定额中的人工、材料、机械分别乘以系数1.1（其法兰加固框、吊托支架已包含在此系数中）。

② 薄钢板部件刷油按其工程量执行金属结构刷油项目，定额中的人工、材料、机械分别乘以系数1.15。

③ 未包括在风管定额内而应单独列项的各种支架（不锈钢吊托支架除外）的刷油执行相应项目。

④ 薄钢板风管、部件以及单独列项的支架，其除锈不分锈蚀程度，均按其第一遍刷油的工程量，执行第十二册《刷油、防腐蚀、绝热工程》中除轻锈的项目。

3. 第七册定额中各项费用的规定

（1）系统调整费。

① 变风量空调风系统调试按系统工程人工费9%计取，其费用中人工费占35%。包括

漏风量测试和漏光法测试费、风系统平衡调试费。

② 变风量空调风系统以外的系统，按系统工程人工费 7%计取，其费用中人工费占35%。包括漏风量测试和漏光法测试费用。

（2）脚手架搭拆费按定额人工费的 4%计算，其费用中人工费占 35%。

（3）操作物高度增加费：本册定额操作物高度是按距离楼地面 6m 考虑的，超过 6m 时，超过部分工程量按定额人工费乘以系数 1.2 计取。

（4）建筑物超高增加费：指高度超过 6 层或 20m 的工业与民用建筑物上进行安装时增加的费用（不包括地下室），按表 5-1 计算，其费用中人工费占 65%。

表 5-1　高层建筑增加费系数

建筑物檐高/m	≤40	≤60	≤80	≤100	≤120	≤140	≤160	≤180	≤200
建筑物层数/层	≤12	≤18	≤24	≤30	≤36	≤42	≤48	≤54	≤60
按人工费的百分比/（%）	2	5	9	14	20	26	32	38	44

4. 定额中制作和安装的人工、材料、机械比例

通风空调定额中人工、材料、机械凡按制作和安装分别列出的，其制作与安装的比例可按表 5-2 规定划分。

表 5-2　定额中人工、材料、机械制作与安装比例划分

序号	项　　目	制作占百分比/（%）			安装占百分比/（%）		
		人工	材料	机械	人工	材料	机械
1	空调部件及设备支架制作安装	86	98	95	14	2	5
2	镀锌薄钢板法兰通风管道制作安装	60	95	95	40	5	5
3	镀锌薄钢板共板法兰通风管道制作安装	40	95	95	60	5	5
4	薄钢板法兰通风管道制作安装	60	95	95	40	5	5
5	净化通风管道及部件制作安装	40	85	95	60	15	5
6	不锈钢板通风管道及部件制作安装	72	95	95	28	5	5
7	铝板通风管道及部件制作安装	68	95	95	32	5	5
8	塑料通风管道及部件制作安装	85	95	95	15	5	5
9	复合型风管制作安装	60	-	99	40	100	1
10	风帽制作安装	75	80	99	25	20	21
11	罩类制作安装	78	98	95	22	2	1

5. 本章定额其他说明

第七册定额中的册说明、章说明、工程量计算规则、附注中凡涉及用人工（费）、机械（费）进行系数计算的项目，均应按《湖北省建筑安装工程费用定额》（2018）有关规定，计取（或调整）全费用中的费用和增值税。

举例说明

1. 某微电子工程公司住宅楼共 25 层（85m），通风空调安装工程费为 64741.86 元，其中人工费为 32082.90 元。试按本地区现行定额规定计算高层建筑增加费。

【解】该住宅楼层及高度介于 24 层（80m）以上与 30 层（100m）以下之间，按照就高不就低的计算原则，其费用按 30 层（100m）以下费率计算如下。

高层建筑增加费：32082.90×14%=4491.61（元）

其中，人工费=4491.61×65%=2919.54（元）。

2. 某省委招待所客房楼通风空调安装费合计 41880.23 元，其中人工费 10157.00 元，试按本地区现行定额计算脚手架搭拆费。

【解】10157.00×4%=406.28（元）。

其中，人工费=406.28×35%=142.20（元）。

5.2.2 通风空调工程量计算及定额应用

1. 通风管道制作安装

通风管道制作安装包括镀锌薄钢板法兰风管制作安装、镀锌薄钢板共板法兰风管制作安装、薄钢板法兰风管制作安装、镀锌薄钢板矩形净化风管制作安装、不锈钢板风管制作安装、铝板风管制作安装、塑料通风管制作安装、玻璃钢风管安装、复合型风管制作安装、柔性软风管安装、弯头导流叶片制作安装等。

1）通风管道工程量计算

（1）薄钢板风管、净化风管、不锈钢风管、铝板风管、塑料风管、玻璃钢风管按设计图示规格的展开面积计算。复合型风管按设计图示规格的外径展开面积计算，以“m^2”为计量单位。不扣除检查孔、测定孔、送风口、吸风口等所占面积。风管展开面积不计算风管、管口重叠部分面积。

（2）薄钢板风管、净化风管、不锈钢风管、铝板风管、塑料风管、玻璃钢风管、复合型风管长度计算时均按设计图示中心线长度（主管与支管以其中心线交点划分）计算，包括弯头、变径管、天圆地方等管件的长度，不包括部件所占长度。

（3）柔性软风管安装按设计图示中心线长度计算，以“m”为计量单位；柔性软风管阀门安装按设计图示数量计算，以“个”为计量单位。

（4）弯头导流叶片制作安装按设计图示叶片的面积计算，以“m^2”为计量单位。

（5）软管（帆布）接口制作安装按设计图示尺寸，以展开面积计算，以“m^2”为计量单位。

（6）风管检查孔制作安装按设计图示尺寸质量计算，以“kg”为计量单位。

（7）温度、风量测定孔制作安装依据其型号，按设计图示数量计算，以“个”为计量单位。

各类风管截面形状一般为圆形、矩形，如图 5.7 所示。

圆形风管：

$$F=\pi \cdot D \cdot L \tag{5-1}$$

矩形风管：

$$F=2(A+B)\cdot L \tag{5-2}$$

式中：F——风管展开面积，m^2；

D——圆形风管内直径，m；

L——管道中心线长度，m；

A——矩形风管长边尺寸，m；

B——矩形风管短边尺寸，m。

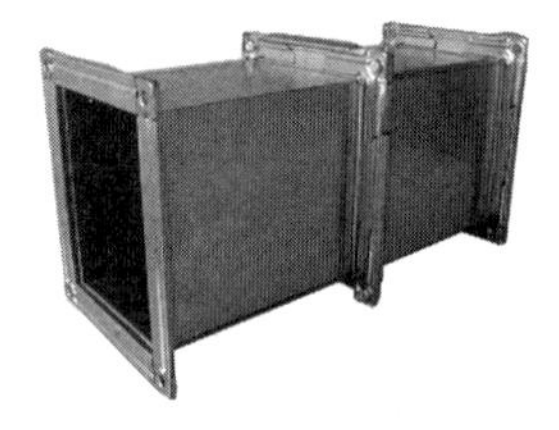

图 5.7　圆形风管与矩形风管

风管连接方式

1. 咬口连接

咬口连接是把需要相互结合的两个板边折成能相互咬合的各种钩形，钩接后压紧折边。这种连接方法不需要其他材料，适用于厚度 $\delta\leqslant$1.2mm 的薄钢板、厚度 $\delta\leqslant$1mm 的不锈钢板和厚度 $\delta\leqslant$1.2mm 的铝板。其咬口形式有单平咬口、单立咬口、转角咬口、联合角咬口、按扣式咬口，如图 5.8 所示。

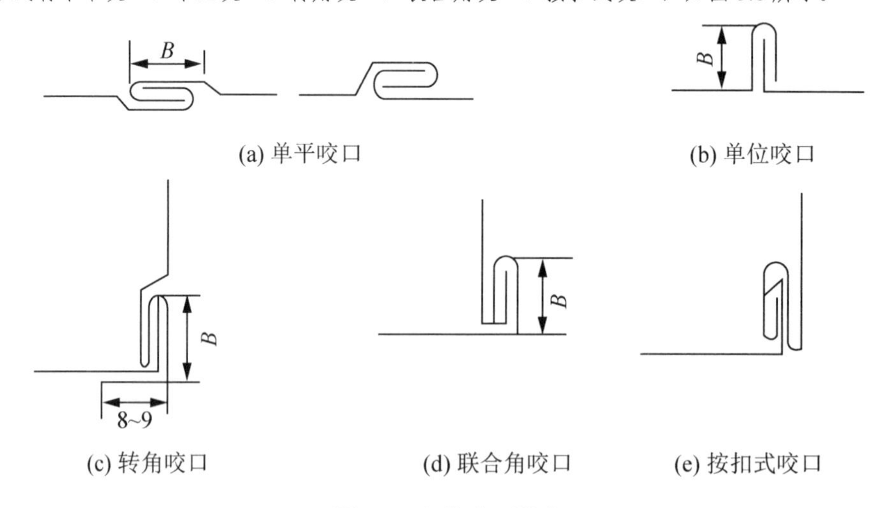

图 5.8　各种咬口形式

2. 焊接连接

当普通（镀锌）钢板厚度 δ>1.2mm（或 1mm）、不锈钢板厚度>0.7mm 或铝板厚度>1.5mm 时，若仍采用咬口连接，则因板材较厚，机械强度高而难于加工，且咬口量也较差，这时应当采用焊接的方法，以保证连接的严密性。常用的焊缝形式有对接焊缝、角焊缝、搭接焊缝、搭接角缝、折边焊缝、折边角焊缝等，如图 5.9 所示。

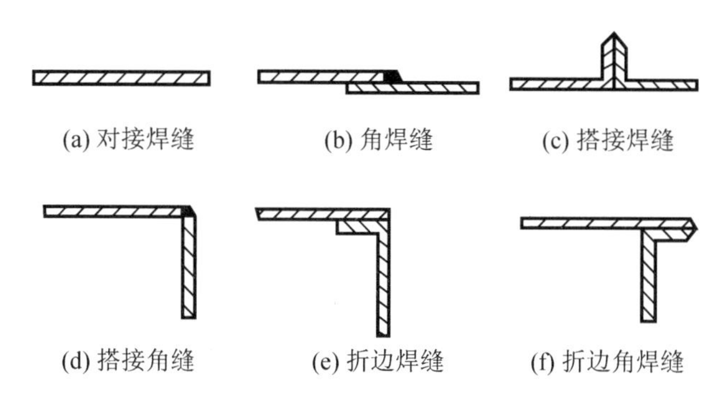

图 5.9 风管焊缝形式

3. 无法兰插条连接

插条连接也称“搭栓”连接。根据矩形风管边长不同，把镀锌薄钢板加工成不同形状的插条，其形状和连接方法如图 5.10 所示。

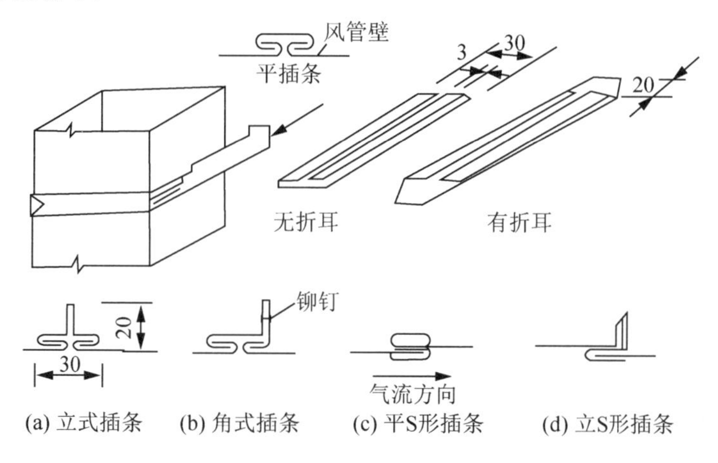

图 5.10 矩形风管无法兰的插条连接

某工程设计矩形镀锌薄钢板（δ=1.2mm）风管规格为 300mm×350mm，长度为 8.18m，咬口连接。试计算风管工作量及主材消耗量，并说明如何套用定额。

【解】依据已知条件及上述计算公式。

$F_{矩}$=2×（0.3+0.35）×8.18=16.63（m^2）=1.663（10 m^2），套用第七册定额 C7-2-10。

主材即为该镀锌薄钢板本身，其消耗量为：1.663×11.38=18.92（m^2）。

（2）风管长度一律以设计图示中心线长度为准（主管与支管以其中心线交点划分，如图 5.11～图 5.13 所示），包括弯头、三通、变径管、天圆地方等管件的长度，但不得包括部件（阀门、消声器等）所占长度。直径和周长以图示尺寸为准（变径管、天圆地方均按大头口径尺寸计算），咬口重叠部分已包括在定额内，不得另行增加。

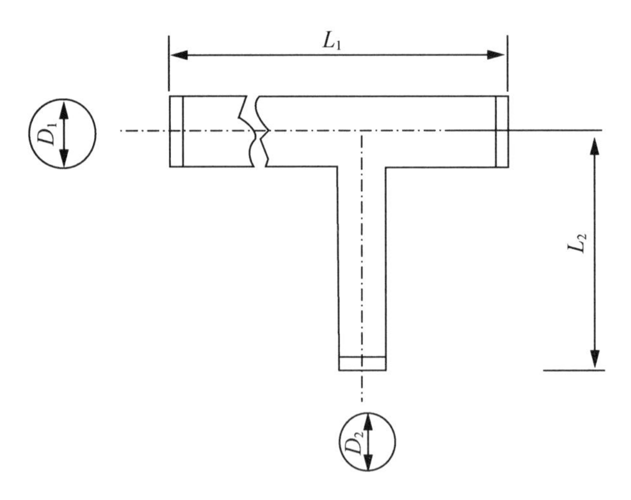

图 5.11　正三通

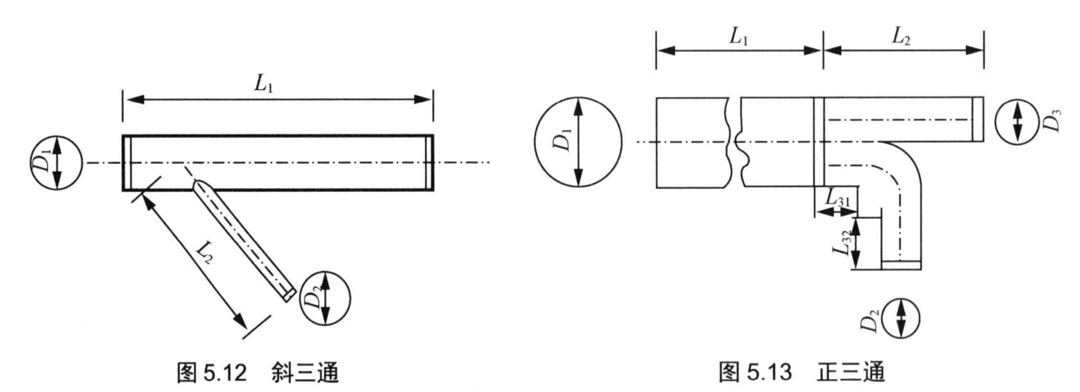

图 5.12　斜三通　　　　图 5.13　正三通

说明：在图 5.11 和图 5.12 中，主管展开面积为 $S_1=\pi D_1L_1$，支管展开面积均为 $S_2=\pi D_2L_2$；在图 5.13 中，主管展开面积 $S_1=\pi D_1L_1$，支管 1 展开面积为 $S_2=\pi D_2L_2$，支管 2 展开面积为 $S_3=\pi D_3$（$L_{31}+L_{32}+r\theta$），式中 θ 为弧度，θ=角度×0.01745，角度为中心线夹角，r 为弯曲半径。

图 5.14 为某通风空调系统部分管道平面图，采用镀锌铁皮，板厚均为 1mm，试计算该风管的工程量。

【解】（1）630×500 管段。

$$L_1=2.5+3.8+0.3-0.2=6.40\text{（m）}$$

$$F_1=2\times（0.63+0.5）\times6.4=14.46\text{（m}^2\text{）}$$

（2）500×400 管段。

$$L_2=2\text{m}$$

$$F_2=2\times（0.5+0.4）\times2=3.6\text{（m}^2\text{）}$$

（3）320×250 管段。

$$L_3=2.2+.63\div2=2.515\text{（m）}$$

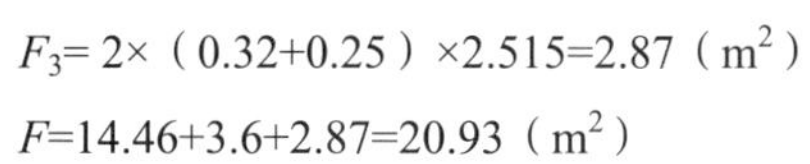

$$F_3=2\times(0.32+0.25)\times 2.515=2.87\ (\text{m}^2)$$

$$F=14.46+3.6+2.87=20.93\ (\text{m}^2)$$

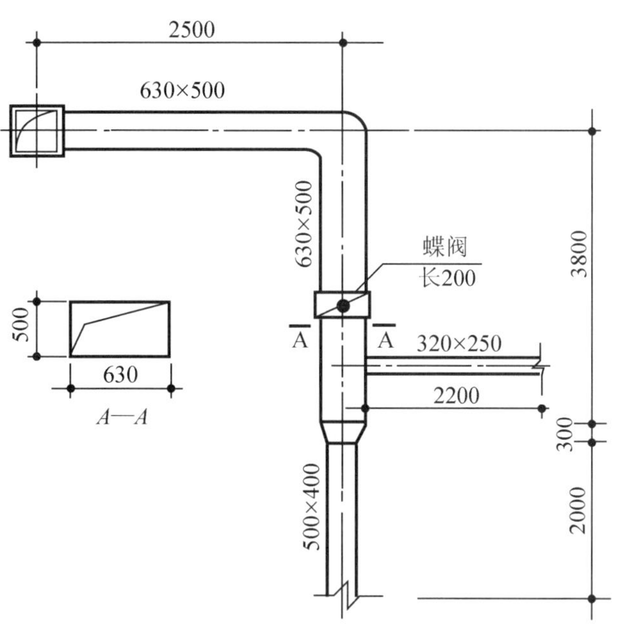

图 5.14　风管长度计算

（3）镀锌薄钢板通风管按镀锌薄钢板编制的，如设计要求不用镀锌薄钢板，板材可以换算，其他不变。

（4）整个通风系统设计采用渐缩管均匀送风者，圆形风管按平均直径，矩形风管按平均周长计算工程量，其人工乘以系数 2.5。计算公式如下：

圆形渐缩管平均直径　　$D_{平}=(D_{大}+D_{小})/2$　　（5-3）

矩形渐缩管平均周长　　$L_{平}=[(A+B)\times 2+(a+b)\times 2]/2$　　（5-4）

2）通风管道定额应用

（1）通风管道工程下列费用可按系数分别计取。

① 若薄钢板风管整个通风系统设计采用渐缩管均匀送风，圆形风管按平均直径、矩形风管按平均长边长参照相应规格子目执行，其人工乘以系数 2.5。

② 制作空气幕送风管时，按矩形风管平均长边长执行相应风管规格子目，其人工乘以系数 3，其余不变。

（2）镀锌薄钢板风管子目中的板材是按镀锌薄钢板编制的，如设计要求不用镀锌薄钢板时，板材可以换算，其余不变。

（3）风管导流叶片不分单叶片和香蕉形双叶片，均执行同一子目。

（4）薄钢板通风管道、净化通风管道、玻璃钢通风管道、复合型风管制作安装子目中，包括弯头、三通、变径管、天圆地方等管件及法兰、加固框和吊托支架的制作安装，但不包括过跨风管落地支架，落地支架制作安装执行第七册第一章“设备支架制作、安装”子目。

（5）薄钢板风管、净化风管、不锈钢板风管、铝板风管、塑料风管子目中的板材，如设计厚度不同时可以换算，人工、机械不变。

（6）净化圆形风管制作安装，以直径对应的长边长，执行本章净化矩形风管制作安装子目。

（7）净化风管涂密封胶按全部口缝外表面涂抹考虑。如设计要求口缝不涂抹而只在法兰处涂抹时，每 $10m^2$ 风管应减去密封胶 1.5kg 和一般技工 0.172 工日。

（8）净化风管及部件制作安装子目中，型钢未包括镀锌费，如设计要求镀锌时，应另加镀锌费。

（9）净化通风管道子目按空气洁净度 100000 级编制。

（10）不锈钢板风管咬口连接制作安装执行本章镀锌薄钢板风管法兰连接子目。

（11）不锈钢板风管、铝板风管制作安装子目中包括管件，但不包括法兰制作和吊托支架制作安装；法兰和吊托支架应单独列项计算，执行相应子目。

（12）塑料风管制作安装子目规格所表示的直径为内径，长边长为内长边长。

（13）复合风管制作安装子目规格所表示的直径为内直径，周长为内周长；复合风管计算工程量时，按外径计算展开面积。

（14）塑料风管制作安装子目中包括管件、法兰、加固框，但不包括吊托支架制作安装，吊托支架执行第七册第一章“设备支架制作、安装”子目。

（15）塑料风管制作安装子目中的法兰垫料如与设计要求使用品种不同时可以换算，但人工消耗量不变。

（16）塑料通风管道胎具材料摊销费的计算方法：塑料风管管件制作的胎具摊销材料费，未包括在内，按以下规定另行计算。

① 风管工程量在 $30m^2$ 以上的，每 $10m^2$ 风管的胎具摊销木材为 $0.06m^3$，按材料价格计算胎具材料摊销费。

② 风管工程量在 $30m^2$ 以下的，每 $10m^2$ 风管的胎具摊销木材为 $0.09m^3$，按材料价格计算胎具材料摊销费。

（17）玻璃钢风管及管件按图示工程量加损耗计算，按外加工订做考虑。

（18）软管接头使用人造革而不使用帆布时可以换算。

（19）镀锌薄钢板法兰风管制作安装、薄钢板法兰风管制作安装、镀锌薄钢板矩形净化风管制作安装、玻璃钢风管安装、软管接口定额中的法兰垫料按橡胶板编制，如与设计要求使用的材料品种不同时可以换算，但人工消耗量不变。使用泡沫塑料者每 1kg 橡胶板换算为泡沫塑料 0.125kg；使用闭孔乳胶海绵者每 1kg 橡胶板换算为闭孔乳胶海绵 0.5kg。

（20）柔性软风管适用于由金属、涂塑化纤织物、聚酯、聚乙烯、聚氯乙烯薄膜、铝箔等材料制成的软风管。

风管类型

1. 不锈钢风管

不锈钢风管在空气、酸及碱性溶液或其他介质中有较高的化学稳定性，在高温下具有耐酸碱腐蚀能力，因而多用于化学工业中输送含有腐蚀性气体的通风系统。

2. 铝板风管

由于铝的强度低，故其用途受到限制，因此铝板风管以铝为主要材料，加入一种或几种其他元素（如铜、镁、锰等）制成铝合金。铝合金有足够的强度，单位质量较小，塑性及耐腐蚀性能也很好，易于加工成型，且摩擦时不易产生火花，常用于通风工程中的防爆系统风管。

3. 玻璃钢通风管道

玻璃钢通风管道是用耐酸（耐碱）合成树脂和玻璃布粘接压制而成的，其显著特点是具有良好的耐酸碱腐蚀性能，且不同规格的风管和法兰一道，可在工厂中加工成整体管段，极大地加快了施工安装速度。

4. 复合型风管

复合型的风管是指中间是聚氨酯（有保温作用，可以不用额外加保温材料），外面是双层铝箔，里面是聚氨酯泡沫的风管。其特点是自重轻、制作方便、寿命长，属于环保产品，常用于防尘要求较高的空调系统和温度在-10～70℃的耐腐蚀系统。

2. 通风管道部件制作安装

通风管道部件制作安装定额内容包括碳钢调节阀安装，柔性软风管阀门安装，碳钢风口安装，不锈钢风口安装，法兰、吊托支架制作安装，塑料散流器安装，塑料空气分布器安装，铝制孔板口安装，碳钢风帽制作安装，塑料风帽、伸缩节制作安装，铝板风帽、法兰制作安装，玻璃钢风帽安装，罩类制作安装，塑料风罩制作安装，消声器安装，消声静压箱安装，静压箱制作安装，人防排气阀门安装，人防手动密闭阀门安装，人防其他部件制作安装。

1）工程量计算规则

（1）碳钢调节阀安装依据其类型、直径（圆形）或周长（正方形或矩形），按设计图示数量计算，以“个”为计量单位。

（2）柔性软风管阀门安装依据其直径，按设计图示数量计算，以“个”为计量单位。

知识链接

常用通风管道阀门

常用通风管道阀门如图5.15所示。

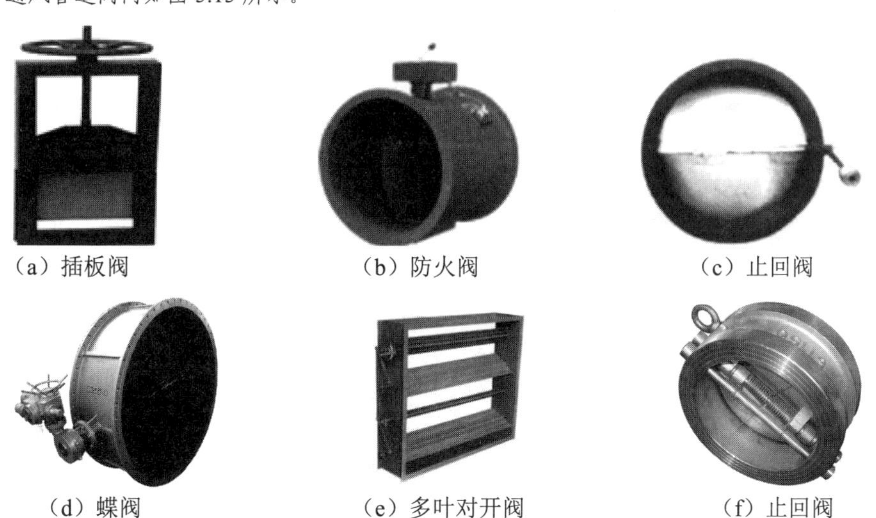

（a）插板阀　（b）防火阀　（c）止回阀
（d）蝶阀　（e）多叶对开阀　（f）止回阀

图5.15　各种常用通风管道阀门

（3）碳钢各种风口、散流器、排烟口安装依据类型、规格尺寸，按设计图示数量计算，以“个”为计量单位。

（4）钢百叶窗安装依据其框内面积，按设计图示数量计算，以“个”为计量单位。

（5）不锈钢风口安装、不锈钢板风管圆形法兰制作、吊托支架制作安装依据设计图示尺寸按质量计算，以“kg”为计量单位。

（6）塑料散流器、空气分布器的安装按其成品质量，以“kg”为计量单位。

（7）铝制孔板口安装依据其周长，按设计图示数量计算，以“个”为计量单位。

知识链接

常用风口形式

各种常用风口形式如图5.16所示。

（a）矩形单层百叶风口

（b）矩形栅格式风口

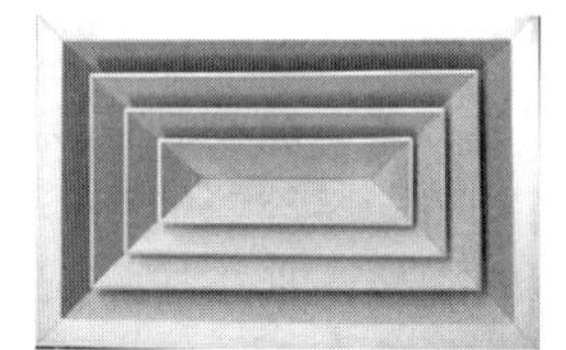
（c）矩形散流器

（d）圆环形散流器

（e）正方形散流器

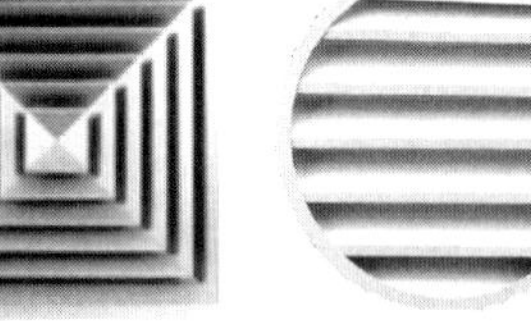

（f）圆形百叶风口

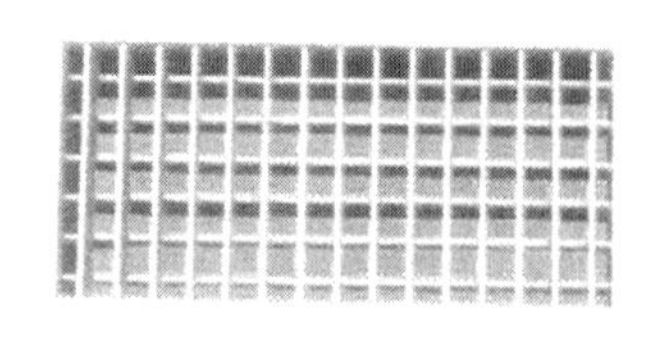
（g）双层栅格式风口

（h）条缝形散流器

图5.16 各种常用风口形式

（8）碳钢风帽、塑料风帽、铝板风帽的制作安装依据类型，均按其质量计算，以“kg”为计量单位；非标准风帽制作安装按质量以“kg”为计量单位。风帽为成品安装时，按第七册说明相关规定计算安装费。

（9）碳钢风帽滴水盘制作安装依据设计图示尺寸，按质量计算，以“kg”为计量单位。

（10）碳钢风帽筝绳制作安装依据设计图示规格长度，按质量计算，以“kg”为计量单位。

（11）碳钢风帽泛水制作安装依据设计图示尺寸，按展开面积计算，以“m^2”为计量单位。

（12）塑料通风管道柔性接口及伸缩节制作安装应依据连接方式，按设计图示尺寸的展开面积计算，以“m^2”为计量单位。

（13）铝板风管圆、矩形法兰制作依据设计图示尺寸按质量计算，以“kg”为计量单位。

（14）玻璃钢风帽安装依据成品质量，按设计图示数量计算，以“kg”为计量单位。

（15）罩类的制作安装均依据质量以“kg”为计量单位；非标准罩类制作安装依据质量以“kg”为计量单位。罩类为成品安装时，按第七册说明相关规定计算安装费。

（16）微穿孔板消声器、阻抗式消声器、管式消声器成品安装依据其周长，按设计图示数量计算，以“节”为计量单位。

（17）消声弯头安装依据其周长，按设计图示数量计算，以“个”为计量单位。

（18）消声静压箱安装依据其展开面积，按设计图示数量计算，以“个”为计量单位。

消声器类型

各种消声器如图5.17所示，消声弯头如图5.18所示。

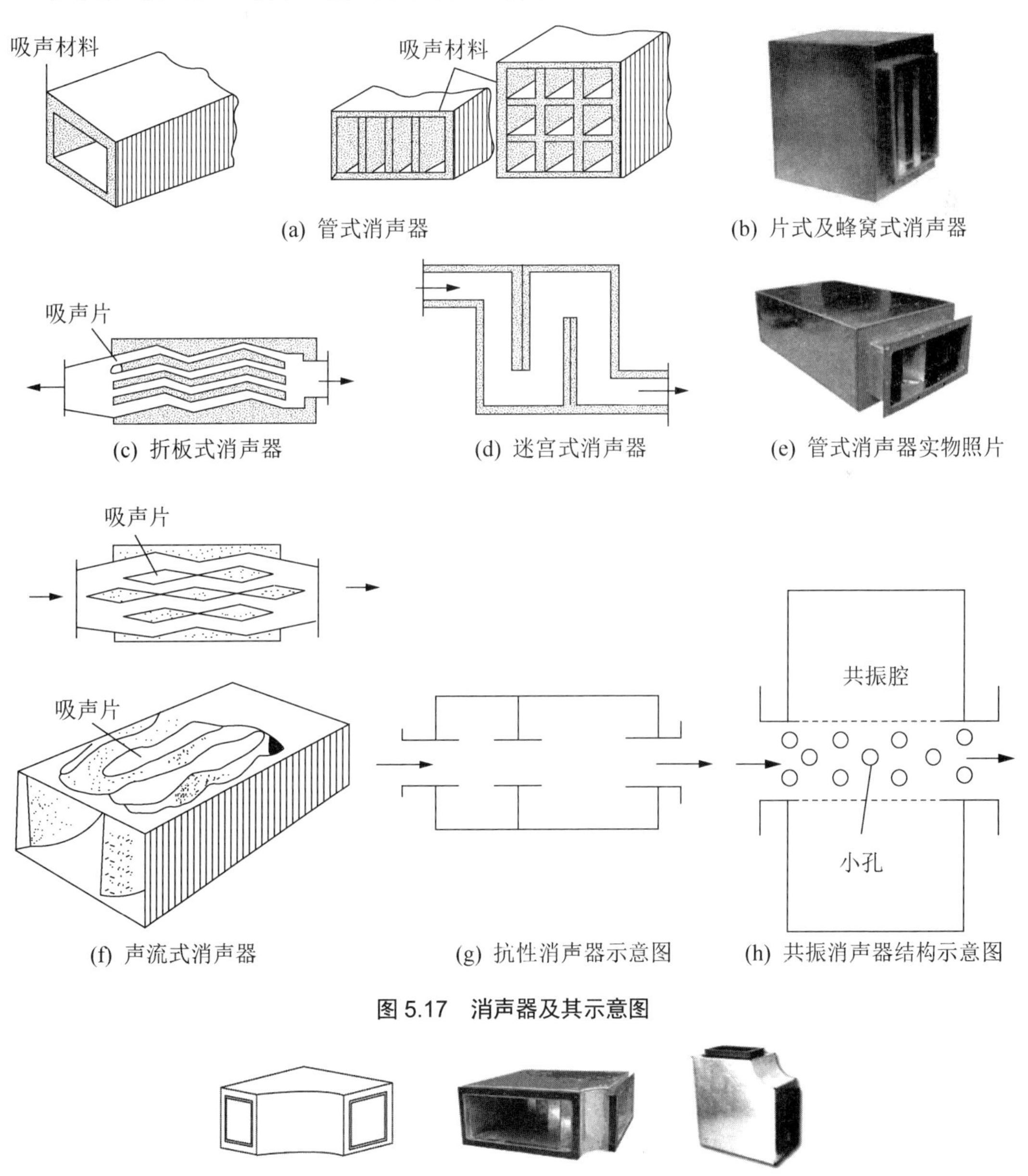

(a) 管式消声器　(b) 片式及蜂窝式消声器

(c) 折板式消声器　(d) 迷宫式消声器　(e) 管式消声器实物照片

(f) 声流式消声器　(g) 抗性消声器示意图　(h) 共振消声器结构示意图

图5.17　消声器及其示意图

图5.18　消声弯头

（19）静压箱制作安装按设计图示尺寸以展开面积计算，以“m^2”为计量单位。

（20）人防通风机安装按设计图示数量计算，以“台”为计量单位。

（21）人防各种调节阀制作安装按设计图示数量计算，以“个”为计量单位。

（22）LWP 型滤尘器制作安装按设计图示尺寸以面积计算，以“m^2”为计量单位。

（23）探头式含磷毒气及γ射线报警器安装按设计图示数量计算，以“台”为计量单位。

（24）过滤吸收器、预滤器、除湿器等安装按设计图示数量计算，以“台”为计量单位

（25）密闭穿墙管制作安装按设计图示数量计算，以“个”为计量单位。密闭穿墙管填塞按设计图示数量计算，以“个”为计量单位。

（26）测压装置安装按设计图示数量计算，以“套”为计量单位。

（27）换气堵头安装按设计图示数量计算，以“个”为计量单位。

（28）波导窗安装按设计图示数量计算，以“个”为计量单位。

2）定额应用注意事项

（1）密闭式对开多叶调节阀与手动式对开多叶调节阀执行同一子目。

（2）蝶阀安装子目适用于圆形保温蝶阀、正方形或矩形保温蝶阀、圆形蝶阀、正方形或矩形蝶阀。风管止回阀安装子目适用于圆形风管止回阀，方形风管止回阀。

（3）铝合金或其他材料制作的调节阀安装应执行第七册第二章相应子目。

（4）碳钢散流器安装子目适用于圆形直片散流器、方形直片散流器、流线型散流器。

（5）碳钢送吸风口安装子目适用于单面送吸风口、双面送吸风口。

（6）碳钢百叶风口安装子目适用于带调节板活动百叶风口、单层百叶风口、双层百叶风口、三层百叶风口、连动百叶风口、135 型单层百叶风口、135 型双层百叶风口、135 型带导流叶片百叶风口、活动金属百叶风口。

（7）铝制孔板风口如需电化处理时，电化费另行计算。

（8）定额中未涉及的其他材质和形式的排气罩制作安装可执行与第七册第二章相近的子目。

（9）管式消声器安装适用于各类管式消声器。

（10）静压箱吊托支架执行设备支架子目。

（11）手摇（脚踏）电动两用风机安装，其支架按与设备配套编制，若自行制作，按本册第一章“设备支架制作、安装”子目另行计算。

（12）排烟风口吊托支架执行第七册第一章“设备支架制作、安装”子目。

（13）除尘过滤器、过滤吸收器安装子目不包括支架制作安装，其支架制作安装执行第七册第一章“设备支架制作、安装”子目。

3. 通风空调设备及部件制作安装

第七册第一章定额分为通风空调设备安装和部件制作安装两部分，适用于工业与民用工程通风空调系统中各类设备、部件的制作安装。

1）通风空调设备及部件安装

通风空调设备及部件安装内容包括空气加热器（冷却器），除尘设备，空调器，多联体空调机室外机，风机盘管，空气幕，VAV 变风量末端装置、分段组装式空调器，钢板密闭门，钢板挡水板，滤水器、溢水盘，金属壳体，过滤器、框架，净化工作台、风淋室，通风机，设备支架。

通风空调设备安装项目包括空气加热器（冷却器）、通风机、空气幕、空调器、除尘设备、风机盘管安装。上述部分通风空调设备如图5.19～图5.26所示。

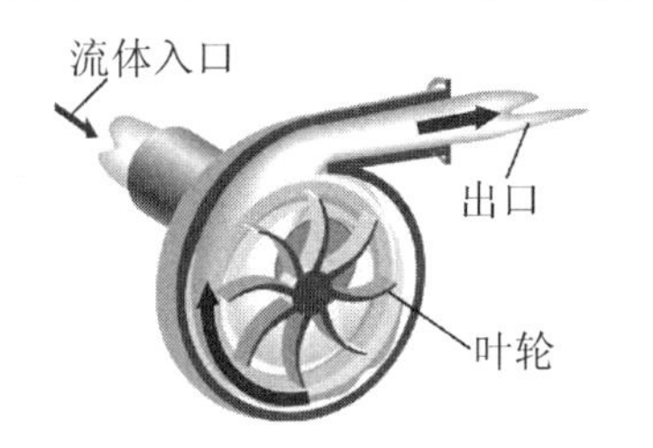

图5.19 离心式风机的原理及总体结构

图5.20 轴流式风机

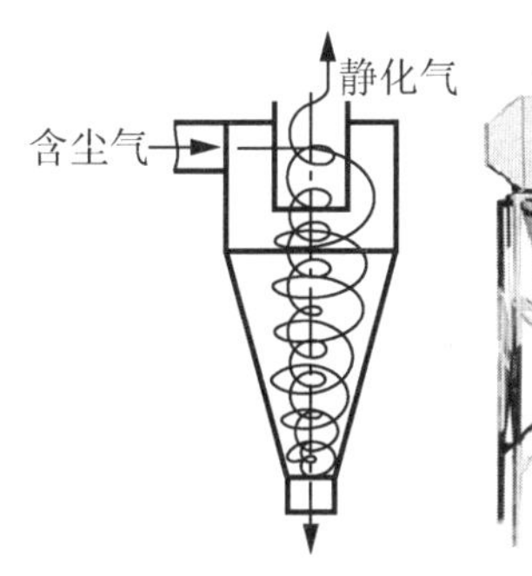

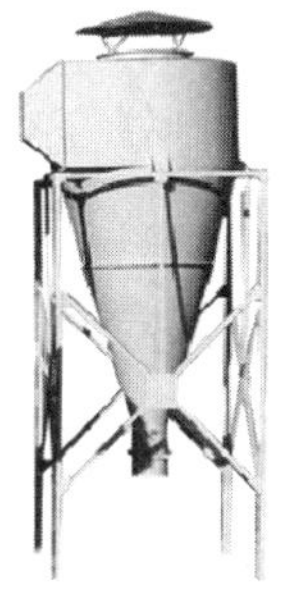

图5.21 旋风除尘器

图5.22 袋式除尘器

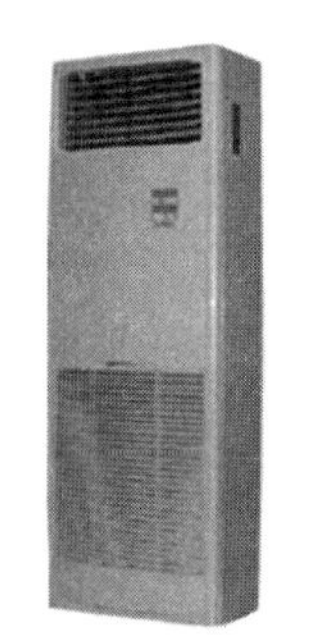
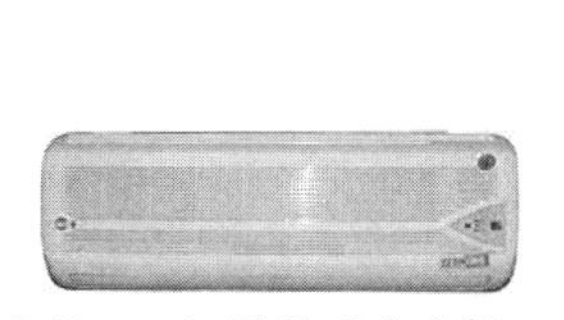

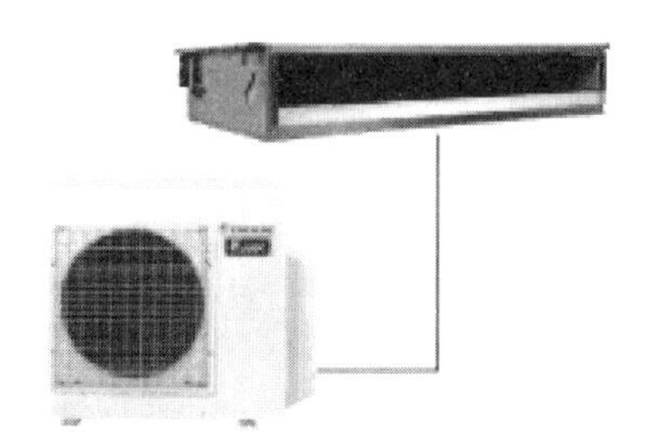

（a）立柜式室内机 （b）壁挂式室内机 （c）壁挂式和立柜式室外机 （d）“一拖一”连接方式

图5.23 壁挂式和立柜式空调器

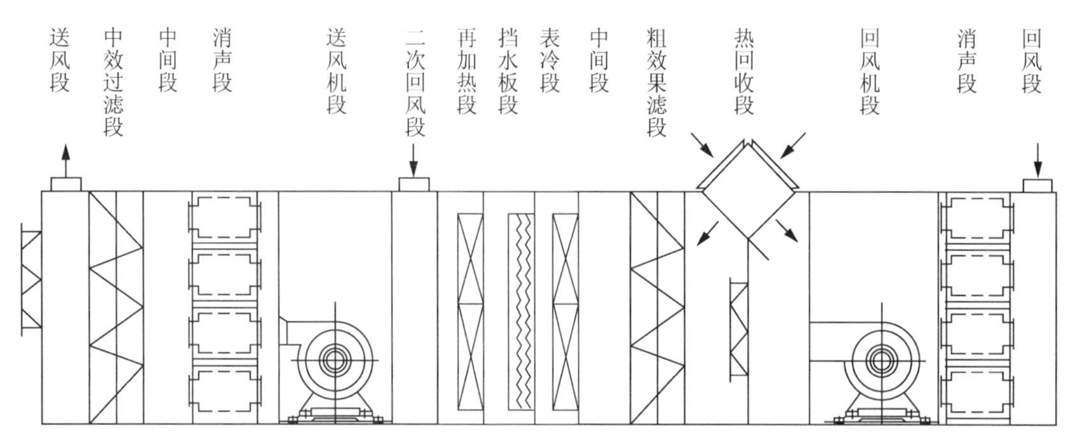

（a）分段全功能组装式空调箱示意图

（b）组装式空调箱实物图

图 5.24　分段组装式空调箱

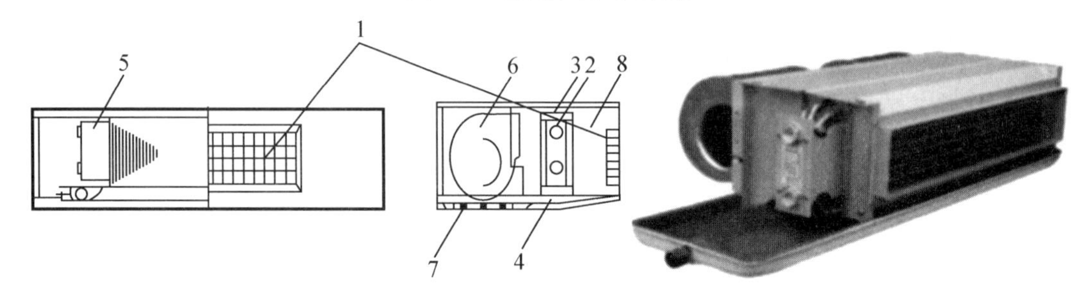

图 5.25　风机盘管（卧式暗装）

1—出风栅格；2—控制器；3—盘管；4—凝水盘；5—低噪声电动机；6—风机；7—空气过滤器；8—箱体

（a）水冷活塞式冷水机组

（b）风冷活塞式冷水机组

（c）水冷螺杆式冷水机组

图 5.26　各种冷水机组

（d）风冷螺杆式冷水机组

（e）单级离心式冷水机组

（f）双级离心式冷水机组

图 5.26 各种冷水机组（续）

2）工程量计算规则

半集中空调系统（风机盘管系统）工作原理

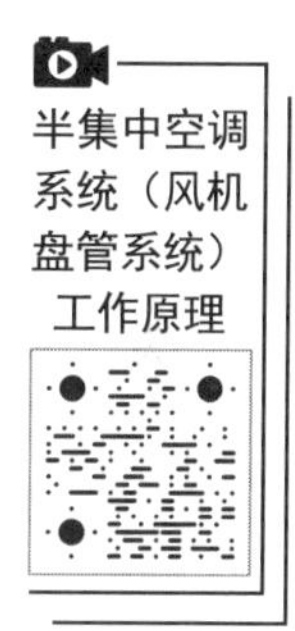

（1）空气加热器（冷却器）安装按设备质量，依据设计图示数量计算，以“台”为计量单位。

（2）除尘设备安装按设备质量，依据设计图示数量计算，以“台”为计量单位。

（3）整体式空调机组、空调器安装（一拖一分体空调以室内机、室外机之和）按设备质量，依据设计图示数量计算，以“台”为计量单位。

（4）组合式空调机组安装按设计风量，依据设计图示数量计算，以“台”为计量单位。

（5）多联体空调机室外机安装按制冷量，依据设计图示数量计算，以“台”为计量单位。

（6）风机盘管安装按安装方式，依据设计图示数量计算，以“台”为计量单位。

（7）空气幕按设备质量，依据设计图示数量计算，以“台”为计量单位。

局部空调系统工作原理

（8）VAV 变风量末端装置安装按设计图示数量计算，以“台”为计量单位。

（9）分段组装式空调器安装按设计图示质量计算，以“kg”为计量单位。

（10）钢板密闭门安装按设计图示尺寸、依据设计图示数量计算，以“个”为计量单位。

（11）钢板挡水板安装按设计图示尺寸，依据空调器断面面积计算，以“m^2”为计量单位。

（12）滤水器、溢水盘、电加热器外壳、金属空调器壳体制作安装按设计图示尺寸，依据质量计算，以“kg”为计量单位。非标准部件制作安装依据成品质量计算。

（13）高、中、低效过滤器安装、净化工作台安装按设计图示数量计算，以“台”为计量单位。

（14）风淋室安装按设备质量，依据设计图示数量计算，以“台”为计量单位。

（15）过滤器框架制作按设计图示尺寸以质量计算，以“kg”为计量单位。

（16）通风机安装按不同形式、规格、设计风量，依据设计图示数量计算，以“台”为计量单位。风机箱安装按安装方式，依据设计图示数量计算，以“台”为计量单位。

（17）设备支架制作安装依据设计图示尺寸，按质量计算，以“kg”为计量单位。

3）通风空调设备及部件定额应用

（1）通风机安装子目内包括电动机安装，分为 A、B、C、D 等安装形式，适用于碳钢、不锈钢、塑料通风机安装。

（2）诱导器安装执行风机盘管安装子目。

（3）VRV 多联体空调机系统的室内机按安装方式执行风机盘管子目。

（4）空气幕的支架制作安装执行设备支架子目。

（5）VAV 变风量末端装置适用单风道变风量末端和双风道变风量末端装置，风机动力型变风量末端装置执行 VAV 变风量末端装置定额人工乘以系数 1.10；再热型变风量末端装置按相应变风量末端装置的定额人工乘以系数 1.10。

（6）洁净室安装执行分段组装式空调器安装子目。

（7）玻璃钢和 PVC 挡水板执行钢板挡水板安装子目。

（8）低效过滤器包括 M—A 型、WL 型、LWP 型等系列。

（9）中效过滤器包括 ZKL 型、YB 型、M 型、ZX—1 型等系列。

（10）高效过滤器包括 GB 型、GS 型、JX-20 型等系列。

（11）净化工作台包括 XHK 型、BZK 型、SXP 型、SZP 型、SZX 型、SW 型、SZ 型、SXZ 型、TJ 型、CJ 型等系列。

（12）清洗槽、浸油槽、晾干架、LWP 滤尘器支架制作安装执行设备支架子目。

（13）通风空调设备的电气接线执行第四册《电气设备安装工程》相应项目。

（14）VAV 变风量空调机，执行组合式空调机组相应子目。

（15）能量回收新风换气机，执行空调器相应子目。

空气过滤设备

空气过滤设备主要有过滤器，起净化空气的作用，它将含尘量不大的空气（几毫克每立方米）经净化后送入室内。常用的空气过滤器按性能分为粗效过滤器、中效过滤器、高中效过滤器、亚高效过滤器和高效过滤器等。

对于舒适性空调系统，常用粗效过滤器和中效过滤器作进风过滤器用。洁净空调使用的空气过滤设备除了有上述几种外，还有净化工作台和风淋室。

1. 粗效过滤器

粗效过滤器的主要作用是除掉 5 μm 以上的大颗粒灰尘，在洁净空调系统中作预过滤器，以保护中效、高效过滤器和空调箱内的其他配件并延长其使用寿命。

粗效过滤器类型主要有浸油金属网格过滤器、干式玻璃丝填充式过滤器、粗中孔泡沫塑料过滤器和滤材自动卷绕过滤器等，如图 5.27 所示。其常见类型有：ZJK—1 型自动卷绕式人字形空气过滤器、TJ—3 型自动卷绕式（平板式）空气过滤器、M 型过滤器、YB 型玻璃纤维过滤器、YP 型泡沫塑料过滤器和 CW 型（袋式或板式）过滤器等。

2. 中效过滤器

中效过滤器的作用主要是除去 1 μm 以上的灰尘粒子，在洁净空调系统和局部净化设备中作为中间过滤器。其目的是减少高效过滤器的负担，延长高效过滤器和设备中其他配件的寿命。

这种过滤器的滤料有玻璃纤维、中细孔泡沫塑料和涤纶、丙纶、腈纶等原料制成的合成纤维（俗称无纺布）。其常见类型有：M—I、II、IV 型泡沫塑料过滤器（抽屉式或袋式）、YB 型玻璃纤维过滤器（抽屉式或袋式）和 YZG 型无纺布过滤器（平板式）等，如图 5.28（a）所示。

3. 高中效过滤器

高中效过滤器能较好地去除 1 μm 以上的灰尘粒子，可以作洁净空调系统的中间过滤器和一般过滤通风系统的末端过滤器。这种过滤器的滤料有玻璃纤维、中细孔泡沫塑料和涤纶、丙纶、腈纶等原料制成的合成纤维。

4. 亚高效过滤器

亚高效过滤器能较好地去除 0.5μm 以上的灰尘粒子，可以作洁净空调系统的中间过滤器和低级别净化空调系统（>100000 级）的末端过滤器。这种过滤器的滤料有超细玻璃纤维、超细石棉纤维和滤纸过滤材料等。

5. 高效过滤器

高效过滤器是洁净空调系统的终端过滤设备和净化设备的核心，能去除 0.5μm 以下的灰尘粒子。这种过滤器的滤料有超细玻璃纤维、超细石棉纤维和滤纸类过滤材料等。其常见类型有：GB 型（有隔板、折叠式）和 GWB 型（无隔板、折叠式）等，如图 5.28（b）所示。

（a）粗效净化器 1

（b）粗效净化器 2

图 5.27　粗效过滤器图

（a）中效袋式净化器

（b）高效隔板净化器

图 5.28　中效过滤器和高效过滤器

静压箱

静压箱是送风系统减少动压、增加静压、稳定气流和减少气流振动的一种必要的配件，它可使送风效果更加理想。在风机出口处或在空气分布器前设置静压箱并贴以吸声材料，可同时起到稳定气流的作用和消声器的作用，因此其也被称为消声静压箱，如图 5.29 所示。

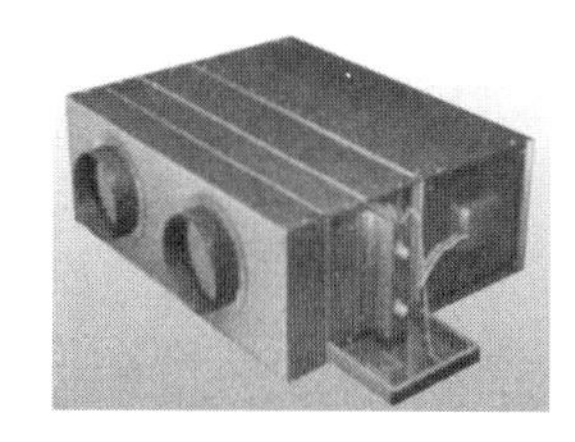

图 5.29　静压箱

5.2.3　空调水管道工程量计算

1. 定额说明

本部分内容执行的是第八册《工业管道工程》定额，因其与通风空调工程联系紧密，故在本工作任务讲解。

本部分定额适用于集中或半集中式空调系统的室内空调供水（含凝结水）管道安装，其室外管道使用第十册《给排水、采暖、燃气工程》定额相应项目。

2. 管道定额的界线划分

（1）室内、室外管道以入口阀门或建筑物外墙皮 1.5m 为界。

（2）与工业管道界线以空调、制冷机房（站）外墙皮 1.5m 为界。

（3）与设在高层建筑内的机房（站）、间管道界线，以站间外墙皮为界。

3. 定额应用中应注意的问题

（1）管道安装定额中均已包括了管道、管件安装，水压试验与冲洗，碳钢管（非镀锌）除锈刷底漆（防锈漆两道），以及管道支（吊）架的制作安装及其支（吊）架的除锈刷漆（防锈漆与银粉各两道）。但不包括法兰、阀门以及补偿器、过滤器等管路配件，其应按设计用量和本册定额相应项目计算。

（2）管道穿墙（或楼板）设置钢套管、穿越地下室墙或基础外墙设置防水套管时，按第八册《工业管道工程》相应定额项目计算。

（3）管道绝热及绝热外保护层按第十二册《刷油、防腐蚀、绝热工程》相应定额项目计算，绝热用木托（垫）按实际用量另计材料费。

（4）空调箱、风机盘管等空调设备安装按第七册《通风空调工程》相应定额项目计算。

知识链接

空调水系统

空调水系统包括冷、热水系统，冷却水系统，冷凝水系统3部分。

（1）冷、热水系统。空调冷、热源制取的冷、热水要通过管道输送到空调机组或风机盘管或诱导器等末端处，输送冷、热水的系统称为冷、热水系统。

（2）冷却水系统。空调系统中专为水冷冷水机组冷凝器、压缩机或水冷直接蒸发式整体空调机组提供冷却水的系统，称为冷却水系统。

（3）冷凝水系统。空调系统中为空气处理设备排除空气去湿过程中的冷凝水而设置的水系统，称为冷凝水系统。

图5.30为空调水系统的组成及循环示意图。

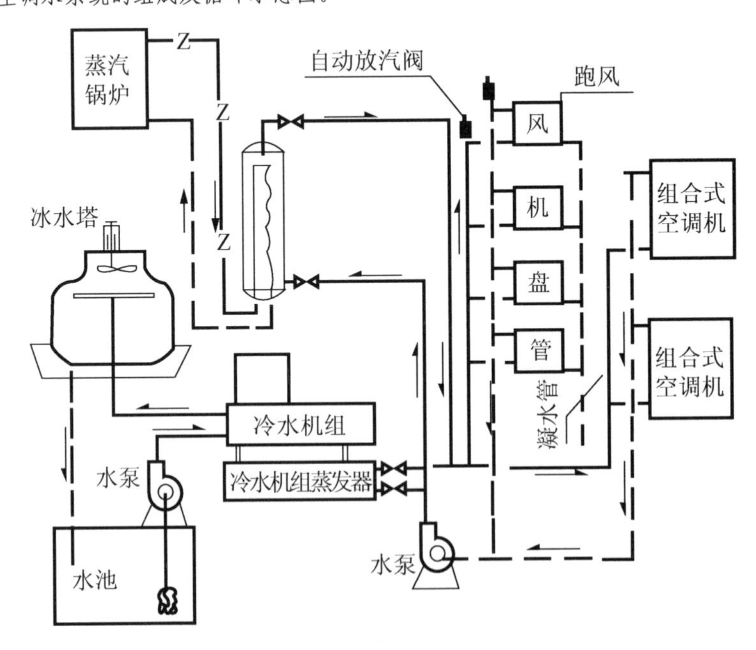

图5.30　空调水系统的组成及循环示意图

5.3 工作任务实施

5.3.1 工作任务一

某大厦多功能厅通风空调工程量计算书见表 5-3.

表 5-3 通风空调工程量计算书

项目名称	单位	数量	计算公式
镀锌薄钢板风管（咬口）δ=1.2mm	m^2	18.13	风管截面：1250mm×500mm L=（3.87−2.255−0.2+0.63÷2）（垂直部分）+（0.75+3）（水平部分）=5.18（m） F=2×（1.25+0.5）×5.18=18.13（m^2）
镀锌薄钢板风管（咬口）δ=1mm	m^2	180.69	风管截面：800mm×500mm L=3.5+2.6−0.2=5.9（m） F=2×（0.8+0.5）×5.9=15.34（m^2） 风管截面：800mm×250mm L=3.5+（4÷2+2+4+4+0.5）×3+[（4÷2+2+4+4+0.5）−2.6]+3.6−0.2×3=53.9（m） F=2×（0.8+0.25）×53.9=113.19（m^2） 风管截面：630mm×250mm L=（4+0.5−0.5）×4=16（m） F=2×（0.63+0.25）×16=28.16（m^2） 风管截面：500mm×250mm L=（4+0.5−0.5）×4=16（m） F=2×（0.5+0.25）×16=24（m^2）
镀锌薄钢板风管（咬口）δ=0.75mm	m^2	36.96	风管截面：250mm×250mm L=（4+0.5−0.3）×4=16.8（m） F=2×（0.25+0.25）×16.8=16.8（m^2） 风管截面：240mm×240mm（接散流器支管） L=（4.25−3.5+0.25÷2）×24=21（m） F=2×（0.24+0.24）×21=20.16（m^2）
变风量整体空调箱（机组）8000（m^3/h）/0.6t	台	1	
阻抗复合消声器制作安装 T701-6 型 5#	组	1	
管式消声器安装	组	1	周长=2×（1250+500）=3500（mm）
风管防火阀安装	个	1	周长=2×（1250+500）=3500（mm）
对开多叶风量调节阀安装	个	4	周长=2×（800+250）=2100（mm）
铝合金防雨单层百叶新风口安装	个	1	周长=2×（630+1000）=3260（mm）
铝合金百叶回风口安装	个	1	周长=2×（1600+800）=4800（mm）

续表

项目名称	单位	数量	计算公式
铝合金方形散流器安装（240mm×240mm）	个	24	周长=2×（240+240）=960（mm）
帆布软管接口	m^2	2.1	F=2×（1.25+0.5）×0.2×3=2.1（m^2）
温度测定孔	个	1	
风量测定孔	个	1	
风管岩棉板保温体积	m^3		详见“工作任务 8”，本处略
风管保温层外玻璃丝布保护层面积	m^2		详见“工作任务 8”，本处略

5.3.2 工作任务二

某办公楼（一层部分房间）风机盘管工程工程量计算见表 5-4。

表 5-4 风机盘管工程量计算书

项目名称	单位	数量	计算公式
风机盘管连接管（咬口）δ=1mm	m^2	29.4	风管截面：1000m×200mm L=[1.75−0.3+（3.2−0.2−2.7）]×7=12.25（m） F=2×（1+0.2）×12.25=29.4（m^2）
风机盘管暗装（吊顶式）	台	7	
铝合金百叶送风口安装（周长 2400mm）	个	7	周长=2×（1000+200）=2400（mm）
铝合金百叶回风口安装（周长 1300mm）	个	7	周长=2×（400+250）=1300（mm）
帆布软管接口制作安装	m	8.4	1000mm×200mm×300mm F=[2×（1+0.2）×0.2]×7=3.36（m^2） 1000mm×200mm×300mm F=[2×（1+0.2）×0.3]×7=5.04（m^2）
镀锌钢管（螺纹连接）DN100（管井内）	m	1.2	管井径：0.6（供水）+0.6（回水）=1.2（m）
镀锌钢管（螺纹连接）DN100	m	8.77	（0.25+3.7）（供水）+（0.4+0.3+3.7+0.24+0.18）（回水）=8.77（m）
镀锌钢管（螺纹连接）DN80	m	9.21	（0.24+0.41）（供水）+（0.28+0.14+5.1+0.14+2.9）（回水）=9.21（m）
镀锌钢管（螺纹连接）DN70	m	5.38	（0.14+5.1+0.14）（供水）=5.38（m）
镀锌钢管（螺纹连接）DN50	m	21.51	2.9（供水右）+（3.1+0.24）（供水左）+（0.4+0.2+0.6+2.25+3.8+3.4+3.8+0.2+0.18+0.44）（回水左）=21.51（m）
镀锌钢管（螺纹连接）DN40	m	11.16	（3.40+3.80）（供水左）+[1+0.98+（3.1−1.1）]（凝结水）=11.16（m）
镀锌钢管（螺纹连接）DN32	m	14.16	3.8（回水左）+（0.14+2.9）（回水右）+[3.2+2.12+（3.1−1.1）]（凝结水）=14.16（m）
镀锌钢管（螺纹连接）DN25	m	13.49	（3.8+0.24）（供水左）+3.4（回水左）+（2.95+3.1）（凝结水）=13.49（m）

续表

项目名称	单位	数量	计算公式
镀锌钢管（螺纹连接）DN20	m	53.21	0.48（供水左）+5.1（回水右）+4.6（凝结水）=10.18（m）
			a 盘管支管：0.21（供）+3+3（回）+0.14+ 0.5（凝）×2 =13.7（m）
			b 盘管支管：2.05（供）+ 2.5（回）+2.1（凝）×4=26.6（m）
			c 盘管支管：1.2（供）+ 1.1（回）+ 0.43（凝）=2.73（m）
钢制法兰蝶阀 DN100（管井内）	个	2	
法兰闸阀 DN80	个	2	
法兰闸阀 DN50	个	2	
丝扣铜球阀 DN20	个	15	
Y 型过滤器 DN20	个	7	
自动排气阀 DN20	个	1	
金属软管（丝接）	个	14	
橡胶软管（丝接）	个	7	
一般穿墙套管 DN100	个	2	1（供）+1（回）=2（个）
一般穿墙套管 DN20	个	21	7（供）+7（回）+7（凝）=21（个）

技能训练

请同学们依据《湖北省通用安装工程消耗量定额及全费用基价表》(2018)第七册《通风空调工程》定额，根据表 5-3 工程量计算结果，套用通风空调工程相应分部分项工程全费用定额。

总结

本工作任务介绍了《湖北省通用安装工程消耗量定额及全费用基价表》(2018)第七册《通风空调工程》的定额内容、工程量计算规则及定额使用中应注意的问题，以典型工作项目为载体对计算规则应用进行进一步深化，通过对本工作任务的学习，应基本具备编制通风空调工程施工图预算的能力。

检查评估

请根据本工作任务所学的内容，独立完成下面的工程案例，进行自我检查评价。

1．工程基本概况

图 5.31 所示为某单位办公室舒适性空调工程项目平面图及剖面图。图中 1 为新风机组，规格为 3000m^3/0.3t；2 为阻抗复合消声器，规格为 1760mm×500mm（H）；3 为密闭对开多叶调节阀，规格为 430mm×430mm；4 为百叶新风口，规格为 430mm×430mm；5 为风量调

节阀，规格为240mm×240mm；6为方形散流器，规格为240mm×240mm。以上设备及配件均为成品安装。风管采用镀锌薄钢板，板厚为0.75mm，咬口连接。

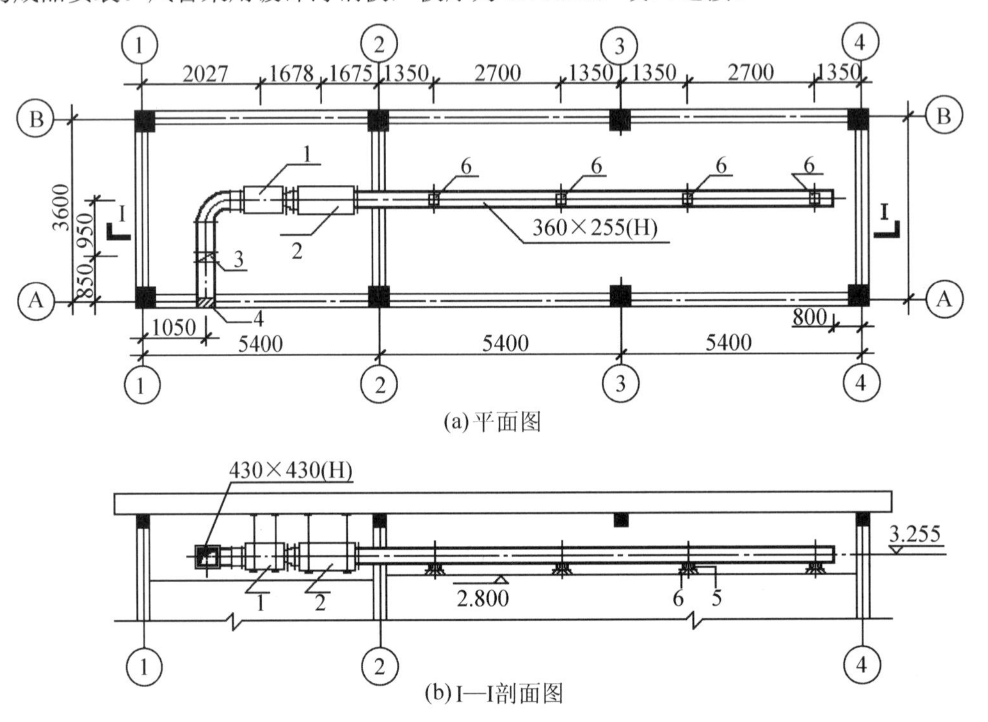

(a) 平面图

(b) I—I剖面图

图5.31　某单位办公室舒适性空调工程平面图及剖面图

2. 工作任务要求

（1）按照《湖北省通用安装工程消耗量定额及全费用基价表》（2018）中的中第七册《通风空调工程》有关内容计算工程量。

（2）按照《湖北省通用安装工程消耗量定额及全费用基价表》（2018）中第七册《通风空调工程》相关要求套用定额。

工作任务 6

刷油、防腐蚀、绝热工程定额计价

知识目标

（1）熟悉刷油、防腐蚀、绝热工程定额的内容及使用定额的注意事项；

（2）掌握其工程量计算规则及定额的应用

能力目标

能够正确编制刷油、防腐蚀、绝热工程施工图预算

素质目标

（1）培养学生团队协作精神；

（2）培养学生严谨细致的工作态度；

（3）培养学生良好的职业操守；

（4）培养学生吃苦耐劳的工作作风

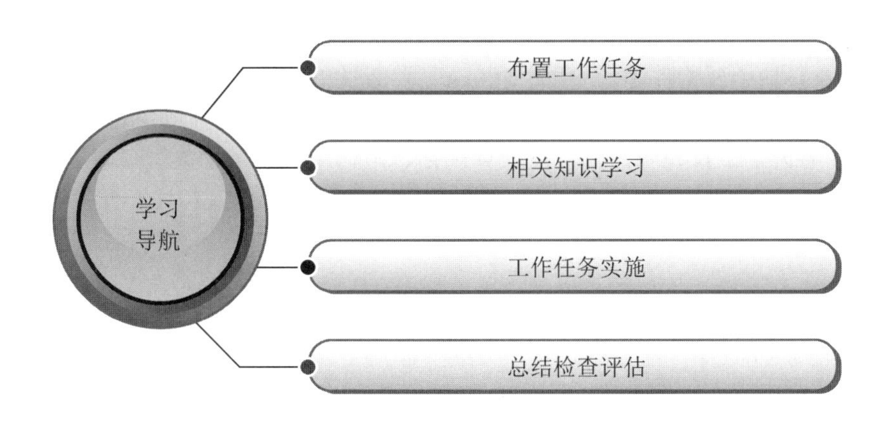

6.1 布置工作任务

6.1.1 工作任务

某工程采用无缝钢管ϕ108×4，共 25m 长，管道外保温层厚度δ=30mm，保温层外缠玻璃丝布防潮层后刷调和漆两遍，计算该工程无缝钢管除锈、刷油及绝热工程量。

6.1.2 工作任务要求

按照《湖北省通用安装工程消耗量定额及全费用基价表》（2018）的有关内容列项、计算工程量

6.2 相关知识学习

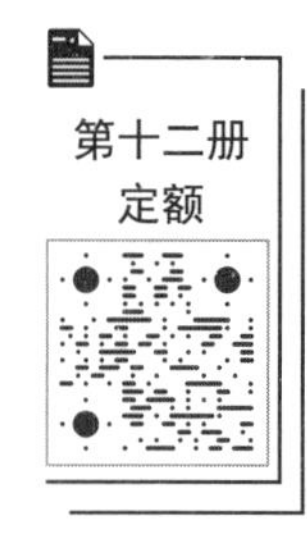

6.2.1 刷油、防腐蚀、绝热工程定额的内容及使用定额的注意事项

1. 定额的内容

《湖北省通用安装工程消耗量定额及全费用基价表》(2018)中第十二册《刷油、防腐蚀、绝热工程》定额，适用于设备、管道、金属结构等的刷油、防腐蚀、绝热工程。本册定额共 11 章，内容较多，其中最常用的是除锈工程、刷油工程和绝热工程。本工作任务重点对这三部分的工程量计算进行讲解。

2. 使用定额的注意事项

1）金属结构。

（1）大型型钢：H 型钢结构及任何一边大于 300mm 以上的型钢，以“$10m^2$”为计量单位。

（2）管廊：除管廊上的平台、栏杆、梯子以及大型型钢以外的钢结构均为管廊、以“100kg”为计量单位。

（3）一般钢结构：除大型型钢和管廊以外的其他钢结构，如平台、栏杆、梯子、管道支吊架及其他金属构件等，均以“100kg”为计量单位。

（4）由钢管组成的金属结构，执行管道相应子目，人工乘以系数 1.2。

2）册说明、章说明、工程量计算规则、附注中凡涉及用人工（费）、机械（费）进行系数计算的项目，均应按《湖北省建筑安装工程费用定额》(2018）有关规定，计取（或调整）全费用中的费用和增值税。

3. 第十二册定额各项费用的规定

（1）脚手架搭拆费：刷油、防腐蚀工程按人工费的 7%计取；绝热工程按人工费的 10%计取；其费用中人工费占 35%。

（2）操作高度增加费：本册定额以设计标高正负零为基准，当安装高度超过 6m 时，超过部分工程量按定额人工、机械费乘以下表系数。

表 6-1 超高建筑增加费系数

操作物高度/m	≤30	≤50
系数	1.2	1.5

6.2.2 除锈、刷油、绝热工程量计算

1. 除锈、刷油、防腐蚀工程

1）除锈、刷油、防腐蚀工程量计算

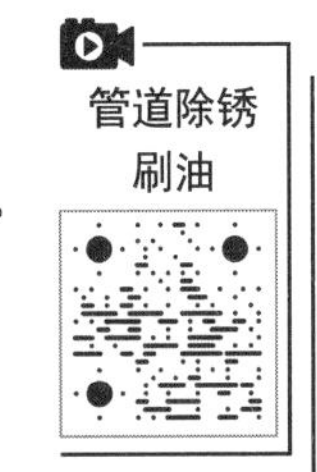

管道、设备除锈按锈蚀等级分档，以除锈面积“m^2”计算。各种管件、阀件及设备上人孔、管口凸凹部分的除锈已综合考虑在定额内，不另行计算。

（1）钢管除锈、刷油工程量：按管道表面展开面积计算工程量。

① 公式法计算：

$$S=L\cdot\pi\cdot D \tag{6-1}$$

式中：L——管道延长长度，m；

D——管道直径，m。

② 查表法计算：第十二册《刷油、防腐蚀、绝热工程》定额附录九、附录十给出了“钢管刷油、防腐蚀、绝热工程量计算表”，可以直接查表得到管道除锈（刷油，绝热）工程量见表 6-2。

表 6-2 钢管刷油、防腐蚀、绝热工程量计算表 （部分）

单位：m^3/100m（体积）、m^2/100m（面积）

公称直径/mm	管道外径/mm	绝热层厚度/mm							
		0		20		25		30	
		体积	面积	体积	面积	体积	面积	体积	面积
…	…	…	…	…	…	…	…	…	…
50	57.0	—	17.91	0.50	31.10	0.669	34.40	0.853	37.70
65	76.0	—	23.88	0.625	37.07	0.823	40.7	1.038	43.67
480	89.0	—	27.96	0.709	41.15	0.928	44.45	1.164	47.75
100	108.0	—	33.93	0.872	47.12	1.082	50.42	1.348	53.72
…	…	…	…	…	…	…	…	…	…

（2）设备除锈，按设备外表面展开面积计算。

（3）管道、设备与矩形管道、大型型钢钢结构、铸铁管暖气片（散热面积为准）的除锈工程以“$10m^2$”为计量单位

（4）一般钢结构、管廊钢结构的除锈工程以“100kg”为计量单位。

（5）灰面、玻璃布、白布面、麻布、石棉布面、气柜、玛琋脂面刷油工程以“$10m^2$”为计量单位。

2. 除锈、刷油、防腐蚀定额定额项目及使用说明

1）除锈工程

（1）一般除锈方法有手工除锈、动力工具除锈、喷射除锈、化学除锈四种。喷射除锈过的钢材表面分为 Sa2、Sa21/2，和 Sa3 三个标准。除锈等级见表 6-3。

表 6-3　除锈等级

类　别	等　级	划分标准
手工除锈 动力工具除锈	轻锈	已发生锈蚀，并且部分氧化皮已经剥落的钢材表面。
	中锈	氧化皮已锈蚀而剥落，或者可以刮除，并且有少量点蚀的钢材表面。
喷射除锈	Sa3	使钢材表观洁净的喷射或抛射除锈。
	Sa21/2	非常彻底的喷射或抛射除锈。 钢材表面会无可见的油脂、污垢、氧化皮、铁锈和油漆层等附着物，任何残留的痕迹应仅是点状或条纹状的轻微色斑。
	Sa2	彻底的喷射或抛射除锈。 钢材表面会无可见的油脂、污垢，并且氧化皮、铁锈和油漆层等附着物已基本清除，其残留物应是牢固附着的。

（2）手工和动力工具除锈按 Sa2 标准确定。若变更级别标准，如按 Sa3 标准定额人工、材料、机械乘以系数 1.1。

（3）喷射除锈按 Sa21/2 级标准确定。若变更级别标准时，Sa3 级定额人工、材料、机械乘以系数 1.1，Sa2 级定额人工、材料、机械乘以系数 0.9。

（4）除锈不包括除微锈（标准：氧化皮完全紧附，仅有少量锈点），发生时其工程量执行轻锈定额人工、材料、机械乘以系数 0.2。

2）刷油工程

刷油工程包括金属管道、设备、通风管道、金属结构与玻璃布面、石棉布面、玛琋脂面、抹灰面等刷（喷）油漆工程。

（1）标志色环等零星刷油，执行第十二册第二章定额相应项目，其人工乘以系数 2.0。

（2）刷油和防腐蚀工程按安装场地内涂刷油漆考虑，如安装前集中刷油，人工乘以系数 0.45（暖气片除外）。如安装前集中喷涂，执行刷油子目人工乘以系数 0.45，材料乘以系数 1.16，增加喷涂机械电动空气压缩机 3m^3/min（其台班消耗量为调整后合计的工日消耗量）。

（3）各种管件、阀件和设备上人孔、管口凹凸部分的刷油已综合考虑在定额内。不另行计算。

（4）本章金属面刷油不包括除锈工作内容。

3）防腐蚀涂料工程

（1）防腐蚀涂料工程内容包括设备、管道、金属结构等各种防腐蚀涂料工程。

（2）第十二册第三章不包括除锈工作内容。

（3）涂料配合比与实际设计配合比不同时，可根据设计要求进行换算，其人工、机械消耗量不变。

（4）第十二册第三章聚合热固化采用的是蒸汽及红外线间接聚合固化，如采用其他方法，应按施工方案另行计算。

2. 绝热工程

绝热工程内容包括设备、管道、通风管道的绝热工程。

1）绝热工程量计算

（1）公式计算法。

① 设备筒体或管道绝热层防潮和保护层计算公式：

$$V=\pi\times(D+1.03\delta)\times1.03\delta\times L \quad (6\text{-}2)$$

$$S=\pi\times(D+2.1\delta)\times L \quad (6\text{-}3)$$

式中：D——设备筒体或管道直径，m；

1.03、2.1——调整系数；

δ——绝热层厚度，m；

L——设备筒体或管道延长米，m。

② 设备封头绝热、防潮和保护层工程量计算式：

$$V=[(D+1.033)/2]\times2\times\pi\times1.03\delta\times1.5\times N \quad (6\text{-}4)$$

$$S=[(D+2.1\delta)/2]\times2\times\pi\times1.5\times N \quad (6\text{-}5)$$

式中：V——绝热、防潮和保护层体积，m^3；

N——绝热、防潮和保护层层数；

S——绝热、防潮和保护层面积，m^2。

③ 拱顶罐封头绝热、防潮和保护层工程量计算公式：

$$V=2\pi r\times(h+1.03\delta)\times1.03\delta \quad (6\text{-}6)$$

$$S=2\pi r\times(h+2.1\delta) \quad (6\text{-}7)$$

式中：r——拱顶罐封头半径，m；

h——拱顶罐封头厚度，m。

④ 当绝热需分层施工时，工程量分层计算，执行设计要求相应厚度子目。分层计算工程量计算公式为：

$$\text{第一层}\quad V=\pi\times(D+1.03\delta)\times1.03\delta\times L \quad (6\text{-}8)$$

$$\text{第二层至第}\,N\,\text{层}\quad D=[D+2.1\delta\times(N-1)] \quad (6\text{-}9)$$

⑤ 伴热管道、设备绝热工程量计算方法：主绝热管道或设备的直径加伴热管道的直径、再加 10～20mm 的间隙作为计算的直径，即 $D=D$（主）$+\,d$（伴）+（10～20mm）。

（2）查表法。按照保温层厚度，直接查阅安第十二册《刷油、防腐蚀、绝热工程》附录二，得到管道绝热工程量。

2）定额项目及使用说明

（1）镀锌铁皮保护层厚度按 0.8mm 以下综合考虑，若厚度大于 0.8mm 时，其人工乘以系数 1.2。

（2）铝皮保护层执行镀锌铁皮保护层安装项目，主材可以换算，若厚度大于 1mm 时，其人工乘以系数 1.2；

（3）采用不锈钢薄板作保护层，执行金属保护层相应项目，其人工乘以系数 1.25，钻头消耗量乘以系数 2，机械乘以系数 1.15；

（4）管道绝热工程，除法兰、阀门单独套用定额外，其他管件均已考虑在内；设备绝热工程，除法兰、人孔单独套用定额外，其封头已考虑在内。

（5）管道绝热均按现场安装后绝热施工考虑，若先绝热后安装时，其人工乘以系数 0.9。

（6）聚氨酯泡沫塑料安装子目执行泡沫塑料相应子目。

（7）保温卷材安装执行相同材质的板材安装项目，其人工、铁线消耗量不变，但卷材用量损耗率按 3.1%考虑。

（8）复合成品材料安装执行相同材质瓦块（或管壳）安装项目。复合材料分别安装时应按分层计算。

（9）根据绝热工程施工及验收技术规范，保温层厚度大于 100mm，保冷层厚度大于 75mm 时，若分为两层安装的，其工程量可按两层计算并分别套用定额子目。例如厚 140mm 的保温层，分为 60mm 和 80mm 的两层，该两层分别计算工程量，套用定额时按单层 60mm 和 80mm 分别套用定额子目。

（10）聚氨酯泡沫塑料发泡安装，是按无模具直喷施工考虑的。若采用有模具浇注安装，其模具（制作安装）费另行计算；由于批量不同，相差悬殊的可另行协商，分次数摊销。发泡效果受环境温度条件影响较大，因此本定额以成品“m^3”为计量单位，环境温度低于 15℃应采用措施，其费用另计。

6.3 工作任务实施

依据工作任务 6 所给工程概况，计算无缝钢管除锈、刷油、绝热工程量。

查阅《湖北省通用安装工程消耗量定额及全费用基价表》（2018）中第十二册《刷油、防腐蚀、绝热工程》附录二（见表 6-3），计算无缝钢管刷油、防腐、绝热工程量，计算过程如下：

（1）管道除锈工程量

无缝钢管 108 除锈时，其绝热层厚度为 0mm，查得ϕ108 管道单位面积（每 100m 长管道）为 33.93m^2。

管道除锈工程量=25×33.93=848.25（m^2）

（2）管道刷油工程量

当绝热层厚度δ=30mm 时，查得ϕ108 管道单位面积（每 100m 长管道）为 53.72m^2，管道刷油工程量=25×53.72=1343（m^2）。

（3）管道绝热工程量

当绝热层厚度δ=30mm 时，查得ϕ108 管道单位体积（每 100m 长管道）为 1.348m^3。

管道绝热工程量=25×1.348=33.7（m^3）。

技能训练

请同学们依据《湖北省通用安装工程消耗量定额及全费用基价表》（2018）中第十二册《刷油、防腐蚀、绝热》定额，根据工作任务工程量计算结果，套用相应分部分项工程全费用定额。

工作任务 7

电气设备安装工程定额计价

知识目标

（1）熟悉电气设备安装工程的内容；

（2）掌握电气设备安装工程的工程量计算规则及预算书的编制方法

能力目标

能够达到正确编制室内电气工程施工图预算的目的

素质目标

（1）培养学生团队协作精神；

（2）培养学生严谨细致的工作态度；

（3）培养学生良好的职业操守；

（4）培养学生吃苦耐劳的工作作风

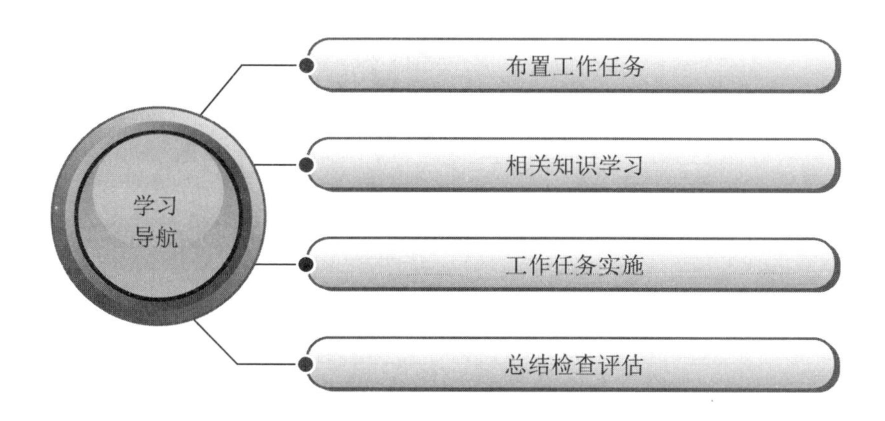

7.1 布置工作任务

7.1.1 工作任务一

1. 工程基本概况

图 7.1～图 7.7 为某住宅小区六层住宅楼电气照明工程。图中标高以 m 计，其余标注以 mm 计。墙厚为 240mm。

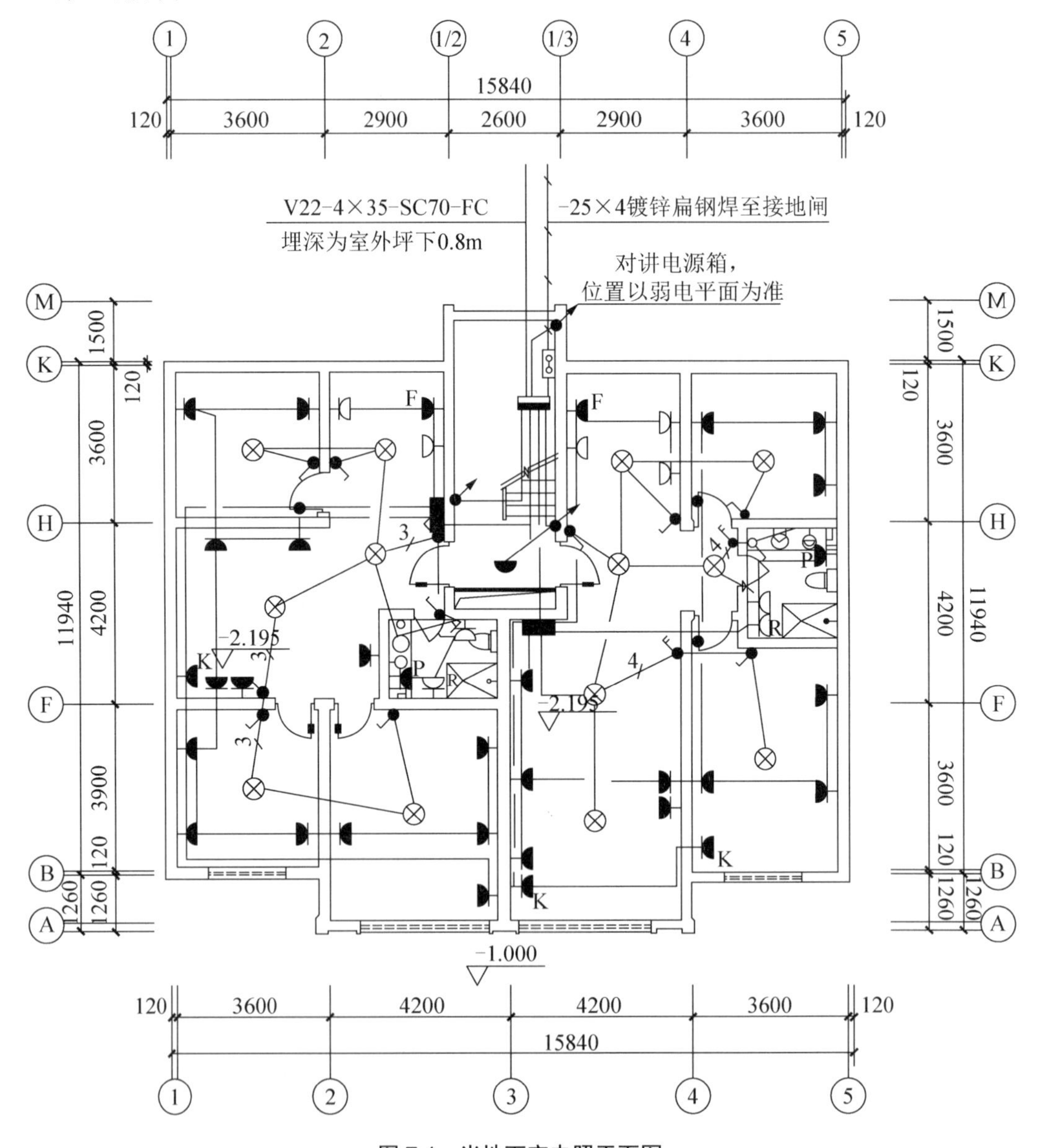

图 7.1　半地下室电照平面图

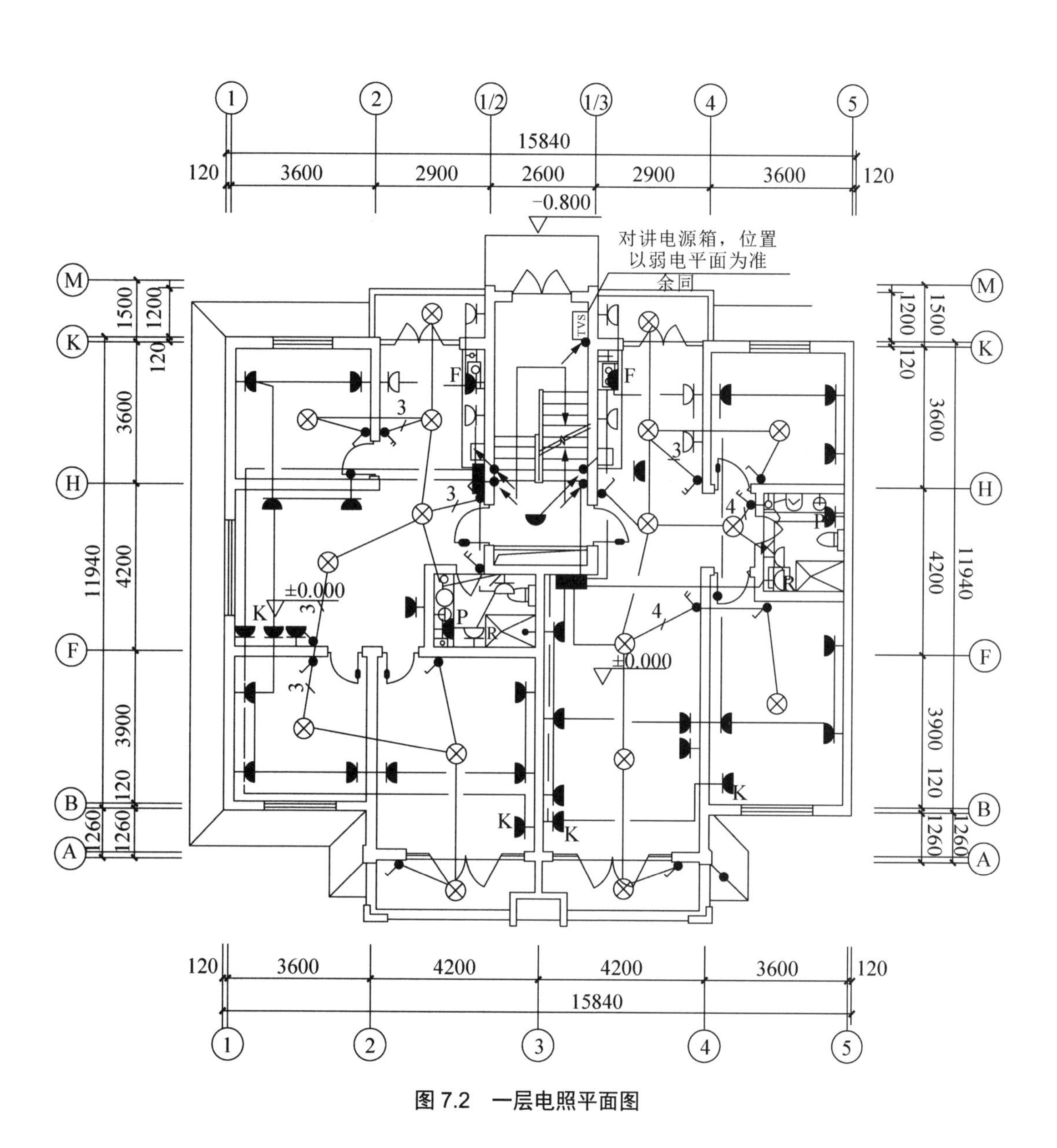
对讲电源箱，位置
以弱电平面为准
余同
TVS
15840
3600
2900
2600
2900
3600
120
−0.800
±0.000
11940
4200
3900
1500
1200
1260
K
F
P
R
3
4

图 7.2 一层电照平面图

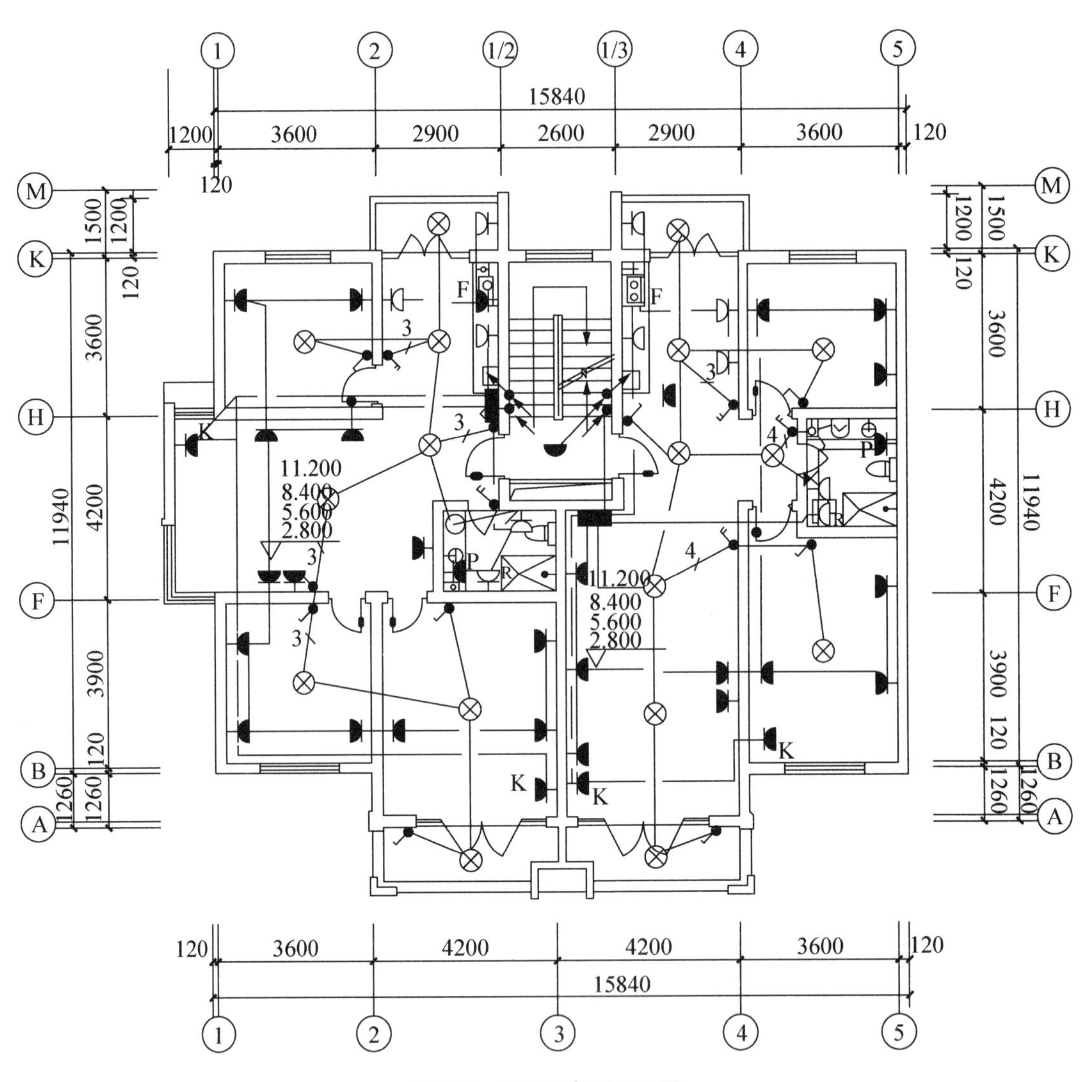

图 7.3 标准层电照平面图

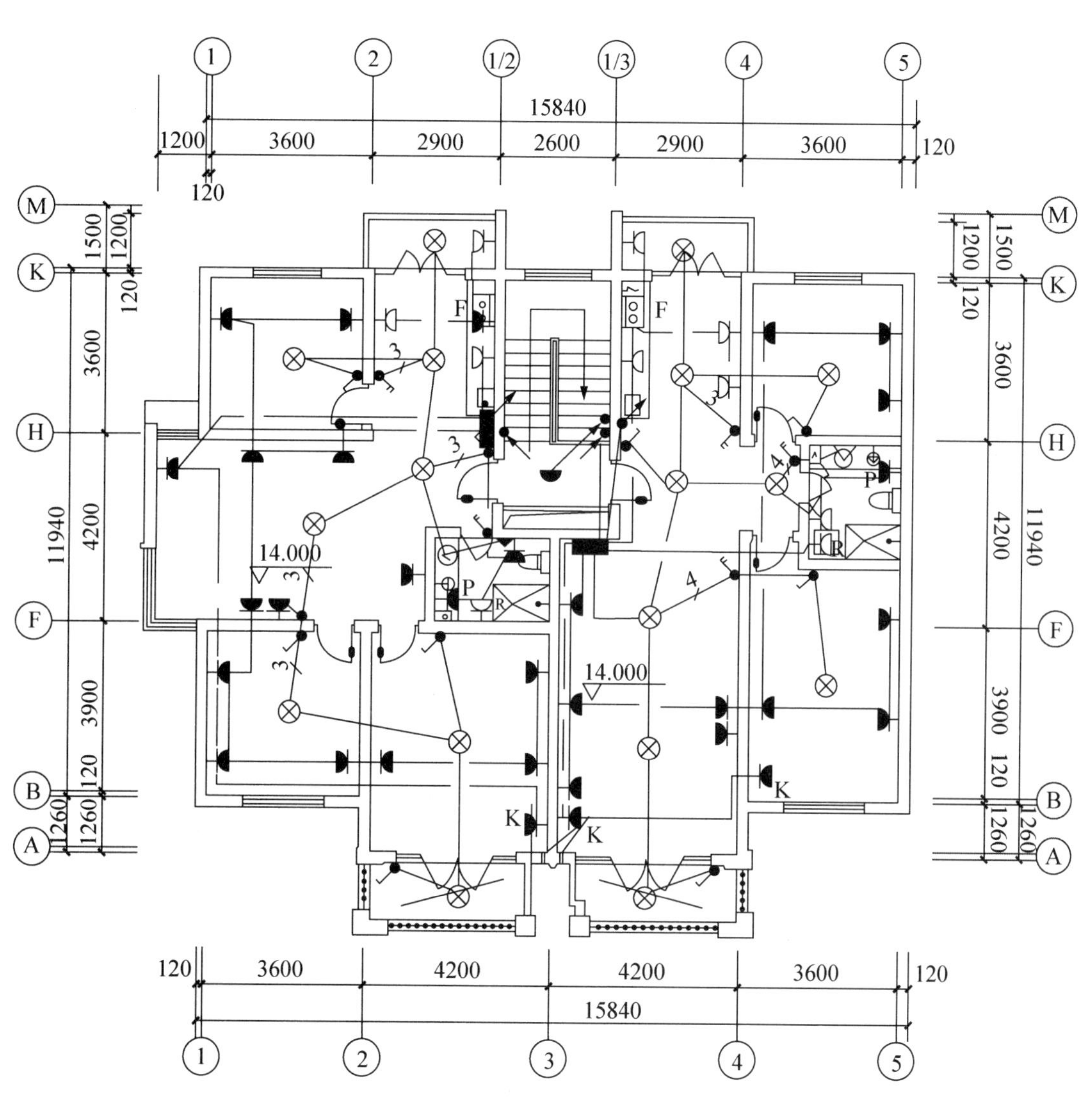

1
2
1/2
1/3
4
5
15840
1200
3600
2900
2600
2900
3600
120
M
K
H
F
B
A
1500
1200
3600
4200
3900
11940
1260
F
P
R
K
3
4
14.000
3

图 7.4 顶层电照平面图

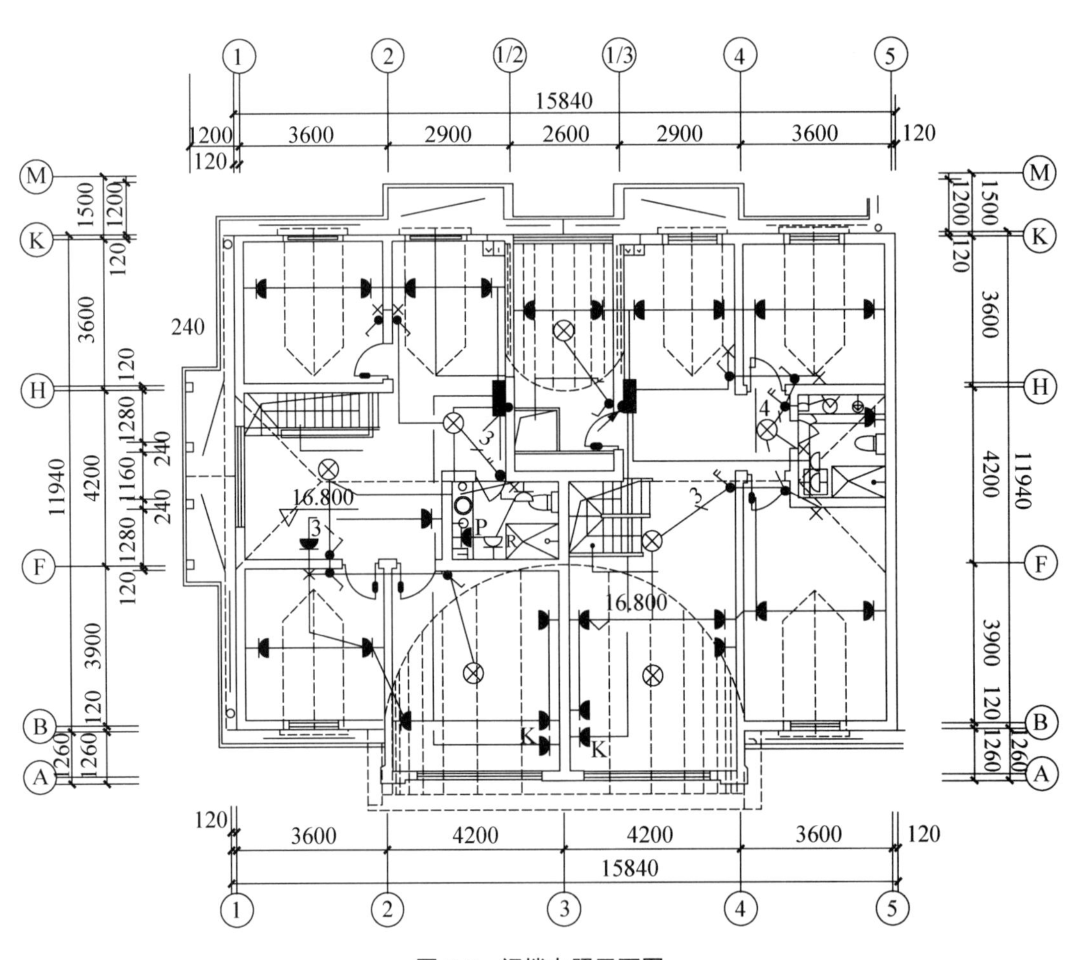
1
2
1/2
1/3
4
5
15840
1200
3600
2900
2600
2900
3600
120
120
M
K
H
F
B
A
1500
1200
120
3600
120
1280
240
1160
240
1280
120
3900
120
1260
1260
11940
4200
240
16.800
16.800
3
3
3
3
4
P
R
K
K
3600
4200
4200
3600
120
120
15840
1
2
3
4
5

图 7.5　阁楼电照平面图

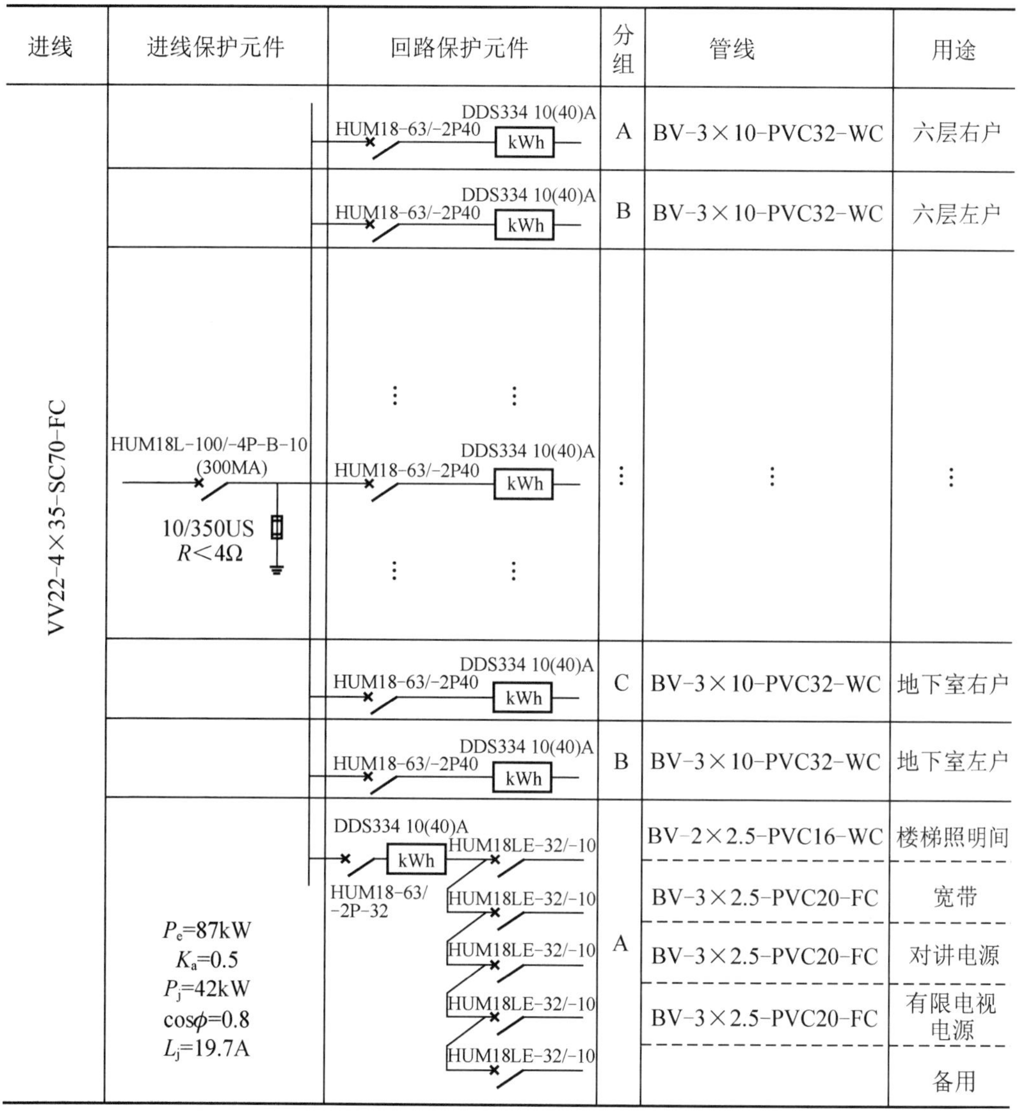

进线	进线保护元件	回路保护元件	分组	管线	用途
VV22-4×35-SC70-FC		HUM18-63/-2P40 DDS334 10(40)A kWh	A	BV-3×10-PVC32-WC	六层右户
		HUM18-63/-2P40 DDS334 10(40)A kWh	B	BV-3×10-PVC32-WC	六层左户
	HUM18L-100/-4P-B-10 (300MA) 10/350US $R<4\Omega$	⋮ ⋮ HUM18-63/-2P40 DDS334 10(40)A kWh ⋮ ⋮	⋮	⋮	⋮
		HUM18-63/-2P40 DDS334 10(40)A kWh	C	BV-3×10-PVC32-WC	地下室右户
		HUM18-63/-2P40 DDS334 10(40)A kWh	B	BV-3×10-PVC32-WC	地下室左户
	P_e=87kW K_a=0.5 P_j=42kW $\cos\phi$=0.8 L_j=19.7A	HUM18-63/-2P-32 DDS334 10(40)A kWh HUM18LE-32/-10	A	BV-2×2.5-PVC16-WC	楼梯照明间
		HUM18LE-32/-10		BV-3×2.5-PVC20-FC	宽带
		HUM18LE-32/-10		BV-3×2.5-PVC20-FC	对讲电源
		HUM18LE-32/-10		BV-3×2.5-PVC20-FC	有限电视电源
		HUM18LE-32/-10			备用

图7.6 强电系统图（1）

进线	进线保护元件	回路保护元件	分组	管线	用途
BV-3×10-PVC32-WC	HUM18-63/-2P-32	HUM18-63/-2P-10		BV-2×2.5-PVC16-CC	照明
		HUM18LE-63/-2P-16		BV-3×4-PVC20-FC	普通插座
		HUM18-63/-2P-16		BV-3×4-PVC20-FC	空调插座
		HUM18LE-63/-2P-16		BV-3×4-PVC20-FC	厨房插座
		HUM18LE-63/-2P-16		BV-3×4-PVC20-FC	卫生间插座
BV-3×10-PVC32-WC	HUM18-63/-2P-32 BV-3×10-PVC32-WC 顶层户漏电保护箱	HUM18-63/-2P-10		BV-2×2.5-PVC16-CC	照明
		HUM18LE-63/-2P-16		BV-3×4-PVC20-FC	普通插座
		HUM18LE-63/-2P-16		BV-3×4-PVC20-FC	空调插座
		HUM18LE-63/-2P-16		BV-3×4-PVC20-FC	厨房插座
		HUM18LE-63/-2P-16		BV-3×4-PVC20-FC	卫生间插座
	HUM18-63/-2P-32 阁楼户漏电保护箱	HUM18-63/-2P-16		VC-3×4-PVC25-FC	空调插座
		HUM18LE-63/-2P-16		BV-3×4-PVC20-FC	阁楼卫生间插座
		HUM18LE-63/-2P-16		BV-3×4-PVC20-FC	阁楼插座
P_e=6kW		HUM18-63/-2P-16		BV-2×2.5-PVC16-CC	阁楼照明

图 7.7　强电系统图（2）

1）电源

本工程电源引入为三相四线制，供电电压为 220/380V，采用 VV22-1kV 铜芯电缆由小区变电所埋地引入，电缆进户处需穿镀锌钢管，保护管伸出墙外 2m，埋深为室外地坪下 0.8m，电源进户处需做重复接地，N 线与 PE 线分开，重复接地电阻值小于 1Ω。

2）照明

（1）照明系统线路采用 BV-450/750 型电线，穿高强冷弯难燃型 PVC 管暗敷。

（2）卫生间的灯具均为防水壁灯，卫生间、厨房插座为防溅式。

（3）导线敷设及开关，插座安装处与烟道水平距离不应小于 250mm，插座安装处与暖气片水平距离应不小于 300mm。

（4）BV 型电线保护管（PVC 管）管径选择如下：2×2.5-PVC16、3×2.5-PVC20、4×2.5-PVC25、5×2.5-PVC25，分别沿地（FC）、沿墙（WC）、沿棚（CC）敷设。

2. 工作任务要求

（1）按照《通用安装工程工程量计算规范》（GB 50856—2013）的有关内容计算该工程的工程量。

（2）套用《湖北省通用安装工程消耗量定额及全费用基价表》（2018）计算该工程的分部分项工程费和单价措施项目费（主材单价可查阅当地工程造价信息网或咨询市场价）。

7.1.2 工作任务二

1. 工程基本概况

（1）图 7.8 为工作任务一中某住宅小区的避雷工程。避雷网和避雷带计算仅考虑①～⑤轴，Ⅰ—Ⅱ左侧。

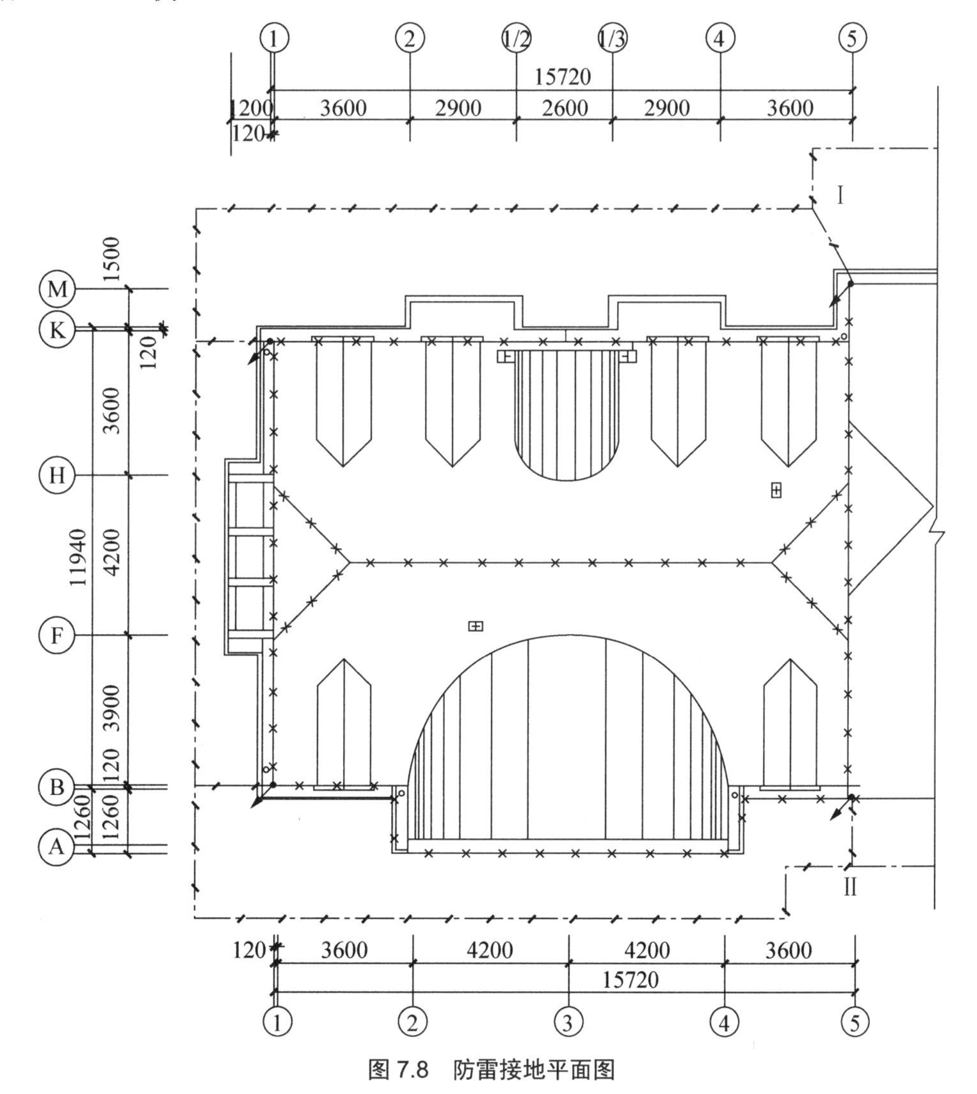

图 7.8　防雷接地平面图

（2）接地网调试仍按一个系统考虑。

（3）由于缺乏屋面的实际资料，计算屋脊避雷带工程量时仅按图示平面尺寸计算，暂不考虑屋面起伏的原因。

（4）本建筑属于第三类防雷建筑物，重复接地、防直击雷接地、弱电接地共用接地装置，接地电阻小于 1Ω。

（5）基础外墙做一圈 40mm×4mm 镀锌扁钢做接地极，现场实测接地阻值，如不满足，补打接地极。

（6）所有正常不带电的用电设备金属外壳、穿线钢管、电缆金属铠装层、金属构件及建筑物内各种金属管线（含煤气管道、暖气管及通气管等）均需接地，电源进户做总等电位连接，卫生间做局部等电位连接，做法见国家建筑标准设计图集《等电位联结安装》（15D502）。

（7）凡突出屋面的金属物体、烟囱及通风道等均需做防雷处理。

（8）进出建筑物的各种金属管道需在进出处与接地装置连接。

2. 工作任务要求

（1）按照《湖北省通用安装工程消耗量定额及全费用基价表》（2018）的有关内容列项、计算工程量、套用定额并计算相关费用。

（2）应用《湖北省建筑安装工程费用定额》（2018）计取相关费用。

（3）主材价格可参考当地工程造价信息网。

7.2 相关知识学习

7.2.1 电气设备安装工程定额的内容及使用定额的注意事项

1. 定额的内容

电气设备安装工程，使用《湖北省通用安装工程消耗量定额及全费用基价表》（2018）第四册《电气设备安装工程》，该定额共 17 章，具体内容见第四册定额（以下简称本册定额）。

2. 使用本册定额的注意事项

1）定额的适用范围

本册定额适用于工业与民用电压等级小于或等于 10kV 变配电设备及线路安装、车间动力电气设备及电气照明器具、防雷及接地装置安装、配管配线、电气调整试验等安装工程。

2）定额工作内容说明

本定额的工作内容除各章节已说明的工序外，还包括：施工准备、设备与器材及工器具的场内运输、开箱检查、安装、设备单体调整试验、结尾清理、配合质量检验、不同工种间交叉配合、临时移动水源与电源等工作内容。

3）下列工作内容应执行湖北省其他相关专业定额

（1）电压等级大于 10kV 配电、输电、用电设备及装置安装。

（2）电气设备及装置配合机械设备进行单体试运和联合试运的工作内容。

4）本册定额各项费用的规定

（1）脚手架搭拆费：按定额人工费（不包括本册定额第十七章“电气设备调试工程”及“装饰灯具安装工程”中的人工费）5%计算，其费用中人工费占 35%。独立的电压等级小于或等于 10kV 架空输电线路工程和直埋敷设电缆工程，不计算该费用。

（2）操作高度增加费：安装高度距离楼面或地面大于 5m 时，超过部分工程量按定额人工费乘以系数 1.1 计算。其中已经考虑了超高因素的定额项目除外，如投光灯、氙气灯、烟囱或水塔指示灯、装饰灯具、电缆敷设、电压等级小于或等于 10kV 架空输电线路工程。

（3）建筑物超高增加费：指在建筑物层数大于 6 层或建筑物高度大于 20m 以上的工业与民用建筑物上进行安装时，按表 7-1 计算，其费用中人工费占 65%。

表 7-1 高层建筑增加费系数

建筑物高度/m	≤40	≤60	≤80	≤100	≤120	≤140	≤160	≤180	≤200
建筑物层数/层	≤12	≤18	≤24	≤30	≤36	≤42	≤48	≤54	≤60
按定额人工费的百分比/（%）	2	5	9	14	20	26	32	38	44

（4）在地下室内（含地下车库）、暗室内、净高小于 1.6m 楼层、断面大于 $2m^2$ 且小于 $4m^2$ 隧道或洞内进行安装的工程，以定额人工乘以系数 1.12 计算。

（5）在管井内、竖井内、断面小于或等于 $2m^2$ 隧道或洞内、封闭吊顶天棚内进行安装的工程（竖井内敷设电缆项目除外），以定额人工乘以系数 1.16 计算。

7.2.2 配电装置安装工程

配电装置安装工程内容包括断路器、隔离开关、负荷开关、互感器、熔断器、避雷器、电抗器、电容器、交流滤波装置组架（TJL 系列）、开闭所成套配电装置、成套配电柜、成套配电箱、电度表、电表箱组合式成套箱式变电站、配电智能设备安装及单体调试等内容。本节重点介绍成套配电柜、成套配电箱、电度表、电表箱等安装项目。

1. 成套配电柜安装

1）工程量计算规则

成套配电柜安装，根据设备功能，按照设计安装数量以“台”为计量单位。

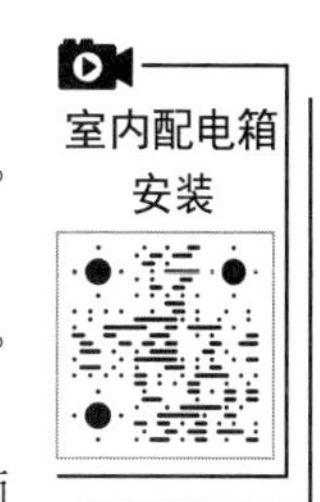

2）定额应用注意事项

（1）高压成套配电柜安装定额综合考虑了不同容量，执行定额时不做调整。定额中不包括母线配制及设备干燥。

（2）低压成套配电柜安装定额综合考虑了不同容量、不同回路，执行定额时不做调整。

（3）成套配电柜安装不包括基础槽（角）钢安装。

（4）成套配电柜安装不包括母线及引下线的配制与安装。

（5）配电设备基础槽（角）钢、支架、抱箍、延长环、套管、间隔板等安装，执行本册定额第七章“金属构件、穿墙套板安装工程”相应定额。

2. 成套配电箱安装

1）工程量计算规则

成套配电箱安装，根据箱体半周长，按照设计安装数量以“台”为计量单位。

2）定额应用注意事项

（1）成套配电箱安装区分安装方式和半周长分别列项。

（2）成品配套空箱体安装执行相应的“成套配电箱”安装定额人工、材料、机械乘以系数 0.5。

3. 电度表、电表箱安装

1）工程量计算规则

电度表、中间继电器安装调试，根据系统布置，按照设计安装数量以“台”为计量单位。

2）定额应用注意事项

电能表集中采集系统安装调试定额包括基准表安装调试、抄表采集系统安装调试。定额不包括箱体及固定支架安装、端子板与汇线槽及电气设备元件安装、通信线及保护管敷设、设备电源安装测试、通信测试等。

举例说明

设有高压开关柜 GFC-10A 计 20 台，预留 5 台，安装在同一型钢基础上，柜宽 800mm、深 1250mm，求基础型钢长度。

【解】基础型钢长度 L=2×（25×0.8+1.25）=42.5（m）。

7.2.3 电缆敷设工程

本章定额主要包括直埋电缆辅助设施、电缆保护管铺设、电缆桥架与槽盒安装、电力电缆敷设、电力电缆头制作安装、控制电缆敷设、控制电缆终端头制作安装、电缆防火设施安装等内容。

电力电缆、控制电缆及电缆基本结构

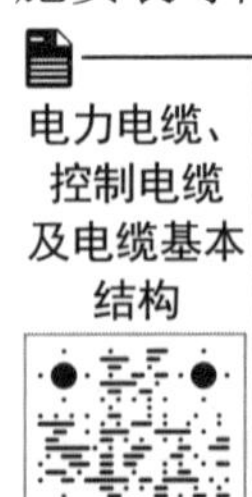

1. 电缆敷设工程

1）工程量计算规则

（1）电缆长度计算。

电缆敷设根据电缆敷设环境与规格，按照设计图示单根敷设数量，以“m”为计量单位。

电缆敷设长度应根据敷设路径的水平和垂直敷设长度，按表 7-2 的规定增加预留长度。

每根电缆敷设长度=（水平长度+垂直长度+预留长度）×（1+2.5%×曲折弯余量）(7-1)

式中：2.5%——电缆曲折弯余量系数。

表 7-2 电缆敷设附加长度计算表

序号	项　目	预留长度（附加）	说　明
1	电缆敷设弛度、波形弯度、交叉	2.5%	按电缆全长计算
2	电缆进入建筑物	2.0m	规范规定最小值
3	电缆进入沟内或吊架时引上（下）预留	1.5m	规范规定最小值
4	变电所进线、出线	1.5m	规范规定最小值
5	电力电缆终端头	1.5m	检修余量最小值
6	电缆中间接头盒	两端各留 2.0m	检修余量最小值
7	电缆进控制、保护屏及模拟盘等	高＋宽	按盘面尺寸
8	高压开关柜及低压配电盘、柜	2.0m	盘下进出线
9	电缆至电动机	0.5m	从电机接线盒算起
10	厂用变压器	3.0m	从地坪算起
11	电缆绕过梁柱等增加长度	按实计算	按被绕物的断面情况计算增加长度
12	电梯电缆与电缆架固定点	每处 0.5m	规范最小值

（2）竖井通道内敷设电缆长度按照电缆敷设在竖井通道垂直高度以“延长米”计算工程量。

（3）预制分支电缆敷设长度按照敷设主电缆长度计算工程量。

2）定额应用注意事项

电力电缆敷设定额包括输电电缆敷设与配电电缆敷设项目，根据敷设环境执行相应定额。定额综合了裸包电缆、铠装电缆、屏蔽电缆等电缆类型，适用于电压等级≤10kV 电力电缆和控制电缆敷设。

配电电力电缆敷设环境分为室内和竖井通道内。配电电力电缆起点为用户端配电站，终点为用电设备。室内配电电力电缆敷设定额综合考虑了用户区内室外电缆沟、室内电缆沟、室内桥架、室内支架、室内线槽、室内管道等不同环境敷设，执行定额时不做调整。

（1）电力电缆敷设定额与接头定额是按照三芯（包括三芯连地）编制的，电缆每增加一芯相应定额增加 15%。单芯电力电缆敷设与接头定额按照同截面电缆相应定额人工、材料、机械乘以系数 0.7，两芯电缆按照同截面电缆相应定额人工、材料、机械乘以系数 0.85。

（2）竖井通道内敷设电缆定额适用于单段高度>3.6m 的竖井。在单段高度≤3.6m 的竖井内敷设电缆时，应执行“室内敷设电力电缆”相应定额。

（3）当电缆布放穿过高度>20m 的竖井时，需要计算电缆布放增加费。电缆布放增加费按照穿过竖井电缆长度计算工程量，执行竖井通道内敷设电缆相应的定额人工、材料、机械乘以系数 0.3。其他敷设方式的电缆，定额中已综合考虑了电缆布放费用。

电缆敷设

（4）预制分支电缆敷设定额综合考虑了不同的敷设环境，执行定额时不做调整。定额中包括电缆吊具、每个长度≤10m 分支电缆安装，不包括分支电缆头的制作安装，应根据设计图示数量与规格执行相应的电缆接头定额，也不包括每个长度>10m 分支电缆，应根据超出的数量与规格及敷设的环境执行相应的电力电缆敷设定额。

（5）截面 $400mm^2$ 以上至 $800mm^2$ 的单芯电力电缆敷设，按照 $400mm^2$ 电力电缆敷设定额人工、材料、机械乘以系数 1.35。截面 $800mm^2$ 以上至 $1600mm^2$ 的单芯电力电缆敷设，按照 $400mm^2$ 电力电缆敷设定额人工、材料、机械乘以系数 1.85。

（6）柔性矿物绝缘电力电缆敷设根据电缆敷设环境与电缆截面执行相应的电力电缆敷设定额。

（7）重型矿物绝缘电力电缆（铜芯铜护套）敷设根据电缆敷设环境与电缆截面执行相应的电力电缆敷设定额人工、材料、机械乘以系数 2.5。

（8）铝合金电缆敷设根据规格执行相应的铝芯电缆敷设定额。

（9）控制电缆敷设定额综合考虑了不同的敷设环境，执行定额时不做调整。

（10）矿物绝缘控制电缆敷设与接头制作安装，执行相应的控制电缆敷设定额与接头定额。

（11）电缆敷设定额中不包括支架的制作与安装，工程应用时，执行本册定额第七章“金属构件、穿墙套板安装工程”相应定额。

2. 电缆头制作与安装

1）工程量计算规则

电力电缆头制作安装根据电压等级与电缆头形式及电缆截面。控制电缆终端头制作安装根据控制电缆芯数，按照设计图示单根电缆接头数量以“个”为计量单位。

电力电缆和控制电缆均按照一根电缆有两个终端头计算。

电力电缆中间头按照设计规定计算。设计没有规定的以单根长度 400m 为标准，每增加 400m 计算一个中间头，增加长度<400m 时计算一个中间头。

2）定额应用注意事项

（1）电缆头制作安装定额中包括镀锡裸铜线、扎索管、接线端子、压接管、螺栓等消耗性材料。定额不包括终端盒、中间盒、保护盒、插接式成品头、铅套管主材及支架安装。

（2）矿物绝缘电力电缆头制作与安装按电缆截面执行相应的电力电缆头定额。

（3）双屏蔽电缆头制作安装执行相应定额人工乘以系数 1.05。若接线端子为异型端子，需要单独加工时，应另行计算加工费。

3. 直埋电缆辅助设施相关工程量计算

1）电缆沟挖填及人工开挖路面

直埋电缆沟槽挖填根据电缆敷设路径，除特殊要求外，按照表 7-3 规定以“m^3”为计量单位。沟槽开挖长度按照电缆敷设路径长度计算。

电缆沟挖填应区分一般土沟、含建筑垃圾土、泥水土、冻土和石方等，均以“m^3”为单位计算。直埋电缆的挖、填土（石）方工程量，除特殊要求外，可按表 7-3 计算土方量。

表 7-4　直埋电缆沟的挖、填土（石）方量

项目	电缆根数	
	1～2	每增 1 根
每米沟长挖方量（m^3）	0.45	0.153

注：1. 两根以内的电缆沟按上口宽度 600mm、下口宽度 400mm、深度 900mm 计算常规土方量（深度按规范的最低标准）。

2. 每增加一根电缆，其宽度增加 170mm。

3. 土（石）方量从自然地坪挖起，如挖深>900mm，按照开挖尺寸另行计算。

2）电缆沟内铺沙、盖保护板（砖）

定额子目区分“铺砂盖砖”和“铺砂盖保护板”，按照电缆沟内敷设“1～2 根”电缆作为基本定额子目，以“每增 1 根”电缆为辅助定额子目，以“100m”为单位计算。

电缆采用电缆沟敷设时，需要揭（或盖）电缆沟水泥盖板，电缆沟揭、盖、移动盖板定额是按揭一次并盖一次或者移出一次并移回一次编制的，如实际施工需重复多次时，应按照实际次数乘以其长度，以“m”为计量单位。例如又揭又盖，则按两次计算。

电缆沟的盖板费用在定额中未包括，如需制作盖板应另行计算费用。

4. 电缆保护管敷设

（1）电缆保护管铺设根据电缆敷设路径，应区别不同敷设方式、敷设位置、管材材质、规格，按照设计图示敷设数量以“m”为计量单位。钢管敷设管径 100mm 以下套用本册定额第十一章“配管、配线工程”项目。

电缆保护管长度除按设计规定长度计算外，遇有下列情况，应按表 7-4 的规定增加保护管长度。

表 7-4 电缆保护管增加长度

项　　目	增　　加
横穿道路	路基宽度两端增加 2m
保护管需要出地面	弯头管口距地面增加 2m
穿建（构）筑物外墙	从基础外缘起增加 1m
穿过沟（隧）道	从沟（隧）道壁外缘起增加 1m

（2）电缆保护管地下敷设，其土石方量施工有设计图纸的，按照设计图纸计算；无设计图纸的，沟深按照 0.9m 计算，沟宽按照保护管边缘每边各增加 0.3m 工作面计算。

5. 电缆桥架、槽盒安装

1）工程量计算规则

（1）根据桥架材质与规格，按照设计图示安装数量，以“m”为计量单位。

（2）组合式桥架安装按照设计图示安装数量，以“片”为计量单位。电缆复合支架安装按照设计图示安装数量，以“副”为计量单位。

2）定额应用注意事项

（1）本章桥架安装定额适用于输电、配电及用电工程电力电缆与控制电缆的桥架安装。通信、热工及仪器仪表、建筑智能等弱电工程控制电缆桥架安装，根据其定额说明执行相应桥架安装定额。

（2）电缆桥架安装定额是按照厂家供应成品安装编制的，若现场需要制作桥架时，应执行本册定额第七章“金属构件、穿墙套板安装工程”相应定额。

（3）桥架安装定额包括组对、焊接、桥架开孔、隔板与盖板安装、接地、附件安装、修理等。定额不包括桥架支撑架安装。定额综合考虑了螺栓、焊接和膨胀螺栓三种固定方式，实际安装与定额不同时不做调整。

（4）梯式桥架安装定额是按照不带盖考虑的，若梯式桥架带盖，则执行相应的槽式桥架定额。

（5）钢制桥架主结构设计厚度>3mm 时，执行相应安装定额的人工、机械乘以系数 1.20。

（6）不锈钢桥架安装执行相应的钢制桥架定额人工、材料、机械乘以系数 1.10。

（7）电缆槽盒安装根据材质与规格，执行相应的槽式桥架安装定额，其中：人工、机械乘以系数 1.08。

6. 电缆防火设施

1）工程量计算

电缆防火设施安装根据防火设施的类型及材料，按照设计用量分别以“m”“m^2”“t”“kg”计算工程量。

2）定额应用注意事项

（1）电缆防火设施安装不分规格、材质，执行定额时不做调整。

（2）电缆防火设施中的阻燃槽盒安装定额按照单件槽盒 2.05m 长度考虑，定额中包括槽盒、接头部件的安装，包括接头防火处理。执行定额时不得因阻燃槽盒的材质、壁厚、单件长度而调整。

7. 电缆支架

电缆支架、吊架、槽架制作安装以“t”为计量单位计算，套用铁构件制作安装定额。

某电缆沟上口宽度为 600mm，下口宽度为 400mm，深度为 900mm，电缆线路长度为 100m，求电缆沟挖填工程量为多少。

【解】（1）计算电缆沟挖、填工程量：

$$V=1/2\ (0.4+0.6)\times0.9\times100=0.45\times100=45\ (\mathrm{m}^3)$$

（2）人工挖沟槽施工费：如是三类土，G1-11 定额全费用基价为 546.06 元/10m^3（2018 版《湖北省房屋建筑与装饰工程消耗量定额及全费用基价表》）。

工程施工费=定额单位数×基价=4.5×546.06=2457.27（元）

（3）填土填夯（槽、坑）施工费：G1-329 定额全费用基价为 262.32 元/10m^3（2018 版《湖北省房屋建筑与装饰工程消耗量定额及全费用基价表》）。

工程施工费=定额单位数×基价=4.5×262.32=1180.44（元）

所以此工程电缆沟挖填施工费为 3637.71 元，见表 7-5。

表 7-5　电缆沟挖填预算费用表

序号	定额编号	工程项目	单位	数量	基价/元	基价合价/元
1	G1-11	人工挖沟槽	10m^3	4.5	546.06	2457.27
2	G1-329	填土填夯（槽、坑）	10 m^3	4.5	262.32	1180.44

若电缆埋设根数为 3 根，3 根电缆沟铺砂、盖砖全费用基价单价为 1～2 根基价+每增加一根基价单价=267.74+89.64=357.38（元）。

若电缆埋地敷设电缆根数为 5 根，线路总长度为 100m，求此工程的铺沙、盖砖工程施工费。

【解】（1）计算电缆沟铺砂、盖砖工程量=施工图线路长度=100m。

（2）计算定额单位数=电缆沟铺砂、盖砖工程量/定额单位=100/10=10。

（3）工程费用=定额单位数×全费用基价单价。

查询查阅《湖北省通用安装工程消耗量定额及全费用基价表》（2018）第四册《电气设备安装工程》当电缆埋设根数为 1～2 根时定额编号为 C4-9-1，基价单价为 267.74 元；当每增一根时，定额编号为 C4-9-2，基价单价为 89.64 元；当电缆埋设根数为 n 根时，n 根电缆沟的铺沙盖砖基价单价为：1～2 根基价+（n−2）每增加一根基价单价。因此，计算 5 根电缆沟铺沙盖砖基价单价为

1～2 根基价+（5−2）×每增加一根基价单价=267.74+3×89.64=536.66 （元）

电缆沟铺沙、盖砖工程费用=定额单位数×基价单价=10×536.66 =5366.60 （元）

已知某电缆敷设工程，采用电缆沟铺沙、盖砖直埋，并列敷设 5 根 VV_{29}（4×50）电力电缆，如图 7.9 所示，变电所配电柜至室内部分电缆穿 SC50 钢管做保护，共 5m 长。室外电缆敷设共 100m 长，中间穿过热力管沟，热力管沟宽 500mm，在配电间有 10m 穿 SC50 钢管保护。试计算电力电缆敷设和电缆保护管工程量。

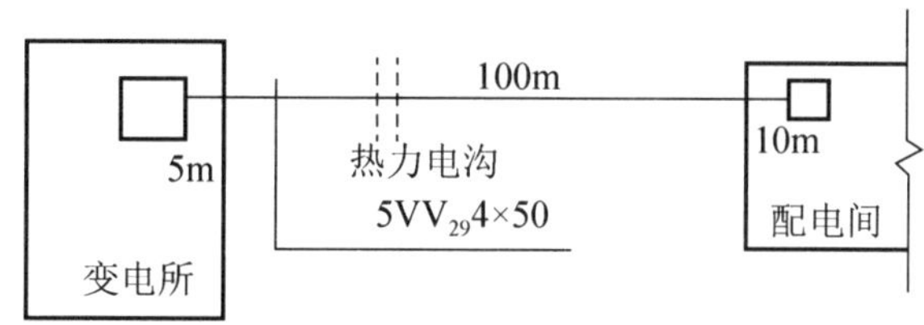

图 7.9 电缆埋地敷设案例图

【解】本例电缆埋地敷设工程仅列电力电缆敷设、保护管敷设、电缆终端头制作、安装项目。

按图中计算电缆敷设工程量，并考虑电缆在各处预留长度。查电缆敷设及预留长度表，预留及附件长度分别为：进建筑物 2.0m；变电所进线、出线 1.5m；电缆进入沟内 1.5m；高压开关柜及低压配电箱 2.0m；电力电缆终端头 1.5m。

各分部分项工程计算过程如下：

（1）电力电缆 VV_{29}（4×50）清单工程量：

$$L =（100 + 2.0 × 2 + 1.5 × 2 + 1.5 × 2 + 2.0 × 2 + 1.5 × 2）×（1 + 2.5\%）= 599.65\text{m}$$

（2）电缆保护管 SC50 工程量：

$$L=（5 + 10 + 1.0 × 2）× 5 = 85\text{m}$$

（3）电力电缆户内热缩式铜芯终端头制作、安装：

VV_{29}（4×50）电力电缆终端头数量=2 × 5=10 个

如上例中 5 根 VV_{29}（4×50）电缆的终端头制作安装工程量为 10 个；制作安装方法为户内热缩式，套《湖北省通用安装工程消耗量定额及全费用基价表》（2018）计算出制作安装费为 2501.50 元，见表 7-6。

表 7-6　电缆终端头制作安装预算费用表

序号	定额编号	工程项目	单位	数量	全费用单价/元	全费用合价/元
1	C4-9-247	户内热缩式铜芯电力电缆终端头制作、安装（1kV 以内）	个	10	250.15	2501.50

7.2.4　防雷及接地装置安装工程

防雷及接地装置安装工程定额适用于建筑物与构筑物的防雷接地、变配电系统接地、设备接地以及避雷针（塔）接地等装置安装。内容包括避雷针制作与安装、避雷引下线敷设、避雷网安装、接地极（板）制作与安装、接地母线敷设、接地跨接线安装、桩承台接地、设备防雷装置安装、阴极保护接地、等电位装置安装及接地系统测试等内容。

1. 避雷针制作安装

1）工程量计算

避雷针制作根据材质及针长，按照设计图示安装成品数量以“根”为计量单位。避雷针、避雷小短针安装根据安装地点及针长，按照设计图示安装成品数量以“根”为计量单位。独立避雷针安装根据安装高度，按照设计图示安装成品数量以“基”为计量单位。

2）定额应用注意事项

（1）避雷针制作、安装定额不包括避雷针底座及埋件的制作与安装。工程实际发生时，应根据设计划分，分别执行相应定额。

（2）避雷针安装定额综合考虑了高空作业因素，执行定额时不做调整。避雷针安装在木杆和水泥杆上时，包括了其避雷引下线安装。

（3）独立避雷针安装包括避雷针塔架、避雷引下线安装，不包括基础浇筑。塔架制作执行本册定额第七章“金属构件、穿墙套板安装工程”相应制作定额。

2. 避雷引下线敷设

1）工程量计算

防雷引下线敷设区分：利用金属构件作为防雷引下线、用扁钢或圆钢人工设置防雷引下线、利用建筑物柱内主筋作为防雷引下线，以“10m”为计量单位。

（1）利用建筑物柱内主筋作为引下线。

（2）利用扁钢或圆钢作为引下线。

采用扁钢或圆钢沿建筑物、构筑物敷设引下线时，其长度按垂直规定长度另加 3.9%的附加长度（指转弯、避绕障碍物、搭接头所占长度）计算，要注意的是引下线支持卡子的制作与埋设已包含在定额内。

引下线长度计算公式为

引下线长度=按施工图设计的引下线敷设长度×（1+3.9%） （7-2）

（3）断接卡子制作、安装。

在测量接地装置的接地电阻时，需要通过断接卡子断开人工引下线和接地装置的连接。断接卡子制作、安装以“套”为计量单位计算。

特别要注意，利用建筑物柱内主筋作为引下线时，由于结构主筋不可能断开，所以不能装设断接卡子，但应预埋接地端子板并设置接地电阻测试箱，接地端子板套用断接卡子制作安装，接地电阻测试箱套用端子箱安装。

2）定额应用注意事项

（1）利用建筑结构钢筋作为接地引下线安装定额是按照每根柱子内焊接两根主筋编制的，当焊接主筋超过两根时，可按照比例调整定额人工、材料、机械费。防雷均压环是利用建筑物梁内主筋作为防雷接地连接线考虑的，每一梁内按焊接两根主筋编制，当焊接主筋数超过两根时，可按比例调整定额人工、材料、机械费。如果采用单独扁钢或圆钢明敷设作为均压环时，可执行户内接地母线敷设相应定额。

（2）利用铜绞线作为接地引下线时，其配管、穿铜绞线执行同规格配管、配线相应定额。

3. 避雷网、接地母线敷设

1）工程量计算

（1）避雷网、接地母线敷设按照设计图示敷设数量以“m”为计量单位。计算长度时，按照设计图示水平和垂直规定长度的3.9%计算附加长度（包括转弯、上下波动、避绕障碍物、搭接头等长度），当设计有规定时，按照设计规定计算。

避雷网、接地母线计算公式为

避雷网、接地母线长度＝按施工图设计长度的尺寸×（1＋3.9%） （7-3）

（2）防雷均压环按设计需要做均压接地的楼层圈梁中心线长度，以“m”计算，具体层数可根据施工图纸的说明确定；若无说明，则按规范规定每隔三层计算一次。

（3）柱子主筋与圈梁钢筋焊接工程量。每处按两根主筋与两根圈梁钢筋分别焊接连接考虑。如果焊接主筋和圈梁钢筋超过两根，可按比例调整。需要连接的柱子主筋和圈梁钢筋处数按设计规定计算，定额以“10处”为计量单位。

（4）户外接地母线敷设定额是按照室外整平标高和一般土质综合编制的，包括地沟挖填土和夯实，执行定额时不再计算土方工程量。户外接地沟挖深为 0.75m，每米沟长土方量为 $0.34m^3$。如设计要求埋设深度与定额不同时，应按照实际土方量调整。如遇有石方、矿渣、积水、障碍物等情况时应另行计算。

2）定额应用注意事项

（1）防雷均压环是利用建筑物梁内主筋作为防雷接地连接线考虑的，每一梁内按焊接两根主筋编制，当焊接主筋数超过两根时，可按比例调整定额人工、材料、机械费。如果采用单独扁钢或圆钢明敷设作为均压环时，可执行户内接地母线敷设相应定额。

（2）高层建筑物屋顶防雷接地装置安装应执行避雷网安装定额。避雷网安装沿折板支架敷设定额包括了支架制作与安装，不得另行计算。电缆支架的接地线安装执行“户内接地母线敷设”定额。

（3）利用基础梁内两根主筋焊接连通作为接地母线时，执行“均压环敷设”定额。

4. 接地极制作与安装

1）工程量计算

接地极制作安装根据材质与土质，按照设计图示安装数量以“根”为计量单位。接地极长度按照设计长度计算，设计无规定时，每根按照2.5m计算。

2）定额应用注意事项

接地极安装与接地母线敷设定额不包括采用爆破法施工、接地电阻率高的土质换土、接地电阻测定工作。工程实际发生时，执行相关定额。

5. 接地跨接线安装

1）工程量计算

接地跨接线安装根据跨接线位置，结合规程规定，按照设计图示跨接数量以“处”为计量单位。户外配电装置构架按照设计要求需要接地时，每组构架计算一处；钢窗、铝合金窗按照设计要求需要接地时，每一樘金属窗计算一处。

2）定额应用注意事项

利用建（构）筑物梁、柱、桩承台等接地时，柱内主筋与梁、柱内主筋与桩承台跨接不另行计算，其工作量已经综合在相应的项目中。

6. 等电位装置安装

等电位装置安装根据接地系统布置，按照安装数量以“套”为计量单位。

7. 接地系统测试

接地系统测试，当工程项目连成一个母网时，按照一个系统计算测试工程量。单项工程或单位工程自成母网不与工程项目母网相连的独立接地网，单独计算一个系统测试工程量。

工厂、车间、大型建筑群各自有独立的接地网（按照设计要求），在最后将各接地网连在一起时，需要根据具体的测试情况计算系统测试工程量。

7.2.5 配管、配线工程

配管、配线工程量计算前应弄清各级配电箱之间的关系，注意连接各级配电箱之间的干线的敷设方式和敷设位置，注意从配电箱到用电器的供电支线的敷设方式和敷设位置。由于电气工程图一般为平面图，垂直方向的管线只能通过供配电平面图和供配电系统图进行逻辑推理，因此要特别注意垂直方向的管线布置，注意引上管和引下管的平面位置，防止漏算干线、支线线路。计算时可“先管后线”，可按照回路编号依次进行，也可按管径大小排列顺序计算。管内穿线根数在配管计算时用符号表示，以利于简化和校核。

1. 配管工程

1）工程量计算

（1）一般规定。

配管敷设根据配管材质与直径，区别敷设位置、敷设方式，按照设计图示安装数量以“m”为计量单位。计算长度时，不计算安装损耗量，不扣除管路中的接线箱、接线盒、灯头盒、开关盒、插座盒、管件等所占长度。

金属软管敷设根据金属管直径及每根长度，按照设计图示安装数量以“m”为计量单位。计算长度时，不计算安装损耗量。

管槽敷设根据管槽材质与规格，按照设计图示安装数量以“m”为计量单位。计算长度时，不计算安装损耗量，不扣除管路中的接线箱、接线盒、灯头盒、开关盒、插座盒、管件等所占长度。

（2）计算方法。

配管计算可根据工程的特点采用顺序计算法、分片划块计算法、分层计算法。

① 顺序计算法。从起点到终点，从配电箱起按各个回路进行计算，即从配电箱（盘、板）→用电设备＋规定预留长度。

② 分片划块计算法。计算工程量时，按建筑平面形状特点及系统图的组成特点分片划块分别计算，然后分类汇总。

③ 分层计算法。在一个分项工程中，如遇有多层或高层建筑物，可采用由底层至顶层分层计算的方法进行计算。

无论采用何种计算方法，都涉及水平方向和垂直方向的管道计算，其计算方法如下。

① 水平方向敷设的线管工程量计算。水平方向敷设的线管以平面图的线管走向和敷设部位为依据，并借用建筑物平面图所标墙、柱轴线尺寸和实际到达尺寸进行线管长度的计算，如图 7.16 所示。

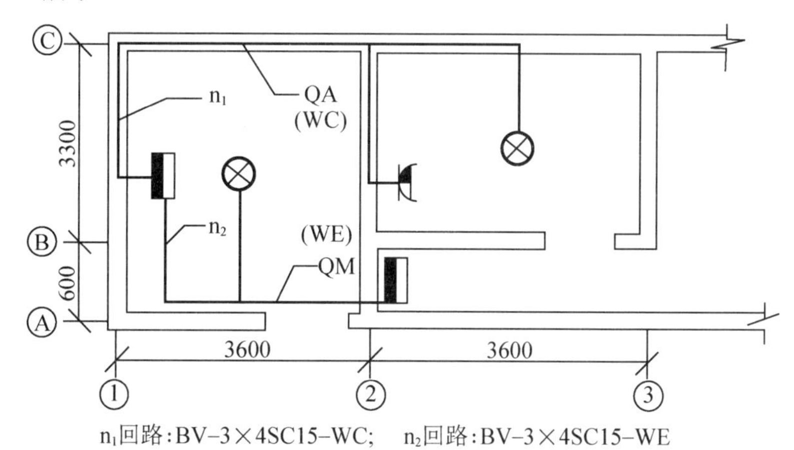

图 7.16　线管水平长度计算示意图

当配管沿墙暗敷（WC）时，按墙的轴线尺寸计算该配管长度。如 n_1 回路水平方向配管，沿Ⓑ～Ⓒ、①～③等轴线长度计算工程量，其工程量为（3.3+0.6）÷2[Ⓑ－Ⓒ轴间配管长度]+3.6[①－②轴间配管长度]+3.6÷2[②－③轴间配管长度]+（3.3+0.6）÷2[引向插座配管长度]+3.3÷2[引向灯具配管长度]。当配管沿墙明敷时（WE），按墙面尺寸计算。

② 垂直方向敷设的管（沿墙、柱引上或引下）。垂直方向敷设的管（沿墙、柱引上或引下），无论明装还是暗装，其工程量计算与楼层高度及箱、柜、盘、开关等设备尺寸以及设计安装高度有关，计算时按照施工图纸的设计高度计算，如施工图未进行说明，则可以按照规范要求进行计算。一般来说，拉线开关距顶棚 200～300mm，开关距地面 1400mm，插座距地面 1400mm 或 300mm，配电箱底线距地面为 1500mm，如图 7.17 所示。

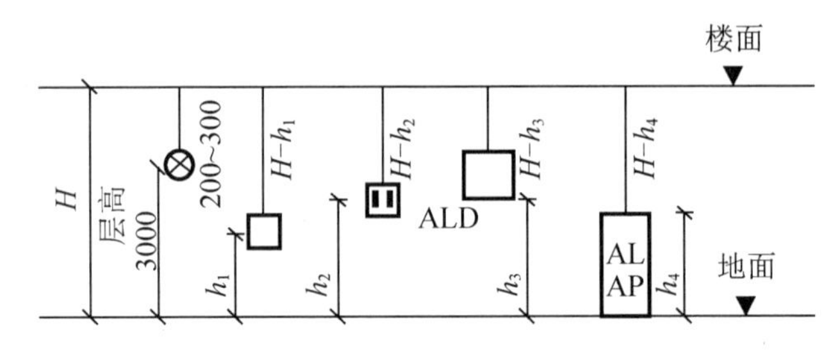

图 7.17　引下线管计算示意图

由图 7.17 可知，拉线开关 1 配管长度为 200~300mm，开关 2 配管长度为（$H-h_1$），插座 3 的配管长度为（$H-h_2$），配电箱 4 的配管长度为（$H-h_3$-配电箱高度），配电柜 5 的配管长度为（$H-h_4$）。

③ 埋地配管（FC）。水平方向的配管计算方法按配管方法及设备定位尺寸进行计算，如图 9.18 和图 9.19 所示。

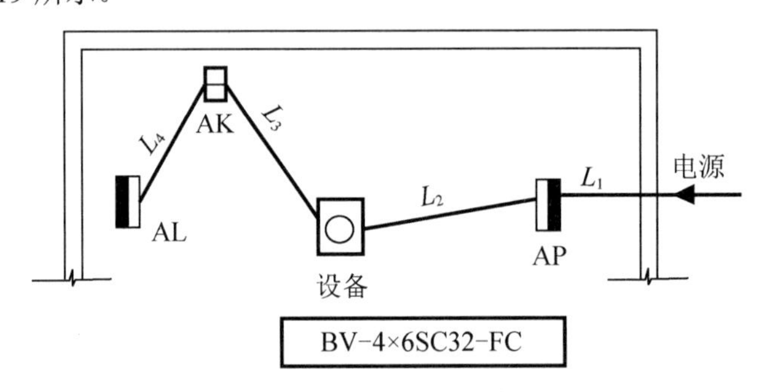

图 7.18　埋地水平管长度示意图

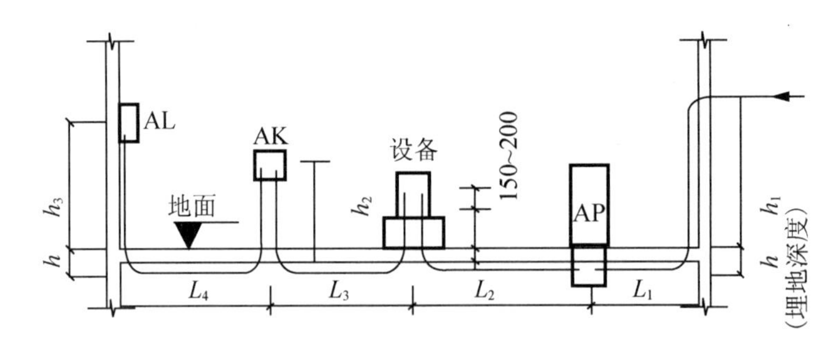

图 7.19　埋地管出地面长度

若电源架空引入，穿管进入配电柜（AP），再进入设备，又连开关箱（AK），再连照明箱（AL）。水平方向配管长度为 $L_1+L_2+L_3+L_4$，均算至各设备中心处。垂直方向配管长度为（h_1+h）[电源引下线管长度]+（h+设备基础高+150～200mm）×2[引入和引出设备线管长度]+（$h+h_2$）×2 [引入和引出刀开关线管长度]+（$h+h_3$）[引入配电箱线管长度]。

2）定额应用注意事项

（1）配管定额中钢管材质是按照镀锌钢管考虑的，焊接钢管敷设执行镀锌钢管定额，定额不包括采用焊接钢管刷油漆、刷防火漆或防火涂料、管外壁防腐保护以及接线箱、接线盒、支架的制作与安装。焊接钢管刷油漆、刷防火漆或涂防火涂料、管外壁防腐保护执行第十二册《刷油、防腐蚀、绝热工程》相应定额；接线箱、接线盒安装执行本册第十三章“配线工程”相关定额；支架的制作与安装执行本册第七章“金属构件、穿墙套板安装工程”相应定额。

（2）工程采用镀锌电线管时，执行镀锌钢管定额；镀锌电线管主材费按照镀锌钢管用量另行计算。

（3）工程采用扣压式薄壁钢导管（KBG）时，执行套接紧定式镀锌钢导管（JDG）定额，计算管材主材费时，应包括管件费用。

（4）定额中刚性阻燃管为刚性 PVC 难燃线管，管材长度一般为 4m/根，管子连接采用专用接头插入法连接，接口密封。半硬质塑料管为阻燃聚乙烯软管，管子连接采用专用接头抹塑料胶后粘接。工程实际安装与定额不同时，执行定额不做调整。

（5）配管定额是按照各专业间配合施工考虑的，定额中不考虑凿槽、刨沟、凿孔（洞）等费用。

（6）室外埋设配线管的土石方施工，执行湖北省《公用专业消耗量定额》相应项目。室内埋设配线管的土石方原则上不单独计算。

（7）吊顶天棚板内敷设电线管根据管材介质执行“砖、混凝土结构明配”相应定额。

2. 配线工程

1）工程量计算

（1）管内穿线根据导线材质与截面面积，区别照明线与动力线，按照设计图示安装数量以“10m”为计量单位；管内穿多芯软导线根据软导线芯数与单芯软导线截面面积，按照设计图示安装数量以“10m”为计量单位。管内穿线的线路分支接头线长度已综合考虑在定额中，不得另行计算。

管内穿线长度计算方法如下，

$$管内穿线长度=（配管长度+导线预留长度）\times 同截面导线根数 \tag{7-4}$$

计算时注意：

a．灯具、明暗开关、插座、按钮等的预留线已分别综合在相应定额内，不另行计算。

b．配线进入开关箱、柜、板的预留线，按表 7-7 规定的长度，分别计入相应的工程量。

表 7-7 导线预留长度

序号	项目	预留长度(m)	说明
1	各种开关箱、柜、板	宽+高	盘面尺寸
2	单独安装（无箱、盘）的铁壳开关、闸刀开头、启动器、母线槽进出线盒	0.3	从安装对象中心算起
3	由地面管子出口引至动力接线箱	1.0	从管口算起
4	由电源与管内导线连接（管内穿线与硬、软母线接头）	1.5	从管口算起
5	出户线（或进户线）	1.5	从管口算起

（2）塑料护套线明敷设。

塑料护套线明敷设根据导线芯数与单芯导线截面面积，区别导线敷设位置（沿木结构、砖、混凝土结构、钢索），按照设计图示安装数量以“10m”为计量单位。

（3）线槽配线。

线槽配线根据导线截面面积，按照设计图示安装数量以“10m”为计量单位。

（4）绝缘子配线。

绝缘子配线根据导线截面面积区别绝缘子形式（针式、鼓形、碟式）、绝缘子配线位置（沿屋架、梁、柱、墙，跨屋架、梁、柱、木结构、顶棚内、砖、混凝土结构，沿钢支架及钢索），按照设计图示安装数量以“10m”为计量单位。当绝缘子暗配时，计算引下线工程量，其长度从线路支持点计算至天棚下缘距离。

（5）接线箱、盒安装。

配管工程均未包括接线箱（盒）及支架的制作、安装，发生时可按“配线工程”定额相关子目。根据安装形式（明装、暗装）及接线盒类型，按照设计图示安装数量以“个”为计量单位。接线箱是集中各种导线接头的箱子。将接头集中在接线箱内便于管理和维护。接线盒是集中安置各种导线接头的盒子，体积比接线箱小。

① 接线箱安装。

接线箱安装应区分明装与暗装，按接线箱半周长，以“10个”为计量单位计算工程量。接线箱本身费用需另行计算，接线箱安装也适用等电位箱等的安装。

② 接线盒安装。

接线盒安装应区分明装、暗装、钢索上安装及接线盒类型。明装接线盒包括普通接线盒、防爆接线盒安装两个子目；暗装接线盒包括接线盒、开关盒安装两个子目；难燃型聚乙烯接线盒分开关盒与灯头盒。接线盒安装也适用于插座底盒的安装。接线盒安装以“10个”为计量单位计算工程量，接线盒本身费用另行计算。

③ 计算接线箱、盒安装工程量时的注意事项。

接线盒一般发生在安装电器部位（开关、插座、灯具、配电箱）、线路分支或导线规格改变处、水平敷设转弯处，如图7.20所示。

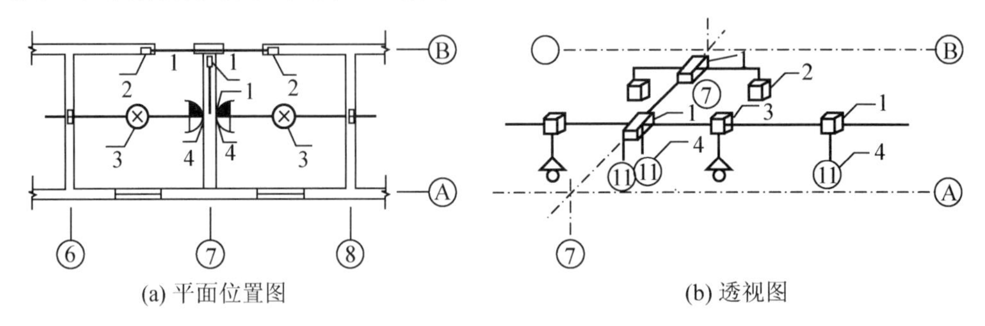

(a) 平面位置图　　(b) 透视图

图7.20　接线盒位置图

线管敷设长度超过下列情况之一时，中间应加接线盒：

a. 管子长度每超过30m无弯时；

b. 管子长度每超过20m中间有一个弯时；

c. 管子长度每超过15m中间有两个弯时；

d. 管子长度每超过8m有三个弯时。

垂直敷设的电线保护管遇到下列情况之一时，应增设固定导线用的拉线盒：

a．管内导线截面积500mm^{2}及以下，长度每超过30m；

b．管内导线截面积70～95mm^2，长度每超过20m；

c．管内导线截面积120～240mm^2，长度每超过18m。

两个接线盒之间的直角弯，暗配管不得超过 3 个，明配管不得超过 4 个，否则，中间要加装接线盒。

某综合楼电源为架空引入，进户线采用 BV-2.5mm^2 铜芯聚氯乙烯绝缘导线穿 SC20 沿墙暗敷进入配电箱，管内穿线 4 根。已知进户线保护钢管敷设长度为 872m（含防水弯），配电箱高 300mm、宽 500mm，试计算管内穿线工程量。

【解】BV-2.5mm^2 工程量=（钢管长度+进户处预留长度+配电箱处预留长度）×导线根数

=（872+1.5+0.3+0.5）×4

=3497.2（m）

如图 7.21 所示为某工程电气照明平面图，三相四线制。该建筑物层高 3.44m，配电箱 M1 规格为 500mm×300mm，距地高度 1.5m，线管为 PVC 管 VG15，暗敷设，开关距地 1.5m。试计算 n_1 回路配电箱、配管配线工程量。

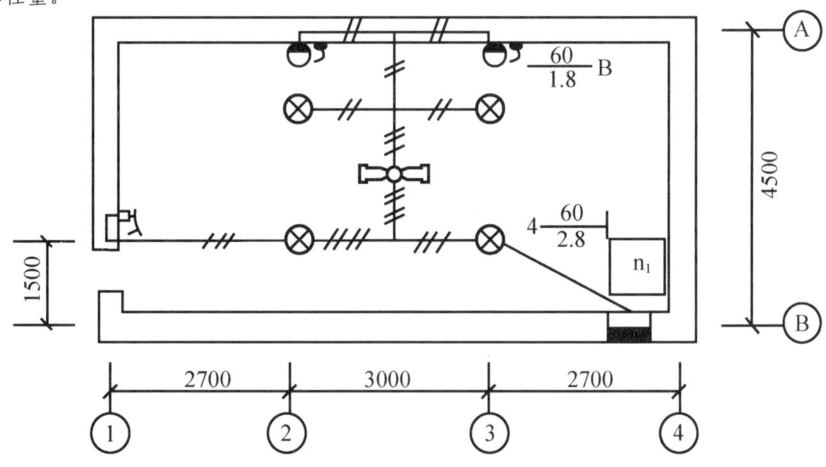

图 7.21　某工程电气照明平面图

【解】从配电箱到电器的方向，根据管内穿线根数不同分段计算，计算过程如下。

（1）成套配电箱安装 1 套。

（2）PVC 管 VG15 工程量=（3.44−1.5−0.5）[配电箱引出、埋墙敷设 2 根导线]+ $\sqrt{2.7\times2.7+1.5\times1.5}$ [④轴至③轴 2 根导线]+（3÷2）[③轴至②轴穿 3 根导线]+（3÷2）[③轴至②轴穿 4 根导线]+2.7[②轴至①轴 3 根导线]+1[至吊扇 4 根导线]+1[吊扇至灯具 3 根导线]+1[灯具至 Ⓐ 轴 2 根导线]+3×2[去花灯及壁灯 2 根导线]+（3.44−1.8）×2[壁灯垂直方向 2 根导线]+（3.44−1.5）[至吊扇、灯具开关]+（1.8−1.5）×2[壁灯开关 2 根导线]=25.05（m）。

（3）BV2.5 导线工程量=（3.44−1.5−0.5）×2+ $\sqrt{2.7\times2.7+1.5\times1.5}$ ×2+（3÷2）×3+（3÷2）×4+2.7×3+1×4+1×3+1×2+3×2×2+（3.44−1.8）×2×2+（3.44−1.5）×3+（1.8−1.5）×2×2=62.24（m）。

已知某车间动力配电平面图如图 7.22 所示，其中动力配电箱采用落地式安装，配电箱基础高出地面 0.1m;钢管埋入地坪下，埋深为 0.3m; 控制盘安装时，底边距地 1.2m; 引致设备的钢管管口距地面 0.5m。试求:

（1）计算此工程中 SC20 钢管配管工程量为多少，SC20 钢管实际消耗为多少（已知线管的损耗率为 3%）？

（2）计算此工程中 $6mm^2$ 穿线工程量为多少？其中动力配电箱和控制盘的（宽+高）分别为 1.5m，设备处的导线预留为 1.0m。

【解】（1）配管工程量（SC20）。

SC20 的水平管长度：3+4 = 7（m）。

SC20 的垂直管长度如下。

配电箱的垂直管长度：0.1+0.3+0.1=0.5（m）。

到设备 1 的垂直管长度：0.3+0.5=0.8（m）。

到控制箱的竖管长度：（1.2+0.3+0.1）×2=3.2（m）。

SC20 钢管工程量为 7+0.8+3.2=11.0（m）。

（2）管内穿线工程量（BV 6）:

（配管的长度+预留长度）×导线的根数=（11+2×1.5+1）×4=60（m）

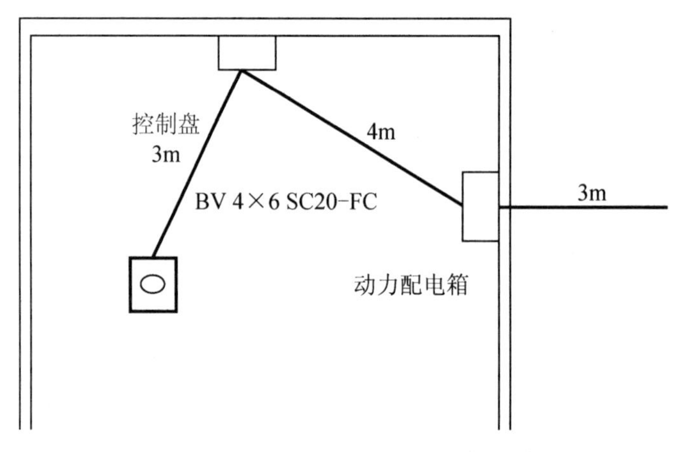

图 7.22　某车间动力配电平面图

2）定额应用注意事项

（1）管内穿线定额包括扫管、穿线、焊接包头。绝缘子配线定额包括埋螺钉、钉木楞、埋穿墙管、安装绝缘子、配线、焊接包头。线槽配线定额包括清扫线槽、布线、焊接包头。导线明敷设定额包括埋穿墙管、安装瓷通、安装街码、上卡子、配线、焊接包头。

（2）照明线路中导线截面面积>$6mm^2$ 时，执行“穿动力线”相应的定额。

（3）车间配线定额包括支架安装、绝缘子安装、母线平直与连接及架设、刷分相漆。定额不包括母线伸缩器制作与安装。

（4）接线箱、接线盒安装及盘柜配线定额适用于电压等级≤380V 电压等级用电系统。定额不包括接线箱、接线盒费用及导线与接线端子材料费。

（5）暗装接线箱、接线盒定额中槽孔按照事先预留考虑。

7.2.6 照明灯具安装工程

照明灯具安装工程包括普通灯具、装饰灯具、荧光灯具、嵌入式地灯、工厂灯、医院灯具、霓虹灯、景观灯的安装，开关、按钮、插座的安装，艺术喷泉照明系统安装，太阳光导入照明系统安装等内容。

1. 工程量计算规则

照明工程量计算要点：照明工程量根据该项工程电气设计施工图的照明供电平面图、照明供电系统图、设计说明以及设备材料表等进行计算；照明线路的工程量按施工图上标明的敷设方式和导线的型号、规格及比例尺寸量出其长度进行计算；照明设备、用电设备的安装工程量是根据施工图上标明的图例、文字符号分别统计出来的。

为了准确计算照明线路工程量，不仅要熟悉照明的施工图，还应熟悉或查阅建筑施工图上的有关尺寸。因为一般电气施工图只有平面图，没有立面图，故需要根据建筑施工图的立面图和电气照明施工图的平面图配合计算。

照明线路的工程量计算一般先计算干线，后计算支线，按不同的敷设方式、不同型号和规格的导线分别进行计算。

照明灯具工程量计算程序：根据照明平面图和系统图，按进户线→总配电箱→各照明分配电箱配线→经各照明配电箱配向灯具、用电器具的顺序逐项进行计算，这样既可以加快看图时间、提高计算速度，又可以避免漏算和重复计算。

照明灯具工程量计算方法：工程量的计算采用列表方式进行计算。照明工程量的计算一般宜按一定顺序自电源侧逐一向用电侧进行，要求列出简单明了的计算式，可以防止漏项、重复，以便于复核。

1）普通灯具

普通灯具安装根据灯具种类、规格，按照设计图示安装数量以“套”为计量单位。

计算时注意：软线吊灯和吊链灯均不包括吊线盒费用，必须另计。其预算定额按吸顶灯具和其他普通灯具分类立项。

（1）吸顶灯具安装：区分灯罩周长分别列项。

（2）其他灯具安装：根据灯的用途及安装方式立项，分为软线吊灯、吊链灯、防水防尘灯、普通弯脖灯。

2）装饰灯具

由于装饰灯具种类繁多，各厂家自行定义型号，在套用定额子目时为了减少因为产品规格、型号不统一而发生的争议，因此定额采用灯具彩色图片与定额子目对照的方法编制。当施工图设计的艺术装饰吊灯的头数与定额规定不相同时，可以按照插值法进行换算。

（1）吊式艺术装饰灯具安装根据装饰灯具示意图所示，区别不同装饰物以及灯体直径和灯体垂吊长度，按照设计图示安装数量以“套”为计量单位。

（2）吸顶式艺术装饰灯具安装根据装饰灯具示意图所示，区别不同装饰物、吸盘几何形状、灯体直径、灯体周长和灯体垂吊长度，按照设计图示安装数量以“套”为计量单位。

（3）荧光艺术装饰灯具安装根据装饰灯具示意图所示，区别不同安装形式和计量单位计算。

① 组合荧光灯带安装根据灯管数量，按照设计图示安装数量以灯带“m”为计量单位。

② 内藏组合式灯安装根据灯具组合形式，按照设计图示安装数量以“m”为计量单位。

③ 发光棚荧光灯安装按照设计图示发光棚数量以“m^2”为计量单位。灯具主材根据实际安装数量加损耗量以“套”另行计算。

④立体广告灯箱、天棚荧光灯带安装按照设计图示安装数量以“m”为计量单位。

（4）几何形状组合艺术灯具安装根据装饰灯具示意图所示，区别不同安装形式及灯具形式，按照设计图示安装数量以“套”为计量单位。

（5）标志、诱导装饰灯具安装根据装饰灯具示意图所示，区别不同的安装形式，按照设计图示安装数量以“套”为计量单位。

（6）水下艺术装饰灯具安装根据装饰灯具示意图所示，区别不同安装形式，按照设计图示安装数量以“套”为计量单位。

（7）点光源艺术装饰灯具安装根据装饰灯具示意图所示，区别不同安装形式、不同灯具直径，按照设计图示安装数量以“套”为计量单位。

（8）草坪灯具安装根据装饰灯具示意图所示，区别不同安装形式，按照设计图示安装数量以“套”为计量单位。

（9）歌舞厅灯具安装根据装饰灯具示意图所示，区别不同安装形式，按照设计图示安装数量以“套”或“m”或“台”为计量单位。

3）荧光灯具

荧光灯具安装根据灯具安装形式、灯具种类、灯管数量，按照设计图示安装数量以“套”为计量单位。

4）嵌入式地灯

安装根据灯具安装形式，按照设计图示安装数量以“套”为计量单位。

5）工厂灯及防水防尘灯安装根据灯具安装形式，按照设计图示安装数量以“套”为计量单位。

工厂其他灯具安装根据灯具类型、安装形式、安装高度，按照设计图示安装数量以“套”或“个”为计量单位。

6）医院灯具安装

根据灯具类型，按照设计图示安装数量以“套”为计量单位。

7）霓虹灯管

安装根据灯管直径，按照设计图示延长米数量以“m”为计量单位。

霓虹灯变压器、控制器、继电器安装根据用途与容量及变化回路，按照设计图示安装数量以“台”为计量单位。

8）景观灯安装

楼宇亮化灯安装根据光源特点与安装形式，按照设计图示安装数量以“套”或“m”为计量单位。

9）开关、按钮安装

开关根据安装形式与种类、开关极数及单控与双控，按照设计图示安装数量以“套”为计量单位。

声控（红外线感应）延时开关、柜门触动开关安装，按照设计图示安装数量以“套”为计量单位。

10）插座安装根据电源数、定额电流、插座安装形式，按照设计图示安装数量以“套”为计量单位。

11）艺术喷泉照明系统安装

（1）喷泉防水配件安装根据玻璃钢电缆槽规格，按照设计图示安装长度以“m”为计量单位

（2）艺术喷泉照明系统喷泉水下管灯安装根据灯管直径，按照设计图示安装数量以“m”为计量单位。

（3）艺术喷泉照明系统喷泉水上辅助照明安装根据灯具功能，按照设计图示安装数量以“套”为计量单位。

（4）灯管式LED灯带，按照设计图示安装数量以“套”为计量单位；软灯带式LED灯带，按照设计图示安装长度以“m”为计量单位。

（5）艺术喷泉照明系统程序控制柜、程序控制箱、音乐喷泉控制设备、喷泉特技效果控制设备安装根据安装位置方式及规格，按照设计图示安装数量以“台”为计量单位。

12）太阳光导入照明系统

（1）屋面防水帽安装分为墩座式混凝土井口接口、金属屋面防水帽、自安型三种形式，分别适用于屋面垂直井道混凝土的接口、屋面绿化设施部位的接口以及钢结构屋面板的接口，以“个”为计量单位。

（2）采光罩按照设计图示数量，以“个”为计量单位。

（3）导光管按设计图示数量，以“节”为计量单位。直管每节600mm，每个45度弯头安装按一节计算。

（4）光线调节器安装为整体组件安装，包括电动控制器与调节蝶阀的接线安装，按设计图示数量，以“个”为计量单位。

（5）光线调节器控制开关按设计图示数量，以“套”为计量单位，不包括电动控制器至控制开关的控制电线。

（6）接口转换器按照设计图示数量，以“个”为计量单位。

（7）漫射器按照设计图示数量，以“个”为计量单位。

2. 定额应用注意事项

1）灯具引导线是指灯具吸盘到灯头的连线，除注明者外，均按照灯具自备考虑。如引导线需要另行配置时，其安装费不变，主材费另行计算。

2）投光灯、氙气灯、烟囱或水塔指示灯的安装定额，考虑了超高安装（操作超高）因素。装饰灯具安装定额考虑了超高安装因素和脚手架搭拆费用。其他照明器具的安装高度>5m时，按照册说明中的规定另行计算操作高度增加费。

3）吊式艺术装饰灯具的灯体直径为装饰灯具的最大外缘直径，灯体垂吊长度为灯座底部到灯梢之间的总长度。

4）吸顶式艺术装饰灯具的灯体直径为吸盘最大外缘直径，灯体半周长为矩形吸盘的半周长，灯体垂吊长度为吸盘到灯梢之间的总长度。

5）照明灯具安装除特殊说明外，均不包括支架制作安装。工程实际发生时，执行本册第七章“金属构件、穿墙套板安装工程”相应定额。

6）定额包括灯具组装、安装、利用摇表测量绝缘及一般灯具的试亮工作。

7）小区路灯安装执行《湖北省市政工程消耗量定额》相应定额，成品小区路灯基础安装包括基础土方施工、现浇混凝土基础等执行《湖北省公用专业消耗量定额及统一基价表》相应定额。

8）普通灯具安装定额适用范围见表 7-8。

表 7-8 普通灯具安装定额适用范围

定额名称	灯具种类
圆球吸顶灯	材质为玻璃、塑料的独立的半圆球吸顶灯、扁圆罩吸顶灯、平圆形吸顶灯
方形吸顶灯	材质为玻璃、塑料的独立的矩形罩吸顶灯、方形罩吸顶灯、大口方罩吸顶灯
软线吊灯	材质为玻璃、塑料等的独立的，利用软线为垂吊材料的各式软线吊灯
吊链灯	材质为玻璃、塑料罩的独立的，利用吊链作辅助悬吊材料的各式吊链灯
防水吊灯	一般防水吊灯
一般弯脖灯	圆球弯脖灯、风雨壁灯
一般墙壁灯	各种材质的一般壁灯、镜前灯
软线吊灯头	一般吊灯头
声光控座灯头	一般声控、光控座灯头
座灯头	一般塑胶、瓷质座灯头

9）组合荧光灯带、内藏组合式灯、发光棚荧光灯、立体广告灯箱、天棚荧光灯带的灯具设计用量与定额不同时，成套灯具根据设计数量加损耗量计算主材费，安装费不做调整。

10）装饰灯具安装定额适用范围见表 7-9。

表 7-9 装饰灯具安装定额适用范围

定额名称	灯具种类（形式）
吊式艺术装饰灯具	不同材质、不同灯体垂吊长度、不同灯体直径的蜡烛灯、挂片灯、串珠（穗）灯、串棒灯、吊杆式组合灯、玻璃罩（带装饰）灯
吸顶式艺术装饰灯具	不同材质、不同灯体垂吊长度、不同灯体几何形状的串珠（穗）灯、串棒灯、挂片灯、挂碗灯、挂吊碟灯、玻璃（带装饰）灯
荧光艺术装饰灯具	不同安装形式、不同灯管数量的组合荧光灯光带，不同几何组合形式的内藏组合式灯，不同几何尺寸、不同灯具形式的发光棚，不同形式的立体广告灯箱、荧光灯光沿
几何形状组合艺术灯具	不同固定形式、不同灯具形式的繁星灯、钻石星灯、礼花灯、玻璃罩钢架组合灯、凸片灯、反射挂灯，筒形钢架灯、U 形组合灯、弧形管组合灯
标志、诱导装饰灯具	不同安装形式的标志灯、诱导灯
水下艺术装饰灯具	简易型彩灯、密封型彩灯、喷水池灯、幻光型灯
点光源艺术装饰灯具	不同安装形式、不同灯体直径的筒灯、牛眼灯、射灯、轨道射灯
草坪灯具	各种立柱式、墙壁式的草坪灯
歌舞厅灯具	各种安装形式的变色转盘灯、雷达射灯、幻影转彩灯、维纳斯旋转彩灯、卫星旋转效果灯、飞碟旋转效果灯、多头转灯、滚筒灯、频闪灯、太阳灯、雨灯、歌星灯、边界灯、射灯、泡泡发生器、迷你满天星彩灯、迷你单立（盘）彩灯、多头宇宙灯、镜面球灯、蛇光灯

11）荧光灯具安装定额按照成套型荧光灯考虑，工程实际采用组合式荧光灯时，执行相应的成套型荧光灯安装定额人工、材料、机械乘以系数1.1。荧光灯具安装定额适用范围见表7-10。

表7-10 荧光灯具安装定额适用范围

定额名称	灯具种类
成套型荧光灯	单管、双管、三管、四管、吊链式、吊管式、吸顶式、嵌入式、成套独立荧光灯

12）工厂灯及防尘防水灯安装定额适用范围见表7-11。

表7-11 厂灯及防尘防水灯、工厂其他灯具安装定额适用范围

定额名称	灯具种类
直杆工厂吊灯	配照（GC1-A）、广照（GC3-A）、深照（GC5-A）、圆球（GC17-A）、双照（GC19-A）
吊链式工厂灯	配照（GC1-B）、深照（GC3-A）、斜照（GC5-C）、圆球（GC7-A）、双照（GC19-A）
吸顶灯	配照（GC1-A）、广照（GC3-A）、深照（GC5-A）、斜照（GC7-C）、圆球双照（GC19-A）
弯杆式工厂灯	配照（GC1-D/E）、广照（GC3-D/E）、深照（GC5-D/E）、斜照（GC7-D/E）、双照（GC19-C）、局部深照（GC26-F/H）
悬挂式工厂灯	配照（GC21-2）、深照（GC23-2）
防水防尘灯	广照（GC9-A、B、C）、广照保护网（GC11-A、B、C）、散照（GC15-A、B、C、D、E）
防潮灯	扁形防潮灯（GC-31）、防潮灯（GC-33）
腰形舱顶灯	腰形舱顶灯CCD-1
管形氙气灯	自然冷却式220V/380V 功率≤20kW
投光灯	TG型室外投光灯
高压水银防爆灯	CB C-125/250型高压水银防爆灯
防爆荧光灯	CB C-1/2单/双管防爆荧光灯

13）医院灯具安装定额适用范围见表7-12。

表7-12 医院灯具安装定额适用范围

定额名称	灯具种类
病房指示灯	病房指示灯
病房暗角灯	病房暗角灯
无影灯	3～12孔管式无影灯

14）艺术喷泉照明系统安装定额包括程序控制柜、程序控制箱、音乐喷泉控制设备、喷泉特技效果控制设备、喷泉防水配件、艺术喷泉照明等系统安装。

15）LED灯安装根据其结构、形式、安装地点，执行相应的灯具安装定额。一般LED吸顶灯根据灯罩周长执行普通吸顶灯具安装定额，吸顶式LED感应灯（一体化支架）执行吸顶式单管荧光灯定额。

16）并列安装一套光源双罩吸顶灯时，按照两个单罩周长或半周长之和执行相应的定额。并列安装两套光源双罩吸顶灯时，按照两套灯具各自灯罩周长或半周长执行相应的定额。

17）灯具安装定额中灯槽、灯孔按照事先预留考虑，不计算开孔费用。

18）插座箱安装执行相应的配电箱定额。

19）楼宇亮化灯具控制器、小区路灯集中控制器安装执行“艺术喷泉照明系统安装”相应的定额。

20）太阳光导入照明系统分为采光部分、传导部分和输出部分。光导入照明系统装置适用于钢结构建筑和钢筋混凝土结构建筑。

（1）太阳光导入照明系统定额不包括钢结构屋顶和钢筋混凝土结构屋顶所需的洞口部位加固和防水措施，不包括采光井混凝土的施工，发生时执行湖北省《房屋建筑与装饰工程消耗量定额》相应定额。

（2）屋面防水帽安装定额不包括相应部位预留孔洞的工作内容。

（3）导光管一般不应穿越防火区域。若导光管必须竖向或横向穿越防火分区，需按设计要求做好防火措施。导光管不包括防火工作内容，发生时应按设计要求另行计算。

（4）漫射器包括装饰环和漫射器安装，根据装饰要求分为开放式和封闭式。开放式用于无吊顶的空间，封闭式用于有吊顶的空间。本定额为综合考虑，不区分开放式和封闭式。

某建筑物二层电气照明平面图如图7.23所示。

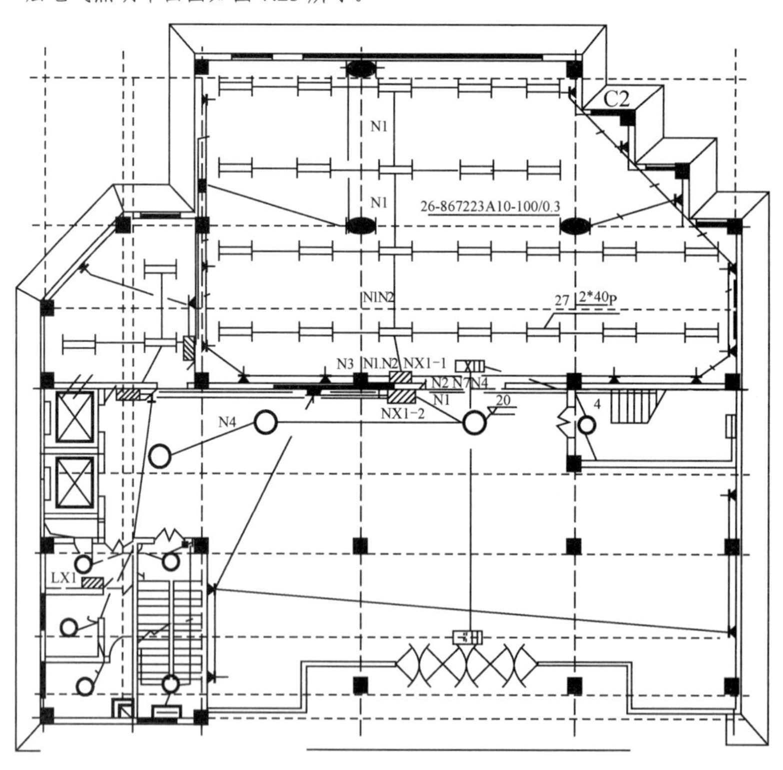

图7.23　某建筑物二层电气照明平面图

说明：（1）本工程开关、插座均采用鸿雁系列产品，安装高度为1.4m。

（2）出口标志灯安装在门上方，疏散指示灯距地0.5m。

（3）配电箱安装高度为下沿距地1.4m暗装。

试计算除配管配线外，照明电气安装工程，即配电箱、灯具、开关、插座、系统调试等的工程量。

【解】计算结果见表 7-13。

表 7-13 照明工程量计算结果

序号	安装项目名称	单　位	数　量
1	定型照明配电箱安装	台	3
2	球形吸顶灯安装	9 套	0.9
3	标志、诱导灯具灯安装	10 套	0.3
4	双管吸顶荧光灯	10 套	2.7
5	单联板式暗开关安装	10 套	0.5
6	单联板式暗开关双控	10 套	0.3
7	双联板式暗开关安装	10 套	0.1
8	单相三孔暗插座	10 套	2.6
9	送配电系统调试	系统	1

7.2.7 弱电工程定额的内容及使用定额的注意事项

住建部建筑管理司将建筑智能化工程划分为如下工程项目：计算机管理、楼宇设备自控、保安监控及防盗报警系统、智能卡系统、通信系统、卫星及共用电视、车库管理系统、综合布线系统、计算机网络系统、广播系统、会议系统、视频点播系统、智能化小区物业管理系统、可视会议系统、大屏幕显示系统、智能灯光和音响控制系统、火灾报警系统、机房工程、UPS 变配电、手机信号放大、本地无线通信、桥架及管线施工、电子抄送系统。

建筑智能化工程属于弱电工程的一部分，在现代建筑中得到了广泛的应用，本节仅介绍在建筑工程项目中应用较多的建筑智能化工程的定额使用，在本工作任务中，弱电工程项目仅指建筑智能化工程项目。

1. 弱电工程定额的内容

本节内容涉及《湖北省通用安装工程消耗量定额及全费用基价表》（2018）第五册《建筑智能化工程》各章内容，以及第九册《消防工程》第四章、第五章部分内容。

2. 使用弱电工程定额的注意事项

1）工程定额的适用范围

（1）《建筑智能化工程》定额适用于智能大厦、智能小区项目中智能化系统安装调试工程。

（2）《消防工程》定额适用于工业与民用建筑工程中的消防工程。

2）定额使用说明

（1）《建筑智能化工程》定额使用说明。

① 电源线、控制电缆敷设、电缆托架铁架制作、电线槽安装、桥架安装、电线管敷设、电缆沟工程、电缆保护管敷设以及 UPS 电源及附属设施、配电箱等安装，执行第四册《电气设备安装工程》相应项目。

② 预留孔洞、打洞、堵洞、剔堵沟槽，执行第十册《给排水、采暖、燃气工程》相应项目。

③ 为配合业主或认证单位验收而发生的费用，在合同中协商确定。

④ 本册定额的设备安装工程按成套购置考虑，包括构件、标准件、附件和设备内部连线。

⑤ 本册定额所涉及的系统试运行（除有特殊要求外）是按连续无故障运行120小时考虑的，超出时费用另行计算。

⑥ 本册定额涉及的各个系统，在项目实施工程中使用的水、电、气等费用，按实际发生的费用计入工程造价。

⑦ 册说明、章说明、工程量计算规则、附注中凡涉及用人工（费）、机械（费）进行系数计算的项目，均应按《湖北省建筑安装工程费用定额》（2018）有关规定，计取（或调整）全费用中的费用和增值税。

（2）《消防工程》定额使用说明。

① 电缆敷设、桥架安装、配管配线、接线盒、电动机检查接线、防雷接地装置等安装，执行第四册《电气设备安装工程》相应项目。

② 各种仪表的安装及带电讯号的阀门、水流指示器、压力开关、驱动装置及泄露报警开关的接线、校线等执行第六册《自动化控制仪表安装工程》相应项目。

3）弱电工程定额有关取费的规定

《建筑智能化工程》与《消防工程》定额中，操作物高度增加费、高层建筑（指高度在6层或20m以上的民用建筑）增加费、脚手架搭拆费，其计算方法同《电气设备安装工程》有关的取费规定。

3. 第五册《建筑智能化工程》内容以及第九册《消防工程》第四章、第五章项目设置及工程量计算规则

1）计算机应用、网络系统工程

（1）定额内容。

计算机应用、网络系统工程定额内容包括台架、插箱、机柜、网络终端设备、输入设备、输出设备、专用外部设备及存储设备的安装、调试，计算机硬件系统互联及调试、计算机软件安装、调试和系统试运行。

（2）工程量计算规则。

① 台架、插箱、机柜、网络终端设备、输入设备、输出设备、专用外部设备、存储设备安装及软件安装，以“台（套）”为计量单位。

② 网络系统设备、软件安装、调试，以“台（套）”为计量单位计算。

③ 计算机及网络系统联调及试运行，以“系统”为计量单位。

2）综合布线系统工程

（1）定额内容。

综合布线系统工程定额内容包括综合布线系统工程。

（2）工程量计算规则。

① 双绞线缆、光缆、同轴电缆敷设、穿放、明布放，以“m”计量单位。电缆敷设按单根延长米计算，如一个架上敷设3根各长100m的电缆，应按300m计算，依次类推。电缆附加及预留的长度是电缆敷设长度的组成部分，应计入电缆长度工程量之内。

② 制作跳线以“条”为计量单位，卡接双绞线缆以“对”为计量单位，跳线架、配线架安装以“条”为计量单位。

③ 安装各类信息插座、过线（路）盒、信息插座底盒（接线盒）、光缆终端盒和跳块打接，以“个”为计量单位。

④ 双绞线缆、光缆测试，以“链路”为计量单位。

⑤ 光纤连接，以“芯”（磨制法以“端口”）为计量单位。

⑥ 布放尾纤，以“条”为计量单位。

⑦ 柜、机架、抗震底座安装，以“台”为计量单位。

⑧ 系统调试、试运行，以“系统”为计量单位。

3）建筑设备自动化系统工程

（1）定额内容。

建筑设备自动化系统工程定额包括：建筑设备自动化系统工程。其中包括能耗检测系统、建筑设备监控系统，不包括设备的支架、支座制作。服务器、网络设备、工作站、软件等项目执行本册第一章相关定额。跳线制作、跳线安装、箱体安装等项目执行本册第二章相关定额。

（2）工程量计算规则。

① 基表及控制设备、第三方设备通信接口安装、系统安装、调试，以“个”为计量单位。

② 中心管理系统调试、控制网络通信设备安装、控制器安装、流量计安装、调试，以“台”为计量单位。

③ 建筑设备监控系统中央管理系统安装、调试，以“系统”为计量单位。

④ 温、湿度传感器、压力传感器、电量变送器和其他传感器及变送器，以“支”为计量单位。

⑤ 阀门及电动执行机构安装、调试，以“个”为计量单位。

⑥ 系统调试、系统试运行，以“系统”为计量单位。

4）有线电视、卫星接收系统工程

（1）定额内容。

有线电视、卫星接收系统工程定额包括广播电视、卫星电视、闭路电视系统设备的安装调试工程。

① 同轴电缆敷设、电缆头制作等项目执行本册第二章相关定额。

② 监控设备等项目执行本册第六章相关定额。

③ 其他辅助工程项目执行本册第二章相关定额。

④ 所有设备按成套设备购置考虑，在安装时如再需额外材料按实计算。

（2）工程量计算规则。

① 前端射频设备安装、调试，以“套”为计量单位。

② 卫星电视接收设备、光端设备、有线电视系统管理设备安装、调试，以“台”为计量单位。

③ 干线传输设备、分配网络设备安装、调试，以“个”为计量单位。

④ 数字电视设备安装、调试，以“台”为计量单位。

5）音频、视频系统工程

（1）定额内容。

音频、视频系统工程定额包括各种扩声系统工程、公共广播系统工程以及视频系统工程。

（2）工程量计算规则。

① 信号源设备安装，以“只”为计量单位。

② 卡座、CD 机、VCD/DVD 机、DJ 搓盘机、MP3 播放机安装，以“台”为计量单位。

③ 耳机安装，以“副”为计量单位。

④ 调音台、周边设备、功率放大器、音箱、机柜、电源和会议设备安装，以“台”为计量单位。

⑤ 扩声系统级间调试，以“个”为计量单位。

⑥ 公共广播、背景音乐系统设备安装，以“台”为计量单位。

⑦ 公共广播、背景音乐，分系统调试、系统测量、系统调试、系统试运行，以“系统”为计量单位。

6）安全防范系统工程

（1）定额内容。

安全防范系统工程定额包括入侵探测、出入口控制、巡更、电视监控、安全检查、停车场管理等设备安装工程。

（2）工程量计算规则。

① 入侵探测设备安装、调试，以“套”为计量单位。

② 报警信号接收机安装、调试，以“系统”为计量单位。

③ 出入口控制设备安装、调试，以“台”为计量单位。

④ 巡更设备安装、调试，以“套”为计量单位。

⑤ 电视监控设备安装、调试，以“台”为计量单位。

⑥ 防护罩安装，以“套”为计量单位。

⑦ 摄像机支架安装，以“套”为计量单位。

⑧ 安全检查设备安装，以“台”或“套”为计量单位。

⑨ 停车场管理设备安装，以“台”或“套”为计量单位。

⑩ 安全防范分系统调试及系统工程试运行，均以“系统”为计量单位。

7）智能建筑设备防雷接地

（1）定额内容。

智能建筑设备防雷地接定额内容包括电涌保护器及等电位连接，配电箱电涌保护器、信号电涌保护器、智能检测系统工程的安装和调试。

（2）工程量计算规则。

① 住宅小区家居智能化设备安装工程以“台”计算。

② 电涌保护器安装、调试，以“个”为计量单位。

③ 智能检测型 SPD 安装，以“台”为计量单位。

④ 智能检测SPD系统配套设施安装、调试，以“套”为计量单位。

⑤ 等电位连接，以“处”为计量单位。

8）火灾自动报警系统安装

（1）定额内容。

火灾自动报警系统安装定额内容包括点型探测器、线型探测器、按钮、消防警铃/声光报警器、空气采样型探测器、消防报警电话插孔（电话）、消防广播（扬声器）、消防专用模块（模块箱）、区域报警控制箱、联动控制箱、远程控制箱（柜）、火灾报警系统控制主机、联动控制主机、消防广播及电话主机（柜）、火灾报警控制微机、备用电源及电池主机柜、报警联动控制一体机的安装工程。

（2）工程量计算规则。

① 点型探测器按设计图示数量计算，不分规格、型号、安装方式与位置，以“个”“对”为计量单位。探测器安装包括了探头和底座的安装及本体调试。红外光束探测器是成对使用的，在计算时一对为两只。

② 线型探测器依据探测器长度、信号转换装置数量、报警终端电阻数量按设计图示数量计算，分别以“m”“台”“个”为计量单位。

③ 空气采样管依据图示设计长度计算，以“m”为计量单位；极早期空气采样报警器依据探测回路数按设计图示计算，以“台”为计量单位。

④ 区域报警控制箱、联动控制箱、火灾报警系统控制主机、联动控制主机、报警联动一体机按设计图按数量计算，区分不同点数、安装方式，以“台”为计量单位。

9）消防系统调试

（1）定额内容。

消防系统调试定额内容包括自动报警系统调试、水灭火控制装置调试、防火控制装置联动调试、气体灭火系统装置调试工程。

（2）工程量计算规则。

① 自动报警系统调试区分不同点数根据集中报警器台数按系统计算。自动报警系统包括各种探测器、报警器、报警按钮、报警控制器组成的报警系统，其点数按具有地址编码的器件数量计算。火灾事故广播、消防通信系统调试按消防广播喇叭及音箱、电话插孔和消防通信的电话分机的数量分别以“10只”或“部”为计量单位。

② 自动喷水灭火系统调试按水流指示器数量以“点（支路）”为计量单位。消火栓灭火系统按消火栓启泵按钮数量以“点”为计量单位。消防水炮控制装置系统调试按水炮数量以“点”为计量单位。

③ 防火控制装置调试按设计图示数量计算。

④ 气体灭火系统装置调试按调试、检验和验收所消耗的试验容量总数计算，以“点”为计量单位。气体灭火系统调试，是由七氟丙烷、IG541、二氧化碳等组成的灭火系统，按气体灭火系统装置的瓶头阀以点计算。

⑤ 电气火灾监控系统调试按模块点数执行自动报警系统调试相应子目。

7.3 工作任务实施

7.3.1 工作任务一：某小区六层住宅楼电气照明工程

1. 工程量计算

（1）电气照明管线工程工程量计算书（表 7-14）。

表 7-14 电气照明管线工程工程量计算书

工程名称：某小区六层住宅楼电气照明工程

序号	工程项目名称	单位	数量	计算式	部位提要
1	进建筑物线 SC70（FC）	m	4.45	1.5+（2.195−0.8−0.8）+2.1+0.15+0.1	引入
	V22-4×35	m	8.87	[4.45+2.0 进建筑物+（1.2+1.0）预留]×（1+2.5%）	
2	集中电表箱至户漏电配电箱 PVC32（WC）	m	7.2	0.1+2.85+0.15+2.2+1.8+0.1	半地下室电力照明工程（左户）
	线 BV-10（3 根）	m	29.55	[7.2+（1.2+1.0）预留+（0.25+0.2）预留]×3	
3	①照明回路 PVC16（CC）	m	35.45	2 根：0.1+（2.195−1.8−0.2）+0.6+8.55+9.15+3.6+（2.195−1.3）×8 +（2.195−2.0）×2=29.75 3 根：1.5+4.2=5.7	半地下室电力照明工程（左户）
	线 BV-2.5	m	77.5	[29.75+（0.25+0.2）预留]×2+5.7×3	
4	②普通插座回路 PVC20（FC）	m	35.65	0.1+1.8+(3.15+0.3)+1.95+3.6+(0.3+3.6+0.3)+(0.3+4.2+0.3)+0.6+4.05+（0.3+3.6+0.3）+（0.3+4.2+0.3）+2.1	
	线 BV-4（3 根）	m	108.3	[35.65+（0.25+0.2）预留]×3	
5	③空调插座回路 PVC20（FC）	m	29.85	0.1+1.8+（3.6+2.0）+（4.2+3.9）+（3.6+4.2）+0.45+2.0×3	
	线 BV-4（3 根）	m	90.9	[29.85+（0.25+0.2）预留]×3	
6	④厨房插座回路 PVC20（FC）	m	9.6	[（0.1+1.8−1.6）+2.4+（2−1.6）]+（2+2.9+1.6）	
	线 BV-4（3 根）	m	30.15	[9.6+（0.25+0.2）预留]×3	
7	⑤卫生间插座回路 PVC20（FC）	m	14.25	0.1+1.8+（2.7+1.8）+（1.8+2.25+2.0）+1.8	
	线 BV-4（3 根）	m	44.1	[14.25+（0.25+0.2）预留]×3	
8	集中电表箱至户漏电配电箱 PVC32（WC）	m	7.4	0.1+0.15+5.25+1.8+0.1	半地下室电力照明工程（右户）
	线 BV-10（3 根）	m	30.15	[7.4+（1.2+1.0）预留+（0.25+0.2）预留]×3	
9	①照明回路 PVC16（CC）	m	38.75	2 根：0.1+（2.195−1.8−0.2）+28.8+（2.195−1.3）×5+（2.195−2.0）×2=33.96 3 根：（2.195−1.3）×2=1.79 4 根：3	
	线 BV-2.5	m	86.19	[33.96+（0.25+0.2）预留]×2+1.79×3+3×4	

续表

序号	工程项目名称	单位	数量	计算式	部位提要
10	②普通插座回路 PVC20（FC）	m	34.3	0.1+（1.8−0.3）+6.3+（0.3+4.2+0.3+0.6）+（0.3+3.6+0.3+2.25）+（0.3+8.25+0.3）+（0.3+3.6+0.3+1.5）	半地下室电力照明工程（右户）
	线 BV-4（3 根）	m	104.25	[34.3+（0.25+0.2）预留]×3	
11	③空调插座回路 PVC20（FC）	m	16.15	0.1+（2.0−1.8）+6.75+（2.0+4.2+2.0+0.9）	
	线 BV-4（3 根）	m	49.8	[16.15+（0.25+0.2）预留]×3	
12	④厨房插座回路 PVC20（FC）	m	17.15	0.1+1.8+5.55+1.6+（2.0−1.6）+2.0+2.9+1.6+1.2	
	线 BV-4（3 根）	m	52.8	[17.15+（0.25+0.2）预留]×3	
13	⑤卫生间插座回路 PVC20（FC）	m	16.75	0.1+1.8+4.95+2.0+（2.0−1.8）+0.6+3.3+1.8+2.0	
	线 BV-4（3 根）	m	51.6	[16.75+（0.25+0.2）预留]×3	
14	集中电表箱至户漏电配电箱 PVC32（WC）	m	8.8	0.1+0.15+2.25+2.2+2.195+1.8+0.1	一层电力照明工程（左户）
	线 BV-10（3 根）	m	34.35	[8.8+（1.2+1.0）预留+（0.25+0.2）预留]×3	
15	①照明回路 PVC16（CC）	m	50.05	2 根：0.1+（2.8−1.8−0.2）+0.6+9.75+14.4+3.6+（2.8−1.3）×6+（2.8−2.0）×2=39.85 3 根：7.2+（2.8−1.3）×2=10.2	
	线 BV-2.5	m	111.2	[39.85+（0.25+0.2）预留]×2+10.2×3	
16	②普通插座回路 PVC20（FC）	m	35.65	0.1+1.8+（3.15+0.3）+1.95+3.6+（0.3+3.6+0.3）+（0.3+4.2+0.3）+0.6+4.05+（0.3+3.6+0.3）+（0.3+4.2+0.3）+2.1	
	线 BV-4（3 根）	m	108.3	[35.65+（0.25+0.2）预留]×3	
17	③空调插座回路 PVC20（FC）	m	31.35	0.1+1.8+（3.6+2.9）+4.2+（0.3+2.0）×2+3.9+（3.6+4.2）+0.45+2.0	
	线 BV-4（3 根）	m	95.4	[31.35+（0.25+0.2）预留]×3	
18	④厨房插座回路 PVC20（FC）	m	11.65	3.45+[0.1+1.8−1.6+（2.2−1.6）×2]+（2.2+2.9+1.6）	
	线 BV-4（3 根）	m	36.3	[11.65+（0.25+0.2）预留]×3	
19	⑤卫生间插座回路 PVC20（FC）	m	14.25	0.1+1.8+（2.7+1.8）+（1.8+2.25+2.0）+1.8	
	线 BV-4（3 根）	m	44.1	[14.25+（0.25+0.2）预留]×3	
20	集中电表箱至户漏电配电箱 PVC32（WC）	m	9.6	0.1+0.15+5.25+2.195+1.8+0.1	一层电力照明工程（右户）
	线 BV-10（3 根）	m	36.75	[9.6+（1.2+1.0）预留+（0.25+0.2）预留]×3	
21	①照明回路 PVC16（CC）	m	52.75	2 根：0.1+（2.8−1.8−0.2）+10.65+14.4+4.2+4.05+（2.8−1.3）×5+（2.8−2.0）×2=43.3 3 根：（2.8−1.3）×3+1.95=6.45 4 根：3	
	线 BV-2.5	m	118.85	[43.3+（0.25+0.2）预留]×2+6.45×3+3×4	

续表

序号	工程项目名称	单位	数量	计算式	部位提要
22	②普通插座回路 PVC20（FC）	m	34.3	0.1+（1.8−0.3）+6.3+（0.3+4.2+0.3+0.6）+（0.3+3.6+0.3+2.25）+（0.3+8.25+0.3）+（0.3+3.6+0.3+1.5）	一层电力照明工程（右户）
	线 BV-4（3 根）	m	104.25	[34.3+（0.25+0.2）预留]×3	
23	③空调插座回路 PVC20（FC）	m	16.15	0.1+（2.0−1.8）+6.75+（2.0+4.2+2.0+0.9）	
	线 BV-4（3 根）	m	49.8	[16.15+（0.25+0.2）预留]×3	
24	④厨房插座回路 PVC20（FC）	m	20.8	0.1+1.8+7.2+1.6+（2.2−1.6）×2+（2.2+2.9+1.6+1.2）	
	线 BV-4（3 根）	m	63.75	[20.8+（0.25+0.2）预留]×3	
25	⑤卫生间插座回路 PVC20（FC）	m	16.75	0.1+1.8+4.95+2.0+（2.0−1.8）+0.6+3.3+1.8+2.0	
	线 BV-4（3 根）	m	51.6	[16.75+（0.25+0.2）预留]×3	
26	集中电表箱至户漏电配电箱 PVC32（WC）	m	63.18	（0.1+0.15+2.25+2.2+2.195+1.8+0.1）×4+2.8×（1+2+3+4）	标准层（二～五）电力照明工程（左户）
	线 BV-10（3 根）	m	221.34	63.18×3+[（1.2+1.0）预留+（0.25+0.2）预留]×4×3	
27	①照明回路 PVC16（CC）	m	200.2	2 根：[0.1+（2.8−1.8−0.2）+0.6+9.75+14.4+3.6+（2.8−1.3）×6+（2.8−2.0）×2]×4=39.85×4 3 根：[7.2+（2.8−1.3）×2]×4=10.2×4	
	线 BV-2.5	m	444.8	[39.85+（0.25+0.2）预留]×2×4+10.2×3×4	
28	②普通插座回路 PVC20（FC）	m	142.6	[0.1+1.8+（3.15+0.3）+1.95+3.6+（0.3+3.6+0.3）+（0.3+4.2+0.3）+0.6+4.05+（0.3+3.6+0.3）+（0.3+4.2+0.3）+2.1]×4=35.65×4	
	线 BV-4（3 根）	m	433.2	[35.65+（0.25+0.2）预留]×3×4	
29	③空调插座回路 PVC20（FC）	m	132.6	[0.1+1.8+（3.6+2.9）+（1.65+2.0+2.0）+8.85+（3.6+4.2）+0.45+2.0]×4=33.15×4	
	线 BV-4（3 根）	m	403.2	[33.15+（0.25+0.2）预留]×3×4	
30	④厨房插座回路 PVC20（FC）	m	46.6	{3.45+[0.1+1.8−1.6+（2.2−1.6）×2]+（2.2+2.9+1.6）}×4=11.65×4	
	线 BV-4（3 根）	m	145.2	[11.65+（0.25+0.2）预留]×3×4	
31	⑤卫生间插座回路 PVC20（FC）	m	57.0	[0.1+1.8+（2.7+1.8）+（1.8+2.25+2.0）+1.8]×4=14.25×4	
	线 BV-4（3 根）	m	176.4	[14.25+（0.25+0.2）预留]×3×4	
32	集中电表箱至户漏电配电箱 PVC32（WC）	m	66.38	（0.1+0.15+5.25+2.195+1.8+0.1）×4+2.8×（1+2+3+4）	标准层（二～五）电力照明工程（右户）
	线 BV-10（3 根）	m	230.94	66.38×3+[（1.2+1.0）预留+（0.25+0.2）预留]×3×4	

续表

序号	工程项目名称	单位	数量	计算式	部位提要
33	①照明回路 PVC16（CC）	m	211.0	2 根：[0.1+（2.8−1.8−0.2）+10.65+14.4+4.2+4.05+（2.8−1.3）×5+（2.8−2.0）×2]×4=43.3×4 3 根：[（2.8−1.3）×3+1.95]×4=6.45×4 4 根：3×4	标准层（二～五）电力照明工程（右户）
	线 BV-2.5	m	475.4	{[43.3+（0.25+0.2）预留]×2+6.45×3+3×4}×4	
34	②普通插座回路 PVC20（FC）	m	137.2	[0.1+(1.8−0.3)+6.3+(0.3+4.2+0.3+0.6)+(0.3+3.6+0.3+2.25)+（0.3+8.25+0.3）+（0.3+3.6+0.3+1.5）]×4=34.3×4	
	线 BV-4（3 根）	m	417.0	[34.3+（0.25+0.2）预留]×3×4	
35	③空调插座回路 PVC20（FC）	m	64.6	[0.1+（2.0−1.8）+6.75+（2.0+4.2+2.0+0.9）]×4=16.15×4	
	线 BV-4（3 根）	m	199.2	[16.15+（0.25+0.2）预留]×3×4	
36	④厨房插座回路 PVC20（FC）	m	79.2	[0.1+1.8+7.2+1.6+（2.2−1.6）×2+（2.2+2.9+1.6+1.2）]×4=19.8×4	
	线 BV-4（3 根）	m	243.0	[19.8+（0.25+0.2）预留]×3×4	
37	⑤卫生间插座回路 PVC20（FC）	m	67.0	[0.1+1.8+4.95+2.0+（2.0−1.8）+0.6+3.3+1.8+2.0]×4=16.75×4	
	线 BV-4（3 根）	m	206.4	[16.75+（0.25+0.2）预留]×3×4	
38	集中电表箱至户漏电配电箱 PVC32（WC）	m	22.8	0.1+0.15+2.25+2.2+2.195+2.8×5+1.8+0.1	顶层电力照明工程（左户）
	线 BV-10（3 根）	m	76.35	[22.8+（1.2+1.0）预留（0.25+0.2）预留]×3	
39	①照明回路 PVC16（CC）	m	50.05	2 根：0.1+（2.8−1.8−0.2）+0.6+9.75+14.4+3.6+（2.8−1.3）×6+（2.8−2.0）×2=39.85 3 根：7.2+（2.8−1.3）×2=10.2	
	线 BV-2.5	m	111.2	[39.85+（0.25+0.2）预留]×2+10.2×3	
40	②普通插座回路 PVC20（FC）	m	35.65	0.1+1.8+(3.15+0.3)+1.95+3.6+(0.3+3.6+0.3)+(0.3+4.2+0.3)+0.6+4.05+（0.3+3.6+0.3）+（0.3+4.2+0.3）+2.1	
	线 BV-4（3 根）	m	108.3	[35.65+（0.25+0.2）预留]×3	
41	③空调插座回路 PVC20（FC）	m	33.15	0.1+1.8+（3.6+2.9）+（1.65+2.0+2.0）+8.85+（3.6+4.2）+0.45+2.0	
	线 BV-4（3 根）	m	100.8	[33.15+（0.25+0.2）预留]×3	
42	④厨房插座回路 PVC20（FC）	m	11.65	3.45+[0.1+1.8−1.6+（2.2−1.6）×2]+（2.2+2.9+1.6）	
	线 BV-4（3 根）	m	36.3	[11.65+（0.25+0.2）预留]×3	
43	⑤卫生间插座回路 PVC20（FC）	m	14.25	0.1+1.8+（2.7+1.8）+（1.8+2.25+2.0）+1.8	
	线 BV-4（3 根）	m	44.1	[14.25+（0.25+0.2）预留]×3	

续表

序号	工程项目名称	单位	数量	计算式	部位提要
44	集中电表箱至户漏电配电箱PVC32（WC）	m	23.6	0.1+0.15+5.25+2.195+2.8×5+1.8+0.1	顶层电力照明工程（右户）
	线 BV-10（3 根）	m	78.75	[23.6+（1.2+1.0）预留+（0.25+0.2）预留]×3	
45	①照明回路PVC16（CC）	m	52.75	2 根：0.1+（2.8−1.8−0.2）+10.65+14.4+4.2+4.05+（2.8−1.3）×5+（2.8−2.0）×2=43.3 3 根：（2.8−1.3）×3+1.95=6.45 4 根：3	
	线 BV-2.5	m	118.85	[43.3+（0.25+0.2）预留]×2+6.45×3+3×4	
46	②普通插座回路PVC20（FC）	m	34.3	0.1+（1.8−0.3）+6.3+（0.3+4.2+0.3+0.6）+（0.3+3.6+0.3+2.25）+（0.3+8.25+0.3）+（0.3+3.6+0.3+1.5）	
	线 BV-4（3 根）	m	104.25	[34.3+（0.25+0.2）预留]×3	
47	③空调插座回路PVC20（FC）	m	16.15	0.1+（2.0−1.8）+6.75+（2.0+4.2+2.0+0.9）	
	线 BV-4（3 根）	m	49.8	[16.15+（0.25+0.2）预留]×3	
48	④厨房插座回路PVC20（FC）	m	19.8	0.1+1.8+7.2+1.6+（2.2−1.6）×2+（2.2+2.9+1.6+1.2）	顶层电力照明工程（右户）
	线 BV-4（3 根）	m	60.75	[19.8+（0.25+0.2）预留]×3	
49	⑤卫生间插座回路PVC20（FC）	m	16.75	0.1+1.8+4.95+2.0+（2.0−1.8）+0.6+3.3+1.8+2.0	
	线 BV-4（3 根）	m	51.6	[16.75+（0.25+0.2）预留]×3	
50	集中电表箱至户漏电配电箱PVC32（WC）	m	25.6	0.1+0.15+2.25+2.2+2.195+2.8×6+1.8+0.1	阁楼电力照明工程（左户）
	线 BV-10（3 根）	m	84.75	[25.6+（1.2+1.0）预留+（0.25+0.2）预留]×3	
51	①照明回路PVC16（CC）	m	30.4	2 根：0.1+（2.2−1.8−0.2）+1.8+4.05+3.6+9.15+（2.2−1.3）×6+（2.8−2.0）×5=25.3 3 根：2.1+（2.2−1.3）+2.1=5.1	
	线 BV-2.5	m	66.8	[25.3+（0.25+0.2）预留]×2+5.1×3	
52	②普通插座回路PVC20（FC）	m	41.4	0.1+（1.8−0.3）+2.55+（0.3+2.9+0.3）+（0.3+3.6+0.3）+（0.3+6.3+ 0.3）+（0.3+4.35+0.3）+（0.3+3.9+0.3）+（0.3+3.6+0.3）+1.8+ （0.3+4.2+0.3+2.4）	
	线 BV-4（3 根）	m	125.55	[41.4+（0.25+0.2）预留]×3	
53	③空调插座回路PVC20（FC）	m	17.25	0.1+1.8+13.35+2.0	
	线 BV-4（3 根）	m	53.1	[17.25+（0.25+0.2）预留]×3	
54	⑤卫生间插座回路PVC20（FC）	m	14.25	0.1+1.8+（2.7+1.8）+（1.8+2.25+2.0）+1.8	
	线 BV-4（3 根）	m	44.1	[14.25+（0.25+0.2）预留]×3	

续表

序号	工程项目名称	单位	数量	计算式	部位提要
55	集中电表箱至户漏电配电箱 PVC32（WC）	m	24.0	0.1+0.15+2.85+2.195+2.8×6+1.8+0.1	阁楼电力照明工程（右户）
	线 BV-10（3 根）	m	79.95	[24.0+（1.2+1.0）预留+（0.25+0.2）预留]×3	
56	①照明回路 PVC16（CC）	m	28.15	2 根：0.1+（2.2−1.8−0.2）+14.85+2.25+（2.2−1.3）×5+（2.2−2.0）×5=22.9 3 根：（2.2−1.3）×2+2.55=4.35 4 根：0.9	
	线 BV-2.5	m	63.35	[22.9+（0.25+0.2）预留]×2+4.35×3+0.9×4	
57	②普通插座回路 PVC20（FC）	m	33.65	0.1+（1.8−0.3）+2.1+（0.3+2.6+0.3）+（0.3+2.9+0.3）+（0.3+3.6+0.3）+（0.3+6.45+0.3）+（0.3+3.6+0.3）+（0.3+0.6）+（0.3+4.2+0.3+2.1）	
	线 BV-4（3 根）	m	102.3	[33.65+（0.25+0.2）预留]×3	
58	③空调插座回路 PVC20（FC）	m	13.65	0.1+1.8+9.75+2.0	
	线 BV-4（3 根）	m	42.3	[13.65+（0.25+0.2）预留]×3	
59	⑤卫生间插座回路 PVC20（FC）	m	17.3	0.1+1.8+5.85+1.8+0.6+（2.0−1.8）+（1.8+3.15+2.0）	阁楼电力照明工程（右户）
	线 BV-4（3 根）	m	53.25	[17.3+（0.25+0.2）预留]×3	
60	PVC16（WC）	m	33.67	0.1+（2.195−0.15−0.3）+2.85+0.62+11.55+2.8×6	楼梯间照明
	线 BV-2.5	m	71.74	[33.67+（1.2+1.0）预留]×2	

（2）电气照明管线以外工程计算量计算书（表 7-15）。

表 7-15　电气照明管线以外工程计算量计算书

序号	工程项目名称	单位	数量	计算式	备注
1	集中电表箱	台	1		落地安装配电箱
2	电缆头制作	个	1		
3	压接铜接线端子 10mm²	个	42	3×12+2×3	户漏电保护箱进线 到阁楼漏电保护箱出线
4	外部端子接线 2.5mm²	个	11	3×3+2	楼梯照明等
5	户漏电配电箱	台	12	6×2	每层 2 台共 6 层
6	压接铜接线端子 10mm²	个	36	6×2×3	户漏电保护箱进线
7	外部端子接线 2.5mm²	个	24	6×2×2	照明引出线
8	外部端子接线 4mm²	个	144	6×2×4×3	插座引出线
9	阁楼漏电配电箱	台	2	1×2	顶层两户
10	压接铜接线端子 10mm²	个	6	2×3	阁楼漏电保护箱进线
11	外部端子接线 4mm²	个	18	2×（3×3）	阁楼漏电保护箱出线

续表

序号	工程项目名称	单位	数量	计算式	备注
12	外部端子接线 2.5mm^2	个	4	2×2	阁楼漏电保护箱出线
13	接线盒安装	个	76		
14	灯头盒安装	个	167		
15	开关、插座盒安装	个	448		

2. 电气照明工程量汇总表（表 7-16）

表 7--16 电气照明工程量汇总表

工程名称：某小区六层住宅楼电气照明工程

序号	工程项目名称	单位	数量	备注
1	SC70	m	4.45	
2	V22　4×35	m	8.87	
3	PVC32	m	7.2+7.4+8.8+9.6+63.2+66.4+22.8+23.6+25.6+24=258.6	
4	PVC25	m	17.25+13.65=30.9	
5	PVC20	m	90.25+84.35+92.9+87+378.8+348+94.7+87+55.6+50.95=1369.55	
6	PVC16	m	35.45+38.75+50.05+52.75+200.2+206.16+50.05+51.54+30.4+28.15+33.67=777.17	
7	BV-10mm^2	m	29.55+30.15+34.35+36.75+221.4+231+76.35+78.75+84.75+79.95=903	
8	BV-4mm^2	m	276.15+258.45+284.1+266.4+1158+1065.6+289.5+266.4+222.75+197.85=4285.2	
9	BV-2.5mm^2	m	77.5+85.03+111.2+118.85+444.8+465.72+111.2+116.43+66.8+63.36+71.74=1732.63	
10	集中电表箱	台	1	落地配电箱
11	户、阁楼漏电配电箱	台	12+2=14	嵌入式配电箱
12	电缆头制作	个	1	
13	压接铜接线端子 10mm^2	个	42+36+6=84	
14	外部端子接线 2.5mm^2	个	11+24+4=39	楼梯照明等
15	外部端子接线 4mm^2	个	144+22=166	
16	白炽灯	个	6+7+8+9+32+36+8+9+3+4=122	40W 吸顶灯
17	吸顶球灯	个	7	22W 吸顶灯
18	座灯头	个	2+2+2+2+8+8+2+2+5+5=38	
19	暗装空调插座	个	2+2+2+2+8+8+2+2+1+1=30	
20	卫生间用排风插座	个	1+1+1+1+4+4+1+1+1+1=16	
21	厨房用排烟三孔插座	个	1+1+1+1+4+4+1+1=14	
22	卫生间用热水器三孔插座	个	1+1+1+1+4+4+1+1+1+1=16	
23	两孔加三孔防溅插座	个	3+4+4+5+16+20+4+5+1+1=63	
24	两孔加三孔安全插座	个	12+11+12+11+48+44+12+11+11+12=184	
25	暗装双极开关	个	2+2+3+8+12+2+3+1+2=35	

续表

序号	工程项目名称	单位	数量	备注
26	暗装单极开关	个	8+5+6+5+24+20+6+5+6+5=90	
27	接线盒	个	2+3+4+5+16+20+4+5+5+5+7=76	
28	灯头盒	个	167	
29	开关盒、插座盒	个	448	

7.3.2 工作任务二：某小区住宅楼防雷工程

1. 工程量计算（表 7-17）

表 7-17 防雷工程工程量计算书

工程名称：某小区住宅楼防雷工程

序号	工程项目名称	单位	数量	计算式	部位提要
1	40×4 镀锌扁钢接地母线	m	59.87	[（18.55+0.12+1.50）×2+（1.26+3.90+4.20+3.60+1.20+0.12+1.50×2）]×（1+0.039）	埋深 0.8m，距离外墙 1.5m
2	ϕ 16mm 钢筋接地母线	m	12.55	[2×（1.50+0.80+1.20+0.12）+（1.50+0.80+0.12）×2] ×（1+0.039）	柱子处引至接地网
		m	2.39	（1.5+0.8）×（1+0.039）	引到配电箱
3	ϕ 16mm 主筋引下线	m	78.40	[18.8（楼高）+0.8（埋深）] ×4	柱子内 2 根主筋，共 4 根柱子
4	ϕ 12 mm 避雷网	m	47.19	[（3.9+4.2+3.6+1.26×2）+（3.6+4.2+4.2+3.6）×2]×（1+0.039）	沿墙
		m	23.96	{3.6/2+2.90+2.60+2.90+3.6/2+[（4.2/2）^{2}+（3.6/2）^{2}]$^{(1/2)}$ ×2×2}×（1+0.039）	屋脊
5	柱主筋与圈梁焊接	处	4		柱与基础圈梁连接
6	接地电阻测试箱	个	4		柱
7	接地端子板安装	个	4		柱
8	接地跨接线	处	1	电源引入线的保护管接地	入户处
9	接地网测试	系统	1		地下

技能训练

请同学们依据《湖北省通用安装工程消耗量定额及全费用基价表》(2018)中第四册《电气设备安装工程》定额，根据表 7-16、表 7-17 工程量计算结果，套用电气工程中相应分部分项工程全费用定额。

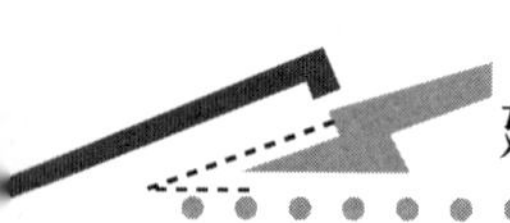

总结

本工作任务介绍了《湖北省通用安装工程消耗量定额及全费用基价表》（2018）第四册《电气设备安装工程》中电气工程的定额内容、工程量计算规则及定额使用中应注意的问题，以典型工作项目为载体对计算规则应用进行进一步深化，通过对本工作任务的学习，应具备编制电气工程施工图预算的能力。

检查评估

请根据本工作任务所学的内容，独立完成下面两个工程案例，进行自我检查评价。

案例一：

1. 工程基本概况

图 7.24～图 7.26 为某二层饭庄电气照明平面图和系统图。其电气照明用电由临街电杆架空引入 380V 电源；进户线采用 BX 型；室内一律采用 BV 型线，穿 PVC 管暗敷；配电箱共 4 台（M_0、M_1、M_2、M_3）均为工厂成品，一律暗装，箱底边距地 1.5m；插座暗装距地 1.3m；拉线开关安装距顶棚 0.3m；翘板开关暗装距地 1.4m；配电箱做可靠接地保护。各回路容量及管线见表 7-30。

表 7-30　回路配线表

回　路	容量/W	配管配线
1	820	BV-2×2.5　PVC15
2	595	BV-2×2.5　PVC15
3	320	BV-2×2.5　PVC15
4	360	BV-2×2.5　PVC15
5	480	BV-2×2.5　PVC15
6	640	BV-2×2.5　PVC15
7	1000	BV-4×2.5　PVC20

2. 工作任务要求

（1）按照《通用安装工程工程量计算规范》（GB 50856—2013）的有关内容计算工程量。

（2）套用《湖北省通用安装工程消耗量定额及全费用基价表》（2018）计算分部分项工程费与单价措施项目费（主材价格参考市场价格和有关部门发布的信息价）。

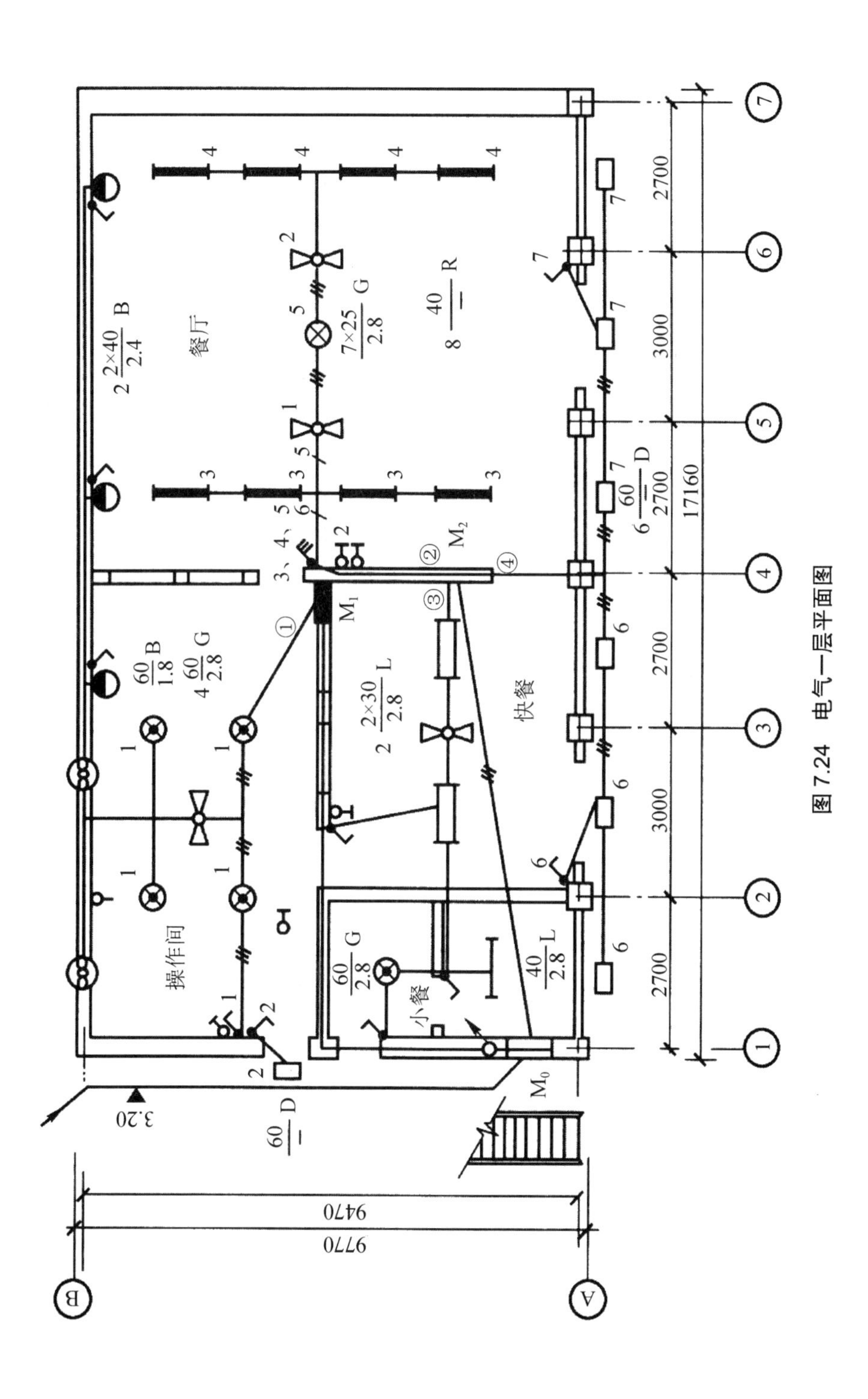

图7.24 电气一层平面图

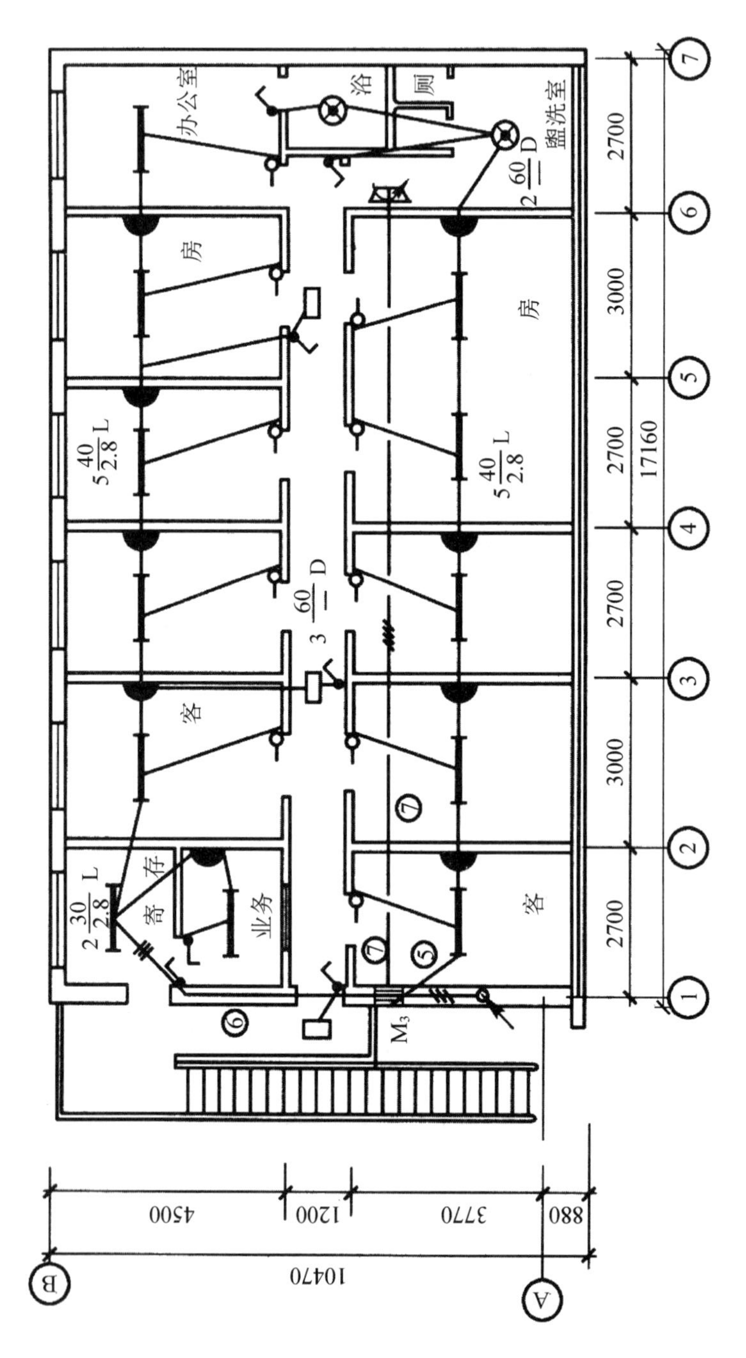

图 7.25 电气二层平面图

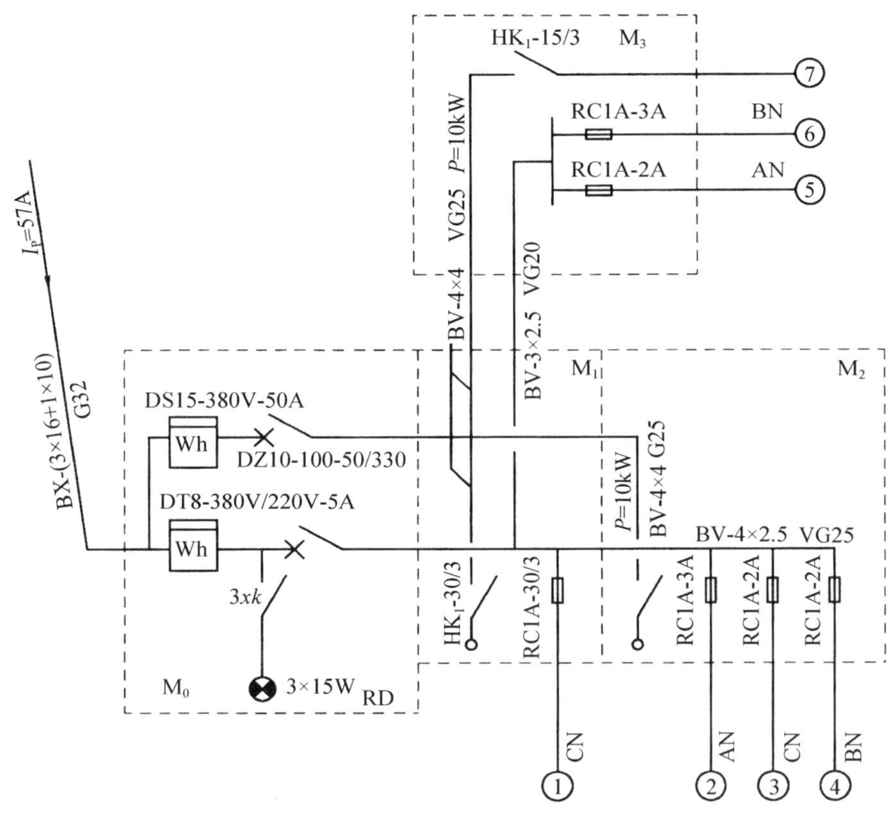

图 7.26 电气系统图

案例二：

1. 工程基本概况

如图 7.27 所示，长为 53m、宽为 22m、高为 23m 的宿舍楼在房顶上沿女儿墙敷设避雷带（沿支架），3 处沿建筑物外墙引下与一组接地极（5 根，材料为 SC50，每根长为 2.5m）连接，距地面 1.7m 处设断接卡子，距地面 1.7m 以上的引下线材料采用 $\phi8$ 镀锌圆钢，1.7m 以下材料采用—40×4 的镀锌扁钢。接地母线埋深为 0.7m，女儿墙高度为 1m。

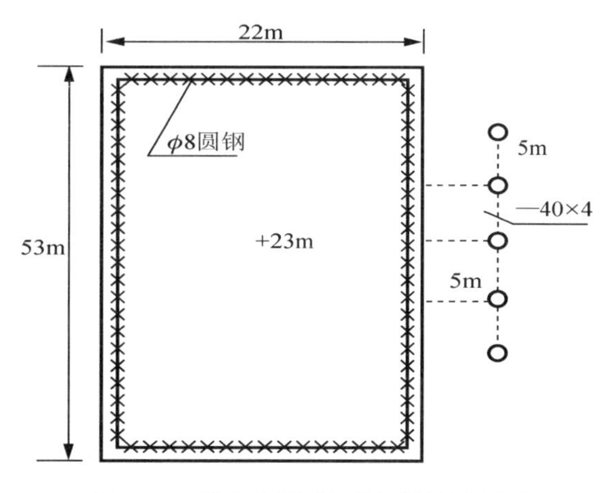

图 7.27 某宿舍楼屋顶防雷接地平面图

2. 工作任务要求

（1）按照《通用安装工程工程量计算规范》（GB 50856—2013）的有关内容计算工程量。

（2）套用《湖北省通用安装工程消耗量定额及全费用基价表》（2018）计算分部分项工程费与单价措施项目费（主材价格参考市场价格和有关部门发布的信息价）。

安装工程清单计价方法

工作任务 8

安装工程工程量清单计价规范的学习

知识目标

（1）了解清单计价的概念；

（2）熟悉《建设工程工程量清单计价规范》(GB 50500—2013）的内容；

（3）掌握安装工程工程量清单编制内容与方法

能力目标

能够正确编制安装工程工程量清单、招标控制价和投标报价

素质目标

（1）培养学生团队协作精神；

（2）培养学生严谨细致的工作态度；

（3）培养学生良好的职业操守；

（4）培养学生吃苦耐劳的工作作风

学习导航

- 工程量清单计价方法的相关概念
- 安装工程工程量清单的编制
- 安装工程工程量清单计价
- 总结检查评估

8.1 工程量清单计价方法的相关概念

8.1.1 几个重要概念

1. 工程量清单计价方法（以招投标过程为例）

工程量清单计价方法是建设工程招投标中，招标人按照国家统一的工程量计算规则提供工程数量，由投标人依据工程量清单自主报价，并按照经评审最低价中标的工程造价计价方式。工程招投标的基本程序如图 8.1 所示。

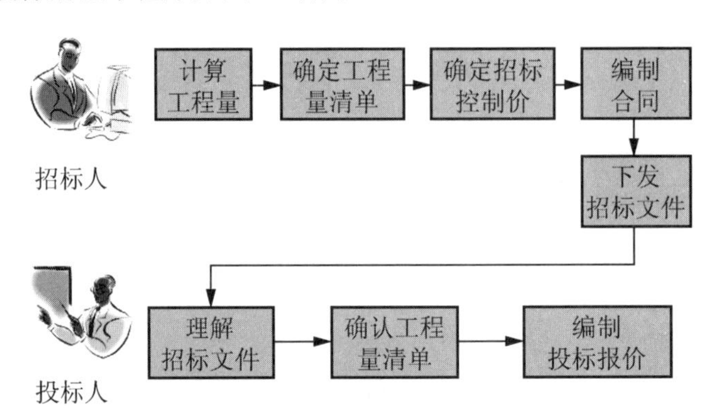

图 8.1　工程招投标的基本程序

《建设工程工程量清单计价规范》（GB 50500—2013）规定：使用国有资金投资的建设工程发承包，必须采用工程量清单计价；非国有资金投资的建设工程，宜采用工程量清单计价。

2. 工程量清单

工程量清单是表示建设工程的分部分项工程项目、措施项目、其他项目的名称和相应数量以及规费、税金项目等内容的明细清单。工程量清单是一个工程计价中反映工程量特定内容的概念，与建设阶段无关，在不同阶段，又可分为招标工程量清单、已标价工程量清单等。

招标工程量清单：招标人依据国家标准、招标文件、设计文件以及施工现场实际情况编制的，随招标文件发布供投标报价的工程量清单，包括其说明和表格。

已标价工程量清单：构成合同文件组成部分的投标文件中已标明价格，经算术性错误修正（如有）且承包人已确认的工程量清单，包括其说明和表格。

招标工程量清单应由具有编制能力的招标人或受其委托具有相应资质的工程造价咨询人编制。招标工程量清单必须作为招标文件的组成部分，其准确性和完整性应由招标人负责。招标工程量清单是工程量清单计价的基础，应作为编制招标控制价、投标报价、计算或调整工程量、索赔等的依据之一。

3. 工程量清单计价

工程量清单计价是指完成工程量清单所需的全部费用，包括分部分项工程费、措施项目费、其他项目费、规费和税金。

在建设工程招投标过程中，除投标人根据招标人提供的工程量清单编制的“投标报价”进行投标外，招标人还应根据工程量清单编制“招标控制价”。招标控制价是公开的最高限价，体现了公开、公正的原则。投标人的投标报价若高于招标控制价，其投标应予拒绝。

8.1.2 “2013 建设工程计价、计量规范”简介

“2013 建设工程计价、计量规范”是由住房和城乡建设部标准定额司组织行业内专家，在《建设工程工程量清单计价规范》（GB 50500—2008）的基础上，认真总结“03 规范”和“08 规范”的实践经验，广泛深入征求意见，反复讨论修编而成的。该套规范包括“13 计价规范”和“13 计量规范”两部分，详见表 8-1。

表 8-1 2013 建设工程计价、计量规范一览表

类型	规范名称	规范代号
13 计价规范	《建设工程工程量清单计价规范》	GB 50500—2013
13 计量规范	《房屋建筑与装饰工程工程量计算规范》	GB 50854—2013
	《仿古建筑工程工程量计算规范》	GB 50855—2013
	《通用安装工程工程量计算规范》	GB 50856—2013
	《市政工程工程量计算规范》	GB 50857—2013
	《园林绿化工程工程量计算规范》	GB 50858—2013
	《矿山工程工程量计算规范》	GB 50859—2013
	《构筑物工程工程量计算规范》	GB 50860—2013
	《城市轨道交通工程工程量计算规范》	GB 50861—2013
	《爆破工程工程量计算规范》	GB 50862—2013

《建设工程工程量清单计价规范》（GB 50500—2013）包括正文和附录两大部分，二者具有同等效力。正文共十六章，包括总则，术语，一般规定，工程量清单编制，招标控制价，投标报价，合同价款约定，工程计量，合同价款调整，合同价款期中支付，竣工结算与支付，合同解除的价款结算与支付，合同价款争议的解决，工程造价鉴定，工程计价资料与档案，工程计价表格。附录共十一项，包括物价变化合同价款调整方法，工程计价文件封面，工程计价文件扉页，工程计价总说明，工程计价汇总表，分部分项工程和措施项目计价表，其他项目计价表，规费、税金项目计价表，工程计量申请（核准）表，合同价款支付申请（核准）表，主要材料、工程设备一览表。

《建设工程工程量清单计价规范》（GB 50500—2013）

《通用安装工程工程量计算规范》（GB 50856—2013）包括正文和附录两大部分，二者具有同等效力。正文共四章，包括总则，术语，工程计量，工程量清单编制。附录共十三项，内容如下。

附录 A 机械设备安装工程（编码：0301）

附录 B 热力设备安装工程（编码：0302）

附录 C 静置设备与工艺金属结构制作安装工程（编码：0303）

附录 D 电气设备安装工程（编码：0304）

附录 E 建筑智能化工程（编码：0305）

附录 F　自动化控制仪表安装工程（编码：0306）

附录 G　通风空调工程（编码：0307）

附录 H　工业管道工程（编码：0308）

附录 J　消防工程（编码：0309）

附录 K　给排水、采暖、燃气工程（编码：0310）

附录 L　通信设备及线路工程（编码：0311）

附录 M　刷油、防腐蚀、绝热工程（编码：0312）

附录 N　措施项目（编码：0313）

《通用安装工程工程量计算规范》（GB 50856—2013）附录中包括项目编码、项目名称、项目特征、计量单位、工程量计算规则和工程内容，其中项目编码、项目名称、项目特征、计量单位、工程量计算规则作为五个要件的内容，要求招标人在编制工程量清单时必须执行。

8.2　安装工程工程量清单的编制

8.2.1　工程量清单的编制依据

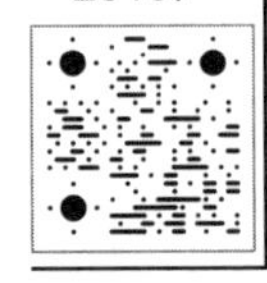

（1）“13 计价规范”和《通用安装工程工程量计算规范》（GB 50856—2013）。

（2）国家或省级、行业建设主管部门颁发的计价定额和办法。

（3）建设工程设计文件及相关资料。

（4）与建设工程有关的标准、规范、技术资料。

（5）拟定的招标文件。

（6）施工现场情况、地勘水文资料、工程特点及常规施工方案。

（7）其他相关资料。

8.2.2　工程量清单文件的组成

1. 封面

工程量清单封面举例如图 8.2（a）、（b）所示。

图 8.2（a）供招标人自行编制工程量清单时所用。招标人盖单位公章，法定代表人或其授权人签字或盖章。编制人是造价工程师的，由其签字盖执业专用章；编制人是造价员的，在编制人栏签字盖专用章，应由造价工程师复核，并在复核人栏签字盖执业专用章。

图 8.2（b）供招标人委托工程造价咨询人编制工程量清单时所用。工程造价咨询人盖单位资质专用章，法定代表人或其授权人签字或盖章。编制人是造价工程师的，由其签字盖执业专用章；编制人是造价员的，在编制人栏签字盖专用章，应由造价工程师复核，并在复核人栏签字盖执业专用章。

某大厦安装 工程

工 程 量 清 单

招 标 人：大厦建设单位盖章（单位盖章）

工程造价咨询人：（单位资质专用章）

法定代表人或其授权人：大厦建设单位法定代表人（签字或盖章）

法定代表人或其授权人：（签字或盖章）

编 制 人：×××签字 盖造价员专用章（造价人员签字盖专用章）

复 核 人：×××签字 盖造价工程师专用章（造价工程师签字盖专用章）

编制时间：××××年×月×日

复核时间：××××年×月×日

（a）招标人自行编制的工程量清单封面

某大厦安装 工程

工 程 量 清 单

招 标 人：大厦建设单位盖章（单位盖章）

工程造价咨询人：××工程造价咨询企业资质专用章（单位资质专用章）

法定代表人或其授权人：大厦建设单位法定代表人（签字或盖章）

法定代表人或其授权人：××工程造价咨询企业法定代表人（签字或盖章）

编 制 人：×××签字 盖造价员专用章（造价人员签字盖专用章）

复 核 人：×××签字 盖造价工程师专用章（造价工程师签字盖专用章）

编制时间：××××年×月×日

复核时间：××××年×月×日

（b）招标人委托工程造价咨询人编制的工程量清单封面

图8.2 工程量清单封面

2. 总说明

总说明的作用主要是阐明本工程的有关基本情况，其具体内容应视拟建项目实际情况而定，但就一般情况来说，应说明的内容如下。

（1）工程概况：建设规模、工程特征、计划工期、施工现场实际情况、交通运输情况、自然地理条件、环境保护要求等。

（2）工程招标和分包范围。

（3）工程量清单编制依据，如采用的标准、施工图样、标准图集等。

（4）工程质量、材料、施工等的特殊要求。

（5）招标人自行采购材料的名称、规格、型号、数量等。

（6）其他需要说明的问题。

工程量清单总说明举例如图 8.3 所示。

总　说　明

工程名称：某大厦安装工程

1. 工程概况

本工程建设地点位于××市××路 20 号。工程由 30 层高主楼及其南侧 5 层高的裙房组成。主楼与裙房间首层设过街通道作为消防疏散通道。建筑地下部分功能主要为地下车库兼设备用房。建筑面积 $73000m^2$，主楼地上 30 层、地下 3 层，裙楼地上 5 层、地下 3 层；地下三层层高 3.6m、地下二层层高 4.5m、地下一层层高 4.6m、一、二、四层层高 5.1m、其余楼层层高 3.9m。建筑檐高：主楼 122.10m，裙房 23.10m。结构类型：主楼为框架剪力墙结构，裙房为框架结构；基础为钢筋混凝土桩基础。

2. 工程招标范围

本次招标范围为施工图（图纸工号：×××××，日期×年×月×日）范围内除消防系统、综合布线系统、门禁等分包项目以外的工程，安装分包项目的主体预埋、预留部分含在本次招标范围内。

3. 工程量清单编制依据

（1）《建设工程工程量清单计价规范》（GB 50500—2013）、相应项目设置及计算规则。

（2）工程施工设计图样及相关资料。

（3）招标文件。

（4）与建设项目相关的标准、规范、技术资料等。

4. 其他有关说明

（1）电气安装工程中的盘、箱、柜列为设备；给排水安装工程中的成套供水设备、水箱及水箱消毒器、水泵，空调安装工程中的泵类、分集水器、水箱、软水器、换热器、水处理器、风机、静压箱、消声弯头、风机盘管、电热空气幕、通风器、通风处理机组、油烟净化器、冷水机组等均列为设备，在投标报价中不计入以上设备的价值。

（2）消防系统、综合布线系统等另进行专业发包。总承包人应配合专业工程承包人完成以下工作。

① 按专业工程承包人的要求提供施工工作面并对施工现场进行统一管理，对竣工资料进行统一整理汇总。

② 分包项目的主体预埋、预留部分由总承包人负责。

（其他略）

图 8.3　工程量清单总说明

3. 分部分项工程量清单与计价表

安装工程分部分项工程量清单是计算拟建工程项目工程数量的一种表格，见表8-2。该表将分部分项工程量清单表和分部分项工程量清单计价表两表合一，这种将工程量清单和投标人报价统一在同一个表格中的表现形式，大大地减少了投标中因两表分设而带来的出错概率，反映了良好的交易习惯。可以认为，这种表现形式可以满足不同行业工程计价的需要。

需要特别指出的是，此表也是编制招标控制报价、投标报价、竣工结算的最基本用表。

编制工程量清单时，使用本表在“工程名称”栏应填写详细具体的工程名称，对于房屋建筑而言，习惯上并无标段划分，可不填写“标段”栏，但对于管道敷设、道路施工，则往往以标段划分，此时，应填写“标段”栏，其他各表涉及此类设置，道理相同。

表8-2 分部分项工程和单价措施项目清单与计价表

工程名称： 标段： 第 页 共 页

序号	项目编码	项目名称	项目特征描述	计量单位	工程量	金额/元		
						综合单价	合价	其中：暂估价
本页小计								
合 计								

注：为计取规范等的使用，可在表中增设“其中：定额人工费”。

构成一个分部分项工程量清单的五个要件：项目编码、项目名称、项目特征、计量单位和工程量计算规则。这五个要件在分部分项工程量清单的组成中缺一不可。对于这五个要件，招标人必须按规定编写，不得因具体情况不同而随意变动。

1）项目编码

项目编码是对分部分项工程量清单中每个项目的统一编号，其功能作用与概预算定额编号一样，但又不同于概预算定额编号，其原因有二：第一，除全国各类统一定额为统一编号外，各地区管理的定额均为各自的编号；第二，现行各级及各类定额多数为两段编号，而项目编码为五级编号。关于项目编码的组成及含义说明如下。

分部分项工程量清单项目编码，应采用十二位阿拉伯数字表示。一至九位应按“13计量规范”附录中的规定设置，十至十二位应根据拟建工程的工程量清单项目名称设置，同一招标过程的项目编码不得有重复。综上所述，项目编码因专业不同而不同，以工业管道工程为例，其各级编码含义说明如图8.4所示。

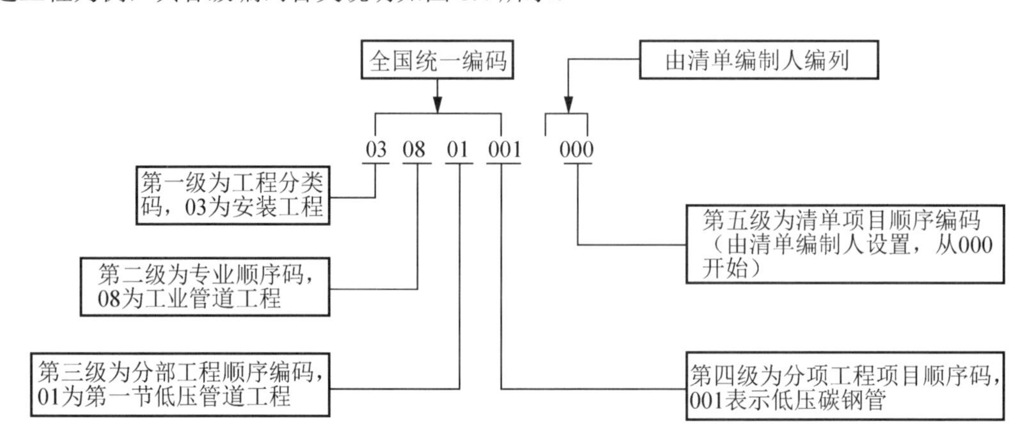

图8.4　工业管道工程各级编码含义说明

2）项目名称

安装工程分部分项工程量清单的“项目名称”应按《通用安装工程工程量计算规范》（GB 50856—2013）的规定，结合拟建工程项目的实际填写。

3）项目特征

项目特征构成分部分项工程量清单项目、措施项目自身价值的本质特征。安装工程分部分项工程量清单的“项目特征”应按《通用安装工程工程量计算规范》（GB 50856—2013）的规定，结合拟建工程项目的实际予以描述。

工程量清单项目特征描述的重要意义有以下几个方面。

（1）项目特征是区分工程量清单项目的依据。工程量清单项目特征是用来表述分部分项清单项目的实质内容，用于区分计价规范中同一清单条目下各个具体的清单项目。没有项目特征的准确描述，对于相同或相似的清单项目名称，就无从区分。

（2）项目特征是确定综合单价的前提。由于工程量清单项目特征决定了工程实体的实质内容，必然直接决定了工程实体的自身价值。因此，工程量清单项目特征描述得准确与否，直接关系到工程量清单项目综合单价的准确确定。

（3）项目特征是履行合同义务的基础。实行工程量清单计价，工程量清单及其综合单价是施工合同的组成部分，因此，如果工程量清单项目特征的描述不清楚甚至漏项、错误，从而引起在施工过程中的更改，就会引起分歧，导致纠纷。

在进行项目特征描述时，可掌握以下要点。

（1）对于涉及正确计量的内容、涉及结构要求的内容、涉及材质要求的内容和涉及安装方式的内容，必须进行描述。

（2）对于对计量计价没有实质影响的内容、对于应由投标人根据施工方案确定的内容、对于应由投标人根据当地材料和施工要求确定的内容和对于应由施工措施解决的内容，可不进行描述。

（3）对于无法准确描述的内容、对于施工图样和标准图集标注明确的内容等，可不详细进行描述。

4）计量单位

安装工程分部分项工程量清单的“计量单位”应按《通用安装工程工程量计算规范》（GB 50856—2013）规定确定。当计量单位有两个或两个以上时，应根据所编工程量清单项目特征要求，选择最适宜表现项目特征并方便计量的单位。

工程数量的计量单位应按规定采用法定单位或自然单位，除各专业另有特殊规定外，均按以下单位计量，并应遵守有效位数的规定。

① 以质量计算的项目为t或kg，应保留小数点后三位数字，第四位四舍五入。

② 以体积计算的项目为m^3，应保留小数点后两位数字，第三位四舍五入。

③ 以面积计算的项目为m^2，应保留小数点后两位数字，第三位四舍五入。

④ 以长度计算的项目为m，应保留小数点后两位数字，第三位四舍五入。

⑤ 以自然计量单位计算的项目为个、套、块、樘、组、台等，应取整数。

⑥ 没有具体数量的项目为系统、项等，应取整数。

5）工程量计算规则

清单中各分项工程数量主要是通过工程量计算规则与施工图纸内容相结合计算确定的。工程量计算规则是指对清单项目各分项工程量计算的具体规定。除另有说明外，所有清单项目的工程量应以实体工程量为准，并以完成后的净值计算；投标人报价时，应在综合单价中考虑施工中的各种损耗和需要增加的工程数量。

4. 措施项目清单与计价表

措施项目是指为完成工程项目施工，发生于该工程施工准备和施工过程中的技术、生活、安全、环境保护等方面的项目。

安装工程措施项目的确定必须根据现行《通用安装工程工程量计算规范》（GB 50856—2013）的规定编制，所有的措施项目均以清单形式列项。

对于能计算工程量的措施项目，采用单价项目的方式，列出项目编码、项目名称、项目特征、计量单位和工程量计算规则，填写“分部分项工程和单价措施项目清单与计价表”（表8-2）。

对于不能计算出工程量的措施项目，则采用总价项目的方式，按照《通用安装工程工程量计算规范》（GB 50856—2013）附录N规定的项目编码、项目名称确定清单项目，不必描述项目特征和确定计量单位。

措施项目编码与名称见表8-3、表8-4。

总价措施项目清单与计价表见表8-5。

表 8-3　专业措施项目编码与名称一览表

项目编码	项目名称	项目编码	项目名称	项目编码	项目名称
031301001	吊装加固	031301007	胎（模）具制作、安装、拆除	031301013	设备、管道施工的安全、防冻和焊接保护
031301002	金属抱杆安装、拆除、移位	031301008	防护棚制作安装拆除	031301014	焦炉烘炉、热态工程
031301003	平台铺设、拆除	031301009	特殊地区施工增加	031301015	管道安拆后的充气保护
031301004	顶升、提升装置	031301010	安装与生产同时进行施工增加	031301016	隧道内施工的通风、供水、供气、供电、照明及通信设施
031301005	大型设备专用机具	031301011	在有害身体健康环境中施工增加	031301017	脚手架搭拆
031301006	焊接工艺评定	031301012	工程系统检测、检验	031301018	其他措施

注：1. 由国家或地方检测部门进行的各类检测，指安装工程不包括的属经营服务性项目，如通电测试、防雷装置检测、安全、消防工程检测、室内空气质量检测等。

2. 脚手架按各附录分别列项。

3. 其他措施项目必须根据实际措施项目名称确定项目名称，明确描述工作内容及包含范围。

表 8-4　安全文明施工及其他措施项目编码与名称一览表

项目编码	项目名称	项目编码	项目名称	项目编码	项目名称
031302001	安全文明施工	031302004	二次搬运	03130207	高层施工增加
031302002	夜间施工增加	031302005	冬雨季施工增加		
031302003	非夜间施工增加	031302006	已完工程及设备保护		

注：1. 本表所列项目应根据工程实际情况计算措施项目费用，需分摊的应合理计算摊销费用。

2. 施工排水是指为保证工程在正常条件下施工而采取的排水措施所发生的费用。

3. 施工降水是指为保证工程在正常条件下施工而采取的降低地下水位的措施所发生的费用。

4. 高层建筑增加。

（1）单层建筑物檐口高度超过 20m，多层建筑物超过 6 层时，按各附录分别列项。

（2）突出主体建筑物顶的电梯机房、楼梯出口间、水箱间、瞭望塔、排烟机房等不计入檐口高度。计算层数时，地下室不计入层数。

表 8-5　总价措施项目清单与计价表

工程名称：　　　　　　　　　　　　　　　　　标段：

序号	项目编码	项目名称	计算基础	费率/(%)	金额/元	调整费率/(%)	调整后金额/元	备注
1		安全文明施工费						
2		夜间施工增加费						
3		二次搬运费						
4		冬雨季施工增加费						
5		大型机械设备进出场及安拆费						
6		施工排水、施工降水						

续表

序号	项目编码	项目名称	计算基础	费率/(%)	金额/元	调整费率/(%)	调整后金额/元	备注
7		地上、地下设施，建筑物的临时保护设施						
8		已完工程及设备保护						
9		有关专业工程的措施项目						
合计								

注：1.“计算基础”中安全文明施工费可为“定额基价”“定额人工费”或“定额人工费+定额机械费”，其他项目可为“定额人工费”或“定额人工费+定额机械费”。

2. 按施工方案计算的措施费，若无“计算基础”和“费率”的数值，也可只填“金额”数值，但应在备注栏内注明施工方案出处（或计算办法）。

5. 其他项目清单与计价汇总表

其他项目清单是指除“分部分项工程量清单”和“措施项目清单”所包含的内容以外，因招标人的特殊要求而发生的与拟建安装工程有关的其他费用项目和相应数量的清单。其他项目清单应按暂列金额、暂估价（包括材料暂估单价、工程设备暂估单价、专业工程暂估价）、计日工和总承包服务费四项内容列项。其余不足部分，编制人可以根据工程的具体情况进行补充。其他项目清单与计价汇总表见表8-6。

表8-6 其他项目清单与计价汇总表

工程名称：　　　　　　　　　　　　　　标段：

序号	项目名称	计量单位	金额/元	备注
1	暂列金额			明细详见表8-7
2	暂估价			
2.1	材料（工程设备）暂估单价			明细详见表8-8
2.2	专业工程暂估价			明细详见表8-9
3	计日工			明细详见表8-10
4	总承包服务费			明细详见表8-11
合　　计				—

注：材料（工程设备）暂估单价进入综合单价，此处不汇总。

1）暂列金额

暂列金额是指招标人在工程量清单中暂定并包括在合同价款中的一笔款项，用于工程合同签订时尚未确定或者不可预见的所需材料、工程设备、服务的采购，施工中可能发生的工程变更、合同约定调整因素出现时的合同价款调整以及发生的索赔、现场签证确认等的费用。

在实际履约过程中，暂列金额可能发生，也可能不发生。编制本表时，要求招标人能将暂列金额与拟用项目列出明细，填入“暂列金额明细表”中，见表8-7。但如确实不能详列也可只列暂定金额总数，投标人应将上述暂列金额计入投标总价中（但并不属于承包人所有和支配，是否属于承包人所有受合同约定的开支程序的制约)。

表 8-7　暂列金额明细表

工程名称：　　　　　　　　　　　　　　　　　标段：

序号	项目名称	计量单位	暂定金额/元	备注
合　　计				—

注：此表由招标人填写，如不能详列，也可只列暂定金额总数，投标人应将上述暂定金额计入投标总价中。

2）暂估价

暂估价是指招标人在工程量清单中提供的用于支付必然发生但暂时不能确定价格的材料、工程设备的单价以及专业工程的金额。

一般而言，为方便合同管理和计价，需要纳入分部分项工程量清单项目综合单价中的暂估价，最好只是材料费，以方便投标人组价。招标人针对相应的拟用项目，即按照材料（工程设备）的名称分别给出，填写“材料（工程设备）暂估单价及调整表”，见表 8-8。

表 8-8　材料（工程设备）暂估单价及调整表

工程名称：　　　　　　　　　　　　　　　　　标段：

序号	材料（工程设备）名称、规格、型号	计量单位	数量		暂估价/元		确认价/元		差价±/元		备注
			暂估	确认	单价	合计	单价	合价	单价	合价	

注：此表由招标人填写“暂估单价”，并在备注栏说明暂估价项目的材料（工程设备）拟用在哪些清单项目上，投标人应将上述材料（工程设备）暂估单价计入工程量清单项目综合单价报价中。

专业工程暂估价一般应是综合暂估价，应当包括除规费、税金以外的管理费、利润等。“专业工程暂估价及结算价表”见表 8-9。

投标人应将上述暂估价金额汇总计入投标总价中。

表 8-9　专业工程暂估价及结算价表

工程名称：　　　　　　　　　　　　　　标段：

序号	工程名称	工程内容	暂估金额/元	结算金额/元	差额±/元	备注

注：此表“暂估金额”由招标人填写，投标人应将“暂估金额”计入投标总价中，结算金额按合同约定的金额填写。

3）计日工

计日工是指在施工过程中，承包人完成发包人提出的工程合同范围以外的零星项目或工作，按合同中约定的单价计价的一种方式。计日工表见表 8-10。

表 8-10　计日工表

工程名称：　　　　　　　　　　　　　　标段：

编号	项目名称	单位	暂定数量	实际数量	综合单价/元	合价/元	
						暂定	实际
一	人工						
1							
2							
3							
人工小计							
二	材料						
1							
2							
3							
4							
材料小计							
三	施工机械						
1							
2							
3							
施工机械小计							
总　　计							

注：此表项目名称、暂定数量由招标人填写，编制招标控制价时，单价由招标人按有关计价规范规定确定。投标时，单价由投标人自主报价，按暂定数量计算合价计入投标总价中。结算时，按发承包双方确认的实际数量计算合价。

4）总承包服务费

总承包服务费是指总承包人为配合协调发包人进行的专业工程发包，对发包人自行采购的材料、工程设备等进行保管以及施工现场管理、竣工资料汇总整理等服务所需的费用。

总承包服务费计价表见表 8-11。

表 8-11　总承包服务费计价表

工程名称：　　　　　　　　　　　　　　标段：

序号	项目名称及服务内容	项目价值/元	服务内容	计算基础	费率/（%）	金额/元
1	发包人发包专业工程					
2	发包人供应材料					
	合　　计					

注：此表项目名称及服务内容由招标人填写，编制招标控制价时，费率及金额由招标人按有关计价规范规定确定。投标时，费率及金额由投标人自主报价，计入投标总价中。

6. 规费、税金项目清单与计价表

规费是指根据国家法律、法规规定，由省级政府或省级有关权力部门规定施工企业必须缴纳的，应计入建筑安装工程造价的费用。规费项目清单应按照下列内容列项：社会保障费（包括养老保险费、失业保险费、医疗保险费、工伤保险费、生育保险费）、住房公积金、工程排污费。

税金是指国家税法规定的应计入建筑安装工程造价内的营业税、城市维护建设税、教育费附加和地方教育附加。税金项目清单应包括下列内容：营业税、城市维护建设税、教育费附加、地方教育附加。

规费、税金项目清单与计价表见表 8-12。

表 8-12　规费、税金项目清单与计价表

工程名称：　　　　　　　　　　　　　　标段：

序号	项目名称	计算基础	计算基数	计算费率/（%）	金额/元
1	规费	定额人工费			
1.1	社会保障费	定额人工费			
（1）	养老保险费	定额人工费			
（2）	失业保险费	定额人工费			
（3）	医疗保险费	定额人工费			
（4）	工伤保险费	定额人工费			
（5）	生育保险费	定额人工费			
1.2	住房公积金	定额人工费			
1.3	工程排污费	按工程所在地环境保护部门收取标准，按实计入			
2	税金	分部分项工程费+措施项目费+其他项目费+规费-按规定不计税的工程设备金额			
合　　计					

8.3　安装工程工程量清单计价

8.3.1　安装工程招标控制价的编制

1. 招标控制价的概念与相关规定

招标控制价是指招标人根据国家或省级、行业建设主管部门发布的有关计价依据和办法，以及拟定的招标文件和招标工程量清单，结合工程具体情况编制的招标工程的最高投标限价。

国有资金投资的建设工程招标，招标人必须编制招标控制价。

招标控制价应由具有编制能力的招标人或受其委托具有相应资质的工程造价咨询人编制和复核。

招标控制价应在招标时公布，不应上调或下浮，招标人应将招标控制价及有关资料报送工程所在地或有该工程管辖权的行业管理部门工程造价管理机构备查。当招标控制价超过批准的概算时，招标人应将其报原概算审批部门审核。

2. 招标控制价的编制依据

（1）《建设工程工程量清单计价规范》（GB 50500—2013）。

（2）国家或省级、行业建设主管部门颁发的计价定额和计价办法。

（3）建设工程设计文件及相关资料。

（4）拟定的招标文件及招标工程量清单。

（5）与建设项目相关的标准、规范、技术资料。

（6）施工现场情况、工程特点及常规施工方案。

（7）工程造价管理机构发布的工程造价信息，当工程造价信息未发布时，参照市场价。

（8）其他的相关资料。

3. 招标控制价编制用表及相关规定

1）封面

招标控制价封面举例如图 8.5 所示。其中图 8.5（a）为招标人自行编制招标控制价的封面，图 8.5（b）为招标人委托工程造价咨询人编制招标控制价的封面。

2）总说明

招标控制价总说明的内容应包括以下几个方面。

（1）采用的计价依据。

（2）采用的施工组织设计。

（3）采用的材料价格来源。

（4）综合单价中的风险因素、风险范围（幅度）。

（5）其他等。

招标控制价总说明举例，如图 8.6 所示。

某大厦建筑安装 工程

招标控制价

招标控制价（小写）：226255843元

（大写）：贰亿贰仟陆佰贰拾伍万伍仟八佰肆拾叁元

招 标 人：大厦建设单位盖章（单位盖章）

工程造价咨询人：＿＿＿＿（单位资质专用章）

法定代表人或其授权人：大厦建设单位法定代表人（签字或盖章）

法定代表人或其授权人：＿＿＿＿（签字或盖章）

编 制 人：×××签字 盖造价员专用章（造价人员签字盖专用章）

复 核 人：×××签字 盖造价工程师专用章（造价工程师签字盖专用章）

编制时间：××××年×月×日

复核时间：××××年×月×日

（a）招标人自行编制招标控制价的封面

某大厦建筑安装 工程

招标控制价

招标控制价（小写）：226255843元

（大写）：贰亿贰仟陆佰贰拾伍万伍仟八佰肆拾叁元

招 标 人：大厦建设单位盖章（单位盖章）

工程造价咨询人：××工程造价咨询企业资质专用章（单位资质专用章）

法定代表人或其授权人：大厦建设单位法定代表人（签字或盖章）

法定代表人或其授权人：××工程造价咨询企业法定代表人（签字或盖章）

编 制 人：×××签字 盖造价员专用章（造价人员签字盖专用章）

复 核 人：×××签字 盖造价工程师专用章（造价工程师签字盖专用章）

编制时间：××××年×月×日

复核时间：××××年×月×日

（b）招标人委托工程造价咨询人编制招标控制价的封面

图 8.5 招标控制价封面

总 说 明

工程名称：某大厦安装工程

1．工程概况

本工程建设地点位于××市××路20号。工程由30层高主楼及其南侧5层高的裙房组成。主楼与裙房间首层设过街通道作为消防疏散通道。建筑地下部分功能主要为地下车库兼设备用房。建筑面积73000m^2，主楼地上30层、地下3层，裙楼地上5层、地下3层；地下三层层高3.6m、地下二层层高4.5m、地下一层层高4.6m、一、二、四层层高5.1m、其余楼层层高3.9m。建筑檐高：主楼122.10m，裙房23.10m。结构类型：主楼为框架剪力墙结构，裙房为框架结构；基础为钢筋混凝土桩基础。

2．工程招标范围

本次招标范围为施工图（图纸工号：×××××，日期×年×月×日）范围内除消防系统、综合布线系统、门禁等分包项目以外的工程，安装分包项目的主体预埋、预留部分含在本次招标范围内。

3．招标控制价编制依据

（1）招标文件提供的工程量清单及有关计价要求。

（2）工程施工设计图样及相关资料。

（3）《湖北省通用安装工程消耗量定额及全费用基价表》（2018）及相应计算规则、费用定额。

（4）建设项目相关的标准、规范、技术资料。

（5）费用计算中各项费率按工程造价管理机构现行规定计算。

（6）电气安装工程中的盘、箱、柜列为设备；给排水安装工程中的成套供水设备、水箱及水箱消毒器、水泵，空调安装工程中的泵类、分集水器、水箱、软水器、换热器、水处理器、风机、静压箱、消声弯头、风机盘管、电热空气幕、通风器、空气处理机组、油烟净化器、冷水机组等均列为设备，在投标报价中不计入以上设备的价值。

（7）空气检测费未计入招标控制价，结算时按实调整。

（其他略）

图8.6　招标控制价总说明

3）汇总表

由于编制招标控制价和投标报价包含的内容相同，只是对价格的处理不同，因此，对招标控制价和投标报价汇总表的设计使用同一表格。实际工程应用时，对招标控制价和投标报价可分别印制该表格。

汇总表包括工程项目招标控制价/投标报价汇总表（表8-13）、单项工程招标控制价/投标报价汇总表（表8-14）、单位工程招标控制价/投标报价汇总表（表8-15）。

表 8-13　工程项目招标控制价/投标报价汇总表

工程名称：　　　　　　　　　　　　　　　　　　　　第　页　共　页

序号	单项工程名称	金额/元	其中/元		
			暂估价	安全文明施工费	规费
合　计					

注：本表适用于工程项目招标控制价或投标报价的汇总。

表 8-14　单项工程招标控制价/投标报价汇总表

工程名称：　　　　　　　　　　　　　　　　　　　　第　页　共　页

序号	单项工程名称	金额/元	其中/元		
			暂估价	安全文明施工费	规费
合　计					

注：本表适用于单项工程招标控制价或投标报价的汇总。暂估价包括分部分项工程中的暂估价和专业工程暂估价。

表 8-15 单位工程招标控制价/投标报价汇总表

工程名称： 标段： 第 页 共 页

序号	汇总内容	金额/元	其中：暂估价/元
1	分部分项工程费		
1.1			
1.2			
1.3			
2	措施项目费		
2.1	其中：安全文明施工费		
3	其他项目		
3.1	其中：暂列金额		
3.2	其中：专业工程暂估价		
3.3	其中：计日工		
3.4	其中：总承包服务费		
4	规费		
5	税金		
	招标控制价合计=1+2+3+4+5		

注：本表适用于单位工程招标控制价或投标报价的汇总，如无单位工程划分，单项工程也使用本表汇总。

4）分部分项工程量清单与计价表

本书 8.2 节已经讲到，分部分项工程量清单表和分部分项工程量清单计价表两表合一，采用这一表现形式，大大地减少了投标中因两表分设而带来的出错概率。

招标控制价中的分部分项工程费应根据招标文件中的分部分项工程量清单项目的特征描述及有关规定，按照招标控制价的编制依据，确定综合单价进行计算。招标控制价中的综合单价应包括招标文件中划分的应由投标人承担的风险范围及其费用。招标文件中没有明确的，如是工程造价咨询人编制，应提请招标人明确；如是招标人编制，应予明确。

分部分项工程和措施项目中的单价项目，应根据拟定的招标文件和招标工程量清单项目中的特征描述及有关要求确定综合单价计算。招标文件提供了暂估单价的材料，按暂估的单价计入综合单价。

5）工程量清单综合单价分析表

综合单价是指完成一个规定清单项目所需的人工费、材料和工程设备费、施工机具使用费和企业管理费、利润以及一定范围内的风险费用。

工程量清单综合单价分析表是评标委员会评审和判断综合单价组成和价格完整性、合理性的主要基础，对因工程变更调整综合单价也是必不可少的基础价格数据来源。采用经评审的最低投标价法评标时，该分析表的重要性更为突出。

该分析表集中反映了构成每一个清单项目综合单价的各个价格要素的价格及主要的“工、料、机”消耗量。编制招标控制价和投标报价时，需要对每一个清单项目进行组价，为了使组价工作具有可追溯性（回复评标质疑时尤其重要），需要标明每一个数据的来源。该分析表实际上是招标人编制招标控制价和投标人投标组价工作的一个阶段性成果文件。

编制招标控制价时，使用本表应填写使用的省级或行业建设主管部门发布的计价定额名称。

工程量清单综合单价分析表见表 8-16。

表 8-16　工程量清单综合单价分析表

工程名称：　　　　　　　　　　　　　　　　　　　　　标段：

<table>
<tr><td colspan="2">项目编码</td><td colspan="2"></td><td colspan="2">项目名称</td><td colspan="2"></td><td colspan="2">计量单位</td><td colspan="2"></td></tr>
<tr><td colspan="12">清单综合单价组成明细</td></tr>
<tr><td rowspan="2">定额编号</td><td rowspan="2">定额名称</td><td rowspan="2">定额单位</td><td rowspan="2">数量</td><td colspan="4">单　价/元</td><td colspan="4">合　价/元</td></tr>
<tr><td>人工费</td><td>材料费</td><td>机械费</td><td>管理费和利润</td><td>人工费</td><td>材料费</td><td>机械费</td><td>管理费和利润</td></tr>
<tr><td></td><td></td><td></td><td></td><td></td><td></td><td></td><td></td><td></td><td></td><td></td><td></td></tr>
<tr><td></td><td></td><td></td><td></td><td></td><td></td><td></td><td></td><td></td><td></td><td></td><td></td></tr>
<tr><td></td><td></td><td></td><td></td><td></td><td></td><td></td><td></td><td></td><td></td><td></td><td></td></tr>
<tr><td></td><td></td><td></td><td></td><td></td><td></td><td></td><td></td><td></td><td></td><td></td><td></td></tr>
<tr><td></td><td></td><td></td><td></td><td></td><td></td><td></td><td></td><td></td><td></td><td></td><td></td></tr>
<tr><td colspan="2">人工单价</td><td colspan="6">小　计</td><td colspan="4"></td></tr>
<tr><td colspan="2">元/工日</td><td colspan="6">未计价材料费</td><td colspan="4"></td></tr>
<tr><td colspan="8">清单项目综合单价</td><td colspan="4"></td></tr>
<tr><td colspan="2" rowspan="7">材料费明细</td><td colspan="4">主要材料名称、规格、型号</td><td>单位</td><td>数量</td><td>单价/元</td><td>合价/元</td><td>暂估单价/元</td><td>暂估合计/元</td></tr>
<tr><td colspan="4"></td><td></td><td></td><td></td><td></td><td></td><td></td></tr>
<tr><td colspan="4"></td><td></td><td></td><td></td><td></td><td></td><td></td></tr>
<tr><td colspan="4"></td><td></td><td></td><td></td><td></td><td></td><td></td></tr>
<tr><td colspan="4"></td><td></td><td></td><td></td><td></td><td></td><td></td></tr>
<tr><td colspan="6">其他材料费</td><td>—</td><td></td><td>—</td><td></td></tr>
<tr><td colspan="6">材料费小计</td><td>—</td><td></td><td>—</td><td></td></tr>
</table>

注：1. 如不使用省级或行业建设主管部门发布的计价依据，可不填定额项目、编号等。
2. 招标文件提供了暂估单价的材料，按暂估的单价填入表内“暂估单价”栏及“暂估合价”栏。

6）招标控制价中的措施项目费

采用单价项目方式计价的措施项目，应按措施项目清单中的工程量，并按照招标控制价的编制依据确定综合单价，填写分部分项工程和单价措施项目清单与计价表。

采用总价项目方式计价的措施项目，应根据拟定的招标文件和常规施工方案，按照招标控制价的编制依据计价，包括除规费、税金以外的全部费用。措施项目清单中的安全文明施工费必须按照国家或省级、行业建设主管部门的规定计算，不得作为竞争性费用。招标控制价中的总价措施项目清单与计价表见表 8-5。

7）招标控制价中的其他项目费计价的相关规定

（1）暂列金额。

为保证工程施工建设的顺利实施，避免施工过程中可能出现的各种不确定因素对工程造价的影响，在招标控制价中需估算一笔暂列金额。暂列金额可根据工程的复杂程度、设计深度、工程环境条件（包括地质、水文、气候条件等）进行估算，一般可以分部分项工程费和措施项目费的 10%～15%作为参考。

（2）暂估价。

暂估价中的材料、工程设备暂估价应根据工程造价信息或参照市场价格估算。专业工程暂估价应分不同专业，按有关计价规定估算。

（3）计日工。

计日工包括计日工人工、材料和施工机械。在编制招标控制价时，对计日工中的人工单价和施工机械台班单价应按省级、行业建设主管部门或其授权的工程造价管理机构公布的单价计算；材料应按工程造价管理机构发布的工程造价信息中的材料单价计算，工程造价信息未发布的材料单价，其价格应按市场调查确定的单价计算。

（4）总承包服务费。

总承包服务费应根据招标工程量清单列出的内容和要求，按照省级或行业建设主管部门的规定计算。

招标控制价中的其他项目清单与计价汇总表，见表8-6～表8-11。

8）关于规费、税金

“13计价规范”中规定：规费和税金必须按国家或省级、行业建设主管部门的规定计算，不得作为竞争性费用。本规定为强制性条文。

规费、税金项目清单与计价表见表8-12。

8.3.2 安装工程投标报价的编制

1. 投标报价的概念与相关规定

投标报价是指工程在采用招标发包的过程中，投标人或由其委托的具有相应资质的工程造价咨询人按照招标文件的要求，根据工程特点，并结合自身的施工技术、装备和管理水平，依据有关计价规范自主确定的工程造价，是投标人希望达成工程承包交易的期望价格，它不能高于招标人设定的招标控制价，也不得低于成本。

采用工程量清单方式招标的工程，为了使各投标人在投标报价中具有共同的竞争平台，所有投标人必须按照招标人提供的工程量清单填报价格。填写的项目编码、项目名称、项目特征、计量单位、工程量计算规则必须与招标人提供的一致。

2. 投标报价的编制依据

（1）《建设工程工程量清单计价规范》（GB 50500—2013）。

（2）国家或省级、行业建设主管部门颁发的计价办法。

（3）企业定额，国家或省级、行业建设主管部门颁发的计价定额和计价办法。

（4）招标文件、工程量清单及其补充通知、答疑纪要。

（5）建设工程设计文件及相关资料。

（6）施工现场情况、工程特点及投标时拟定的施工组织设计或施工方案。

（7）与建设项目相关的标准、规范、技术资料。

（8）市场价格信息或工程造价管理机构发布的工程造价信息。

（9）其他的相关资料。

3. 投标报价编制用表及相关规定

1）封面

投标总价封面举例如图 8.7 所示。投标人编制投标报价时，由投标人单位注册的造价人员编制。投标人盖单位公章，法定代表人或其授权人签字或盖章，编制的造价人员（造价工程师或造价员）签字盖执业专用章。

投标总价应当与分部分项工程费、措施项目费、其他项目费和规费、税金的合计金额一致。即投标人在进行工程量清单招标的投标报价时，不能进行投标总价优惠（或降价、让利），投标人对投标总价的任何优惠（或降价、让利）均应反映在相应清单项目的综合单价中。

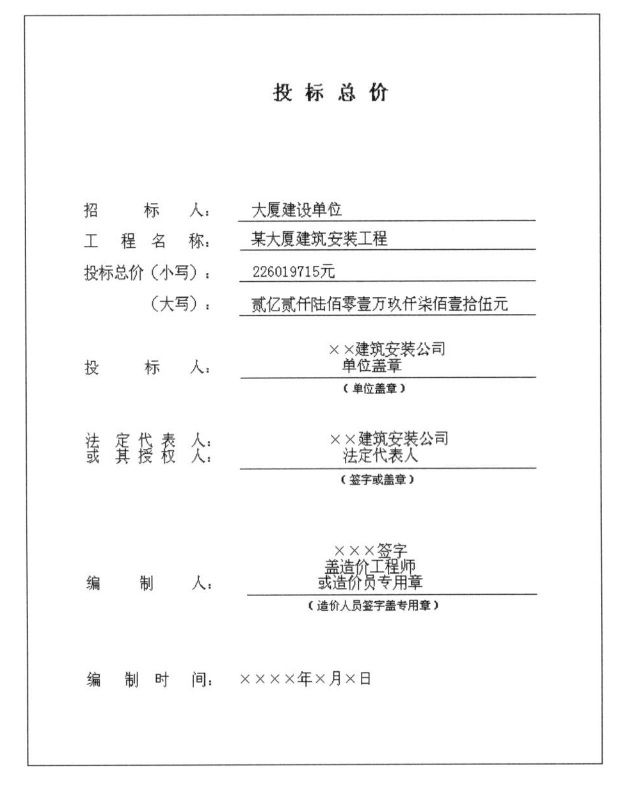

投 标 总 价

招　　标　　人：大厦建设单位

工　程　名　称：某大厦建筑安装工程

投标总价（小写）：226019715元

（大写）：贰亿贰仟陆佰零壹万玖仟柒佰壹拾伍元

投　　标　　人：××建筑安装公司
单位盖章
（单位盖章）

法定代表人或其授权人：××建筑安装公司
法定代表人
（签字或盖章）

编　　制　　人：×××签字
盖造价工程师
或造价员专用章
（造价人员签字盖专用章）

编　制　时　间：××××年×月×日

图 8.7　投标总价封面

2）总说明

投标报价总说明的内容应包括以下几个方面。

（1）采用的计价依据。

（2）采用的施工组织设计。

（3）综合单价中的风险因素、风险范围（幅度）。

（4）措施项目的依据。

（5）其他相关内容的说明等。

投标报价总说明举例，如图 8.8 所示。

总 说 明

工程名称：某大厦安装工程

1．工程概况

本工程建设地点位于××市××路20号。工程由30层高主楼及其南侧5层高的裙房组成。主楼与裙房间首层设过街通道作为消防疏散通道。建筑地下部分功能主要为地下车库兼设备用房。建筑面积73000m^2，主楼地上30层、地下3层，裙楼地上5层、地下3层；地下三层层高3.6m、地下二层层高4.5m、地下一层层高4.6m、一、二、四层层高5.1m、其余楼层层高3.9m。建筑檐高：主楼122.10m，裙房23.10m。结构类型：主楼为框架剪力墙结构，裙房为框架结构；基础为钢筋混凝土桩基础。

2．工程招标范围

本次招标范围为施工图（图纸工号：×××××，日期×年×月×日）范围内除消防系统、综合布线系统、门禁等分包项目以外的工程，安装分包项目的主体预埋、预留部分含在本次招标范围内。

3．投标工程制价编制依据

（1）招标文件提供的工程量清单及有关计价要求，招标文件的补充通知和答疑纪要。

（2）工程施工设计图样及相关资料、投标施工组织设计。

（3）建设项目相关的标准、规范、技术资料。

（4）《湖北省通用安装工程消耗量定额及全费用基价表》（2018）及相应计算规则、费用定额等。

（5）本工程类别为Ⅱ类。

（6）人工工日单价按50元/工日报价。材料价格根据本公司掌握的价格情况并参照工程造价管理机构2021年工程造价信息3月信息价确定。施工机械台班单价根据本公司掌握的价格情况并参照工程造价管理机构发布价格确定。

（7）设备费用未计入本投标报价中。

图8.8 投标报价总说明

3）汇总表

汇总表包括工程项目投标报价汇总表（表8-13）、单项工程投标报价汇总表（表8-14）、单位工程投标报价汇总表（表8-15）。

4）分部分项工程量清单与计价表

编制投标报价时，分部分项工程量清单应采用综合单价计价。确定综合单价的最重要依据之一是该清单项目的特征描述，投标人投标报价时应依据招标文件中分部分项工程量清单项目的特征描述确定清单的综合单价。在投标过程中，当出现招标文件中分部分项工程量清单项目的特征描述与设计图样不符时，投标人应以分部分项工程量清单项目的特征描述为准，确定投标报价的综合单价。当施工中施工设计图样或设计变更与工程量清单项目的特征描述不一致时，发、承包双方应按实际施工的项目特征，依据合同约定重新确定综合单价。

综合单价中应包括招标文件中划分的应由投标人承担的风险范围及其费用，招标文件中没有明确的，应提请招标人明确。

投标报价中的分部分项工程和单价措施项目清单与计价表见表8-2。投标人对表中的“项目编码”“项目名称”“项目特征描述”“计量单位”“工程量”均不应做改动，“综合单价”“合价”自主决定填写。对“其中：暂估价”栏，投标人应将招标文件中提供了暂估单价材料的暂估价计入综合单价，并应计算出暂估单价的材料在“综合单价”及“合价”中的具体数额，因此，为更详细地反映暂估价情况，也可在表中增设一栏“综合单价”“其中：暂估价”。

5）工程量清单综合单价分析表

报标报价中的工程量清单综合单价分析表见表 8-16。

编制投标报价时，使用本表可填写使用的省级或行业建设主管部门发布的计价定额名称，如不使用，则不填写。

6）投标报价中的措施项目费

由于各投标人拥有的施工装备、技术水平和采用的施工方法有所差异，招标人提出的措施项目清单是根据一般情况确定的，没有考虑不同投标人的“个性”，因此投标人在投标时应根据自身编制的投标施工组织设计（或施工方案）确定措施项目，并对招标人提供的措施项目进行调整。投标人根据投标施工组织设计（或施工方案）调整从而确定的措施项目应通过评标委员会的评审。

措施项目费的计算包括以下几个方面。

（1）措施项目的内容应依据招标人提供的措施项目清单和投标人投标时拟定的施工组织设计或施工方案。

（2）措施项目费的计价方式应根据招标文件的规定确定，可以计算工程量的措施清单项目，采用综合单价方式报价，其余的措施清单项目采用总价方式报价。

（3）措施项目费由投标人自主确定，但其中安全文明施工费必须按国家或省级、行业建设主管部门的规定计价，不得作为竞争性费用。

投标报价中的分部分项工程和单价措施项目清单与计价表见表 8-2。

7）投标报价中的其他项目费计价的相关规定

（1）暂列金额应按招标工程量清单中列出的金额填写，不得变动。

（2）材料、工程设备暂估价应按招标工程量清单中列出的单价计入综合单价。

（3）专业工程暂估价应按招标工程量清单中列出的金额填写。

（4）计日工应按招标工程量清单中列出的项目和数量，自主确定综合单价并计算计日工金额。

（5）总承包服务费应根据招标工程量清单中列出的内容和提出的要求自主确定。

投标报价中的其他项目清单与计价汇总表，见表 8-6～表 8-11。

8）关于规费、税金

“13 计价规范”中规定：规费和税金必须按国家或省级、行业建设主管部门的规定计算，不得作为竞争性费用。本规定为强制性条文。

规费、税金项目清单与计价表见表 8-12。

4. 分部分项工程综合单价的确定

分部分项工程量清单计价，其核心是综合单价的确定。综合单价的计算一般应按下列顺序进行。

（1）确定工程内容。根据工程量清单项目名称和拟建工程实际，或参照“分部分项工程量清单项目设置及其消耗量定额”表中的“工程内容”，确定该清单项目主体及其相关工程内容。

（2）计算工程数量。根据现行湖北省建筑工程工程量计算规则的规定，分别计算工程量清单项目所包含的每项工程内容的工程数量。

（3）计算单位含量。分别计算工程量清单项目每计量单位应包含的各项工程内容的工程数量。

计算单位含量=第（2）步计算的工程数量÷相应清单项目的工程数量

（4）确定定额。根据第（1）步确定的工程内容，参照“分部分项工程量清单项目设置及其消耗量定额”表中的定额名称和编号，选择定额，确定人工、材料和机械台班的消耗量。

（5）确定单价。应根据建筑工程工程量清单计价办法规定的费用组成，参照其计算方法，或参照工程造价主管部门发布的人工、材料和机械台班的信息价格，确定其相应单价。

（6）计算工程量清单项目每计量单位所含某项工程内容的人工、材料、机械台班价款。

“工程内容”的人、材、机价款=∑（第（4）步确定的人、材、机消耗量×第（5）步选择的人、材、机单价）×第（3）步计算单位含量

（7）计算工程量清单项目每计量单位人工、材料、机械台班价款。

工程量清单项目人、材、机价款=∑第（6）步计算的各项工程内容的人、材、机价款

（8）选定费率。应根据建筑工程工程量清单计价办法规定的费用组成，参照其计算方法，或参照工程造价主管部门发布的相关费率，并结合本企业和市场的实际情况，确定管理费率和利润率。

（9）计算综合单价。

安装工程综合单价=第（7）步计算的人、材、机价款+第（8）步中人工费（管理费率＋利润率）

（10）计算合价。

合价=综合单价×相应清单项目工程数量。

总结

本工作任务介绍了《建设工程工程量清单计价规范》（GB 50500—2013）的内容，以及工程量清单计价各种表格的应用，其中工程量清单的编制、招标控制价的编制、投标报价的编制方法是本工作任务学习的重点。

检查评估

1．填空题

（1）工程量清单计价方法是建设工程招投标中，招标人按照国家统一的工程量计算规则提供______________，由投标人依据工程量清单自主报价，并按照______________中标的工程造价计价方式。

（2）工程量清单由招标人按照《建设工程工程量清单计价规范》（GB 50500—2013）附录中统一的______________、______________、______________和______________进行编制，包括______________、______________、______________、规费项目清单和税金项目清单。

（3）综合单价是指完成一个规定清单项目所需的______________、______________、______________、______________，并考虑风险因素。

（4）工程量清单由有编制招标文件能力的______________或受其委托具有相应资质的______________、______________依据有关______________、______________的有关要求、______________和______________进行编制。

（5）采用工程量清单方式招标，工程量清单必须作为招标文件的组成部分，其准确性和完整性由______________负责。

（6）安装工程分部分项工程量清单的项目名称应按“2013 计价规范”附录 C 规定的项目名称并结合______________确定。

（7）______________是用于发包人在施工合同或协议签订时，尚未确定或者不可预见的所需材料、工程设备、服务的采购，以及施工过程中合同约定的各种工程价款调整因素出现时的______________以及______________、______________确认等的费用。

（8）分部分项工程量清单的项目编码，十至十二位应根据拟建工程的工程量清单项目名称由______________设置，并应自 001 起顺序编制。

（9）清单中各分项工程数量主要是通过工程量计算规则与施工图纸内容相结合求得的，除另有说明外，所有清单项目的工程量应以______________为准，并以完成后的______________计算；投标人报价时，应在______________中考虑施工中的各种损耗和需要增加的工程数量。

2. 选择题

（1）工程量清单是表示建设工程的（　　）等的明细清单。

A. 分部分项工程项目　B. 措施项目　C. 其他项目

D. 规费项目　E. 税金项目

（2）工程量清单是工程量清单计价的基础，是作为编制（　　）、办理竣工结算以及工程索赔等的依据之一。

A. 招标控制价　B. 施工预算　C. 工程计量及进度款支付

D. 调整合同款　E. 投标报价

（3）下列关于工程量清单计价的说法中错误的是（　　）。

A. 招标控制价是公开的最高限价

B. 工程量清单计价是按照经评审最低价中标的工程造价计价方式

C. 招标人按照国家统一的工程量计算规则提供工程数量清单

D. 投标人的投标报价若高于招标控制价的，其投标不应予以拒绝

E. 实行工程量清单计价的工程，宜采用固定总价合同方式

（4）其他项目清单的具体内容，包括以下哪些项目（　　）？

A. 暂列金额　B. 零星工作项目费　C. 总承包服务费

D. 计日工　E. 暂估价

（5）工程量清单项目费采用综合单价，它包含了完成分项工程所必需的（　　）费用。

A. 人工费　B. 机械费　C. 利润

D. 材料费　E. 企业管理费

(6)《建设工程工程量清单计价规范》(GB 50500—2013)包括正文和附录两大部分，其正文有（　　）等内容。

A．总则　B．工程量清单编制　C．工程量清单计价

D．术语　E．备注

(7) 高层建筑增加费用应计入（　　）。

A．分部分项工程费　B．措施项目费　C．单独列项

D．分别列入分部分项工程费和措施项目费中　E．综合单价

(8) 脚手架搭拆费如何处理（　　）？

A．计入分部分项工程费　B．计入措施项目费

C．计入其他项目费　D．计入规费　E．计入综合单价

(9) 分部分项工程量清单计价表中的（　　）必须按分部分项工程量清单中的相应内容填写。

A．工程数量　B．项目编码　C．项目名称

D．计量单位　E．综合单价

(10) 单位工程造价由（　　）组成。

A．分部分项工程清单费　B．措施项目清单费

C．其他项目清单费　D．规费和税金　E．利润

(11) 安装清单项目中不形成实体，但是作为安装工程不可缺少的一个内容设工程量清单编码的是（　　）。

A．保温、刷油项目　B．电气调整项目

C．脱脂酸洗、试压项目　D．探伤检查项目

E．采暖系统调整费

(12) 对于给排水、采暖及燃气管道安装工程，下列（　　）不计入综合单价。

A．超高增加费　B．高层建筑增加费

C．脚手架搭拆费　D．刷油、防腐费用

E．系统调整费

(13) 除合同另有约定外，合同中综合单价可以调整的包括（　　）。

A．材料价格变化

B．工程量清单漏项

C．设计变更引起新的工程量清单项目

D．工程量清单的工程数量误差超出合同约定幅度以外的

E．政策性调整

(14) 不可竞争费用有（　　）。

A．现场安全文明施工措施费

B．临时设施费

C．二次搬运费

D．工程定额测定费

E．安全生产监督费

F．劳动保险费

（15）工程量清单计价是一种计价方法，（　　）是签订合同价的方式。

A．固定总价　　B．可调价　　C．清单计价

D．定额计价　　E．固定单价

（16）招标控制价的作用是招标人对招标工程发包的最高限价，有的省、市又称其为（　　）。

A．拦标价　　B．标底价　　C．最高报价值

D．最低价　　E．预算控制价

3．问答题

（1）招标人编制的工程量清单应包括哪些内容？

（2）工程量清单文件的组成有哪些部分？

（3）项目的特征描述应注意哪些方面的问题？

（4）简述招标控制价的含义。

（5）工程量清单投标报价的文件组成有哪些部分？

（6）工程量清单投标报价的编制依据有哪些？

（7）招标控制价中的措施项目费计算包含哪些内容？如何报价？

（8）投标报价中的其他项目费计价应如何考虑？

工作任务9

清单计价模式下安装工程费用项目的组成及其计算程序

知识目标

掌握安装工程清单计价下的费用项目构成和计算程序

能力目标

能够达到正确编制安装工程招标控制价的目的

素质目标

（1）培养学生团队协作精神；

（2）培养学生严谨细致的工作态度；

（3）培养学生良好的职业操守；

（4）培养学生吃苦耐劳的工作作风

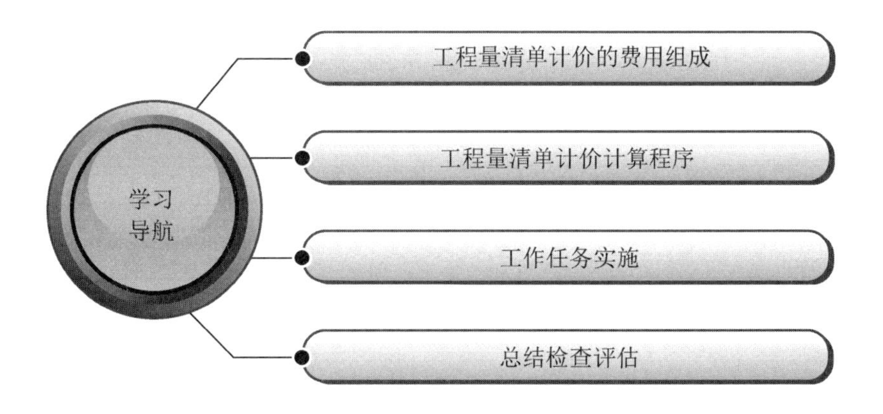

9.1 工程量清单计价的费用组成

依据《建设工程工程量清单计价规范》(GB 50500—2013)，在清单计价方式下，建设工程发承包及实施阶段的工程造价由分部分项工程费、措施项目费、其他项目费、规费和增值税组成，如图 2.1 所示。

9.2 工程量清单计价计算程序

9.2.1 工程量清单计价计算程序说明

1. 工程量清单计价相关说明

(1) 工程量清单指载明建设工程分部分项工程项目、措施项目、其他项目的名称和相应数量以及规费、税金项目等内容的明细清单。

(2) 工程量清单计价指投标人完成由招标人提供的工程量清单所需的全部费用，包括分部分项工程费、措施项目费、其他项目费和规费、增值税。

(3) 综合单价指完成一个规定清单项目所需的人工费、材料和工程设备费、施工机具使用费和企业管理费、利润以及一定范围内的风险费用。

(4) 措施项目清单包括总价措施项目清单和单价措施项目清单。单价措施项目清单计价的综合单价，按消耗量定额，结合工程的施工组织设计或施工方案计算。

总价措施项目清单计价按本定额中规定的费率和计算方法计算。

(5) 采用工程量清单计价招投标的工程，在编制招标控制价时，应按本定额规定的费率计算各项费用。

(6) 暂列金额、专业工程暂估价、总包服务费、结算价和以费用形式表示的索赔与现场签证费均不含增值税。

2. 工程量清单计价程序

(1) 分部分项工程及单价措施项目综合单价计算程序(见表 9-1)

表 9-1 分部分项工程及单价措施项目综合单价计算程序

序号	费用项目	计算方法
1	人工费	Σ(人工费)
2	材料费	Σ(材料费)
3	施工机具使用费	Σ(施工机具使用费)
4	企业管理费	(1+3)×费率
5	利润	(1+3)×费率
6	风险因素	按招标文件或约定
7	综合单价	1+2+3+4+5+6

（2）总价措施项目费计算程序（见表 9-2）

表 9-2　总价措施项目费计算程序

序号	费用项目		计算方法
1	分部分项工程和单价措施项目费		Σ（分部分项工程和单价措施项目费）
1.1	其中	人工费	Σ（人工费）
1.2		施工机具使用费	Σ（施工机具使用费）
2	总价措施项目费		2.1+2.2
2.1	安全文明施工费		（1.1+1.2）×费率
2.2	其他总价措施项目费		（1.1+1.2）×费率

（3）其他项目费计算程序（见表 9-3）

表 9-3　其他项目费计算程序

序号	费用项目		计算方法
1	暂列金额		按招标文件
2	专业工程暂估价/结算价		按招标文件/结算价
3	计日工		3.1+3.2+3.3+3.4+3.5
3.1	其中	人工费	Σ（人工价格×暂定数量）
3.2		材料费	Σ（材料价格×暂定数量）
3.3		施工机具使用费	Σ（机械台班价格×暂定数量）
3.4		企业管理费	（3.1+3.3）×费率
3.5		利润	（3.1+3.3）×费率
4	总包服务费		4.1+4.2
4.1	其中	发包人发包专业工程	Σ（项目价值×费率）
4.2		发包人提供材料	Σ（材料价值×费率）
5	索赔与现场签证费		Σ（价格×数量）/Σ费用
6	其他项目费		1+2+3+4+5

（4）单位工程造价计算程序（见表 9-4）

表 9-4　单位工程造价计算程序

序号	费用项目		计算方法
1	分部分项工程和单价措施项目费		Σ（分部分项工程和单价措施项目费）
1.1	其中	人工费	Σ（人工费）
1.2		施工机具使用费	Σ（施工机具使用费）
2	总价措施项目费		Σ（总价措施项目费）
3	其他项目费		Σ（其他项目费）
3.1	其中	人工费	Σ（人工费）
3.2		施工机具使用费	Σ（施工机具使用费）
4	规费		（1.1+1.2+3.1+3.2）×费率
5	增值税		（1+2+3+4）×税率
6	含税工程造价		1+2+3+4+5

9.2.2 全费用基价表清单计价建筑安装工程费用计算程序

1. 全费用基价表清单计价相关说明

（1）在工程造价计价活动中，可以根据需要选择全费用清单计价方式。全费用计价依据下面的计算程序，需要明示相关费用的，可根据全费用基价表中的人工费、材料费、施工机具使用费和本定额的费率进行计算。

（2）选择全费用清单计价方式，可根据投标文件或实际的需求，修改或重新设计适合全费用清单计价方式的工程量清单计价表格。

（3）暂列金额、专业工程暂估价、结算价和以费用形式表示的索赔与现场签证费均不含增值税。

2. 全费用基价表清单计价的计算程序

（1）分部分项工程及单价措施项目综合单价计算程序（见表 9-5）

表 9-5　分部分项工程及单价措施项目综合单价计算程序

序号	费用名称	计算方法
1	人工费	Σ（人工费）
2	材料费	Σ（材料费）
3	施工机具使用费	Σ（施工机具使用费）
4	费用	Σ（费用）
5	增值税	Σ（增值税）
6	综合单价	1+2+3+4+5

（2）其他项目费计算程序（见表 9-6）

表 9-6　其他项目费计算程序

序号	费用名称		计算方法
1	暂列金额		按招标文件
2	专业工程暂估价		按招标文件
3	计日工		3.1+3.2+3.3+3.4
3.1	其中	人工费	Σ（人工单价×暂定数量）
3.2		材料费	Σ（材料价格×暂定数量）
3.3		施工机具使用费	Σ（机械台班价格×暂定数量）
3.4		费用	（3.1+3.3）×费率
4	总包服务费		4.1+4.2
4.1	其中	发包人发包专业工程	Σ（项目价值×费率）
4.2		发包人提供的材料	Σ（材料价值×费率）
5	索赔与现场签证费		Σ（价格×数量）/Σ费用
6	增值税		（1+2+3+4+5）×税率
7	其他项目费		1+2+3+4+5+6

注：3.4 中费用包含企业管理费、利润、规费。

（3）单位工程造价计算程序（见表9-7）

表9-7 单位工程造价计算程序

序号	费用名称	计算方法
1	分部分项工程和单价措施项目费	Σ（全费用单价×工程量）
2	其他项目费	Σ（其他项目费）
3	单位工程造价	1+2

某工程项目建设地点位于湖北省某市内，该项目电气照明工程有关费用按如下计算。

（1）分部分项工程费中人工费20万元，主材与辅材费共58万，机械费6万元。

（2）单价措施项目费中仅考虑脚手架搭拆费。

（3）其他项目费中，暂列金额为8万元，计日工中考虑2.5个普工，人工单价为92元。

按照《湖北省建筑安装工程费用定额》(2018)为依据，暂不考虑风险，试计算

（1）工程量清单计价方式下该电气照明工程的含税工程造价。

（2）全费用清单计价方式下该电气照明工程的含税工程造价。

【解】 依据《电气设备安装工程消耗量定额及全费用基价表》(2018)脚手架搭拆费按定额人工费5%计算，其费用中人工费占35%，材料费占65%。

脚手架搭拆费=20×5%=1万元

其中人工费=1×35%=0.35万元

材料费=0.65万元

（1）在清单计价方式下，该项目电气照明工程的含税工程造价（见表9-8）

表9-8 电气照明工程的含税造价

序号	费用项目	计算方法	金额（万元）
1	分部分项工程费	1.1+1.2+1.3+1.4+1.5	92.88
1.1	人工费		20
1.2	材料费		58
1.3	施工机具使用费		6
1.4	企业管理费	（1.1+1.3）×费率	4.9036
1.5	利润	（1.1+1.3）×费率	3.9806
2	单价措施项目费	2.1+2.2+2.3+2.4+2.5	1.12
2.1	人工费		0.35
2.2	材料费		0.65
2.3	施工机具使用费		0
2.4	企业管理费	（2.1+2.3）×费率	0.066
2.5	利润	（2.1+2.3）×费率	0.0536
3	总价措施项目费	3.1+3.2	2.6218
3.1	安全文明施工费	（1.1+1.3+2.1+2.3）×费率	2.4479
3.2	其他总价措施项目费	（1.1+1.3+2.1+2.3）×费率	0.1739
4	其他项目费	4.1+4.2+4.3+4.4+4.5	8.0308

续表

序号	费用项目	计算方法	金额（万元）
4.1	暂列金额		8
4.2	专业工程暂估价		0
4.3	计日工	4.3.1+4.3.2+4.3.3+4.3.4+4.3.5	0.0308
4.3.1	人工费	人工工日×单价	0.023
4.3.2	材料费		0
4.3.3	施工机具使用费		0
4.3.4	企业管理费	（4.3.1+4.3.3）×费率	0.0043
4.3.5	利润	（4.3.1+4.3.3）×费率	0.0035
4.4	总承包服务费		0
4.5	索赔与现场签证费		0
5	规费	（1.1+1.3+2.1+2.3+4.3.1+4.3.3）×费率	3.1568
6	增值税	（1+2+3+4+5）×税率	9.7028
7	含税工程造价	1+2+3+4+5+6	117.5122

（2）在全费用基价清单计价方式下，该项目电气照明工程的含税工程造价见表9-9

表9-9　电气照明工程的含税工程造价

序号	费用项目	计算方法	金额（万元）
1	分部分项工程费	1.1+1.2+1.3+1.4+1.5	107.4559
1.1	人工费		20
1.2	材料费		58
1.3	施工机具使用费		6
1.4	费用	（1.1+1.3）×综合费率	14.5834
1.5	增值税	（1.1+1.2+1.3+1.4）×税率	8．8725
2	单价措施项目费	2.1+2.2+2.3+2.4+2.5	1.304
2.1	人工费		0.35
2.2	材料费		0.65
2.3	施工机具使用费		0
2.4	费用	（2.1+2.3）×综合费率	0.1963
2.5	增值税	（2.1+2.2+2.3+2.4）×税率	0.1077
3	其他项目费	3.1+3.2+3.3+3.4+3.5+3.6	8.7541
3.1	暂列金额		8
3.2	专业工程暂估价		0
3.3	计日工	3.3.1+3.3.2+3.3.3+3.3.4	0.0273
3.3.1	人工费	人工工日×单价	0.023
3.3.2	材料费		0
3.3.3	施工机具使用费		0
3.3.4	费用	（3.3.1+3.3.3）×费率	0.0043
3.4	总承包服务费		0
3.5	索赔与现场签证费		0
3.6	增值税	（3.1+3.2+3.3+3.4+3.5）×税率	0.7225
4	含税工程造价	1+2+3	117.514

经计算可知，同一项目清单综合单价计价、清单全费用计价、定额计价三种计价方式只是表现形式不同，工程总造价上一致。

总结

本工作任务介绍了工程量清单计价模式下的费用项目构成，以及安装工程费用计算程序，理解和掌握如何正确编制安装工程招标控制价是本工作任务学习重点。

检查评估

1. 填空题

（1）在清单计价方式下，建设工程费用由＿＿＿＿＿＿＿＿、＿＿＿＿＿＿＿＿、＿＿＿＿＿＿＿＿、＿＿＿＿＿＿＿＿和＿＿＿＿＿＿＿＿组成。

（2）工程量清单计价指投标人完成工程量清单所需的全部费用、包括＿＿＿＿＿＿、＿＿＿＿＿＿、＿＿＿＿＿＿、＿＿＿＿＿＿和＿＿＿＿＿＿。

（3）综合单价是指完成一个规定清单项目所需的＿＿＿＿＿＿、＿＿＿＿＿＿、＿＿＿＿＿和＿＿＿＿＿＿、＿＿＿＿＿＿以及一定范围内的风险因素。

（4）措施项目清单包括＿＿＿＿＿＿清单和＿＿＿＿＿＿清单。

2. 简答题

（1）单价措施项目和总价措施费计算有何不同？

（2）暂估价计入哪项费用？

（3）其他项目费包含哪些费用？

工作任务10

给排水工程的工程量清单编制与清单计价

知识目标

（1）掌握给排水工程工程量清单编制方法；

（2）掌握给排水工程工程量清单计价方法

能力目标

能够达到正确编制给排水工程工程量清单和招标控制价的目的

素质目标

（1）培养学生团队协作精神；

（2）培养学生严谨细致的工作态度；

（3）培养学生良好的职业操守；

（4）培养学生吃苦耐劳的工作作风

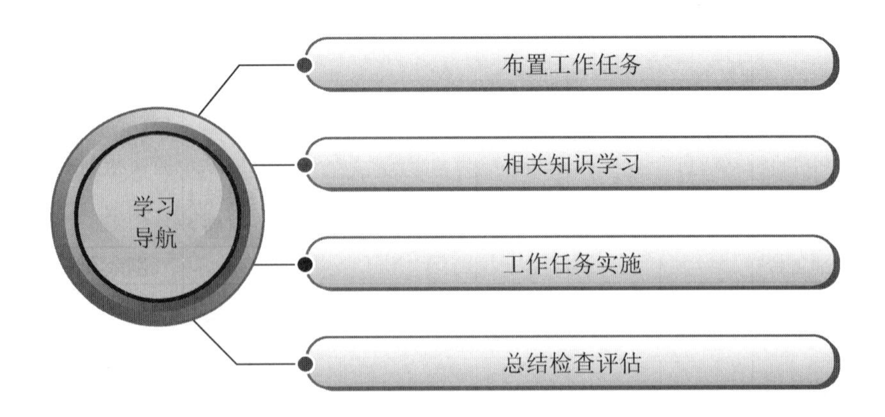

10.1 布置工作任务

根据本书“工作任务 3”中的某住宅楼的室内给水排水工程提供的图样及其工程概况说明、工程量计算书（见表 3-9），完成下列任务。

（1）根据现行的《通用安装工程工程量计算规范》（GB 50856—2013）附录 K，编制该工程分部分项工程量清单。

（2）参照现行的《湖北省通用安装工程消耗量定额及全费用基价表》（2018）和《湖北省建筑安装工程费用定额》（2018）等计价资料编制招标控制价的工程量清单综合单价分析表。

（3）编制分部分项工程量清单计价表 （主材单价参考当地工程造价信息网或市场价）。

10.2 相关知识学习

10.2.1 给排水工程工程量清单项目设置内容

1. 工程量清单项目设置内容

本节共设置 9 个分部、101 个分项工程项目（表 10-1），具体内容详见《通用安装工程工程量计算规范》（GB 50856—2013）附录 K。

表 10-1 给排水、采暖工程工程量清单项目设置内容

项目编码	项目名称	分项工程项目
031001	给排水、采暖、燃气管道	本部分包括镀锌钢管、钢管、不锈钢管、铜管、铸铁管、塑料管、复合管、直埋式预制保温管、承插陶瓷缸瓦管、承插水泥管及室外管道碰头 11 个分项工程项目
031002	支架及其他	本部分包括管道支架、设备支架、套管 3 个分项工程项目
031003	管道附件	本部分包括各种螺纹阀门、螺纹法兰阀门、焊接法兰阀门、带短管甲乙阀门、塑料阀门、减压器、疏水器、除污器（过滤器）、补偿器、软接头（软管）、法兰、倒流防止器、水表、热量表、塑料排水管消声器、浮标液面计、浮标水位标尺 17 个分项工程项目
031004	卫生器具	本部分包括各种浴缸、净身盆、洗脸（手）盆、洗涤盆、化验盆、大便器、小便器、其他成品卫生器具、烘手器、淋浴器（间）、桑拿浴房、大小便槽自动冲洗水箱、给排水附（配）件、小便槽冲洗管、蒸汽-水加热器、冷热水混合器、饮水器、隔油器 19 个分项工程项目
031005	供暖器具	本部分包括铸铁散热器、钢制散热器、其他成品散热器、光排管散热器、暖风机、地板辐射采暖、热媒集配装置、集气罐 8 个分项工程项目

续表

项目编码	项目名称	分项工程项目
031006	采暖、给排水设备	本部分包括变频给水设备、稳压给水设备、无负压给水设备、气压罐、太阳能集热装置、地源（水源、气源）热泵机组、除砂器、水处理器、超声波灭藻设备、水质净化器、紫外线杀菌设备、热水器（开水炉）、消毒器（消毒柜）、直饮水设备、水箱 15 个分项工程项目
031007	燃气器具及其他	本部分包括燃气开水炉、燃气采暖炉、燃气沸水器（消毒器）、燃气热水器、燃气表、燃气灶具、气嘴、调压器、燃气抽水缸、燃气管道调长器、调压箱（调压设备）、引入口砌筑 12 个分项工程项目
031008	医疗气体设备及附件	本部分包括制氧机、液氧罐、二级稳压箱、气体汇流排、集污罐、刷手池、医疗真空罐、气水分离器、干燥机、储气罐、空气过滤器、集水器、医疗设备带、气体终端 14 个分项工程项目
0301009	采暖、空调水工程系统调试	本部分包括采暖工程系统调试、空调水工程系统调试 2 个分项工程项目

2. 相关问题及说明

（1）本节管道界限划分（见本书第 3 章相关内容）。

（2）管道热处理、无损探伤，应按《通用安装工程工程量计算规范》（GB 50856—2013）附录 H 工业管道工程相关项目编码列项。

（3）管道、设备及支架除锈、刷油、保温除注明者外，应按《通用安装工程工程量计算规范》（GB 50856—2013）附录 M 刷油、防腐蚀、绝热工程相关项目编码列项。

（4）凿槽（沟）、打洞项目，应按《通用安装工程工程量计算规范》（GB 50856—2013）附录 D 电气设备安装工程相关项目编码列项。

10.2.2 工程量清单项目注解

1. 给排水、采暖、燃气管道（项目编码 031001）

（1）安装部位，指管道安装在室内或室外。

（2）输送介质包括给水、排水、中水、雨水、热媒体、燃气、空调水等。

（3）方形补偿器制作安装应含在管道安装综合单价中。

（4）铸铁管安装适用于承插铸铁管、球墨铸铁管、柔性抗震铸铁管等。

（5）塑料管安装适用于 UPVC、PVC、PPR、PE、PB 管等塑料管材。

（6）复合管安装适用于钢塑复合管、铝塑复合管、钢骨架复合管等复合型管道安装。

（7）直埋保温管包括直埋保温管件安装及接口保温。

（8）排水管道安装包括立管检查口、透气帽。

（9）室外管道碰头。

① 适用于新建或扩建工程热源、水源、气源管道与原（旧）有管道碰头。

② 室外管道碰头包括挖工作坑、土方回填或暖气沟局部拆除及修复。

③ 带介质管道碰头包括开关闸、临时放水管线辐射等费用。

④ 热源管道碰头每处包括供、回水两个接口。

⑤ 碰头形式指带介质碰头、不带介质碰头。

（10）管道工程量计算不扣除阀门、管件（包括减压器、疏水器、水表、伸缩器等组成安装）及附属构筑物所占长度；方形补偿器以其所占长度列入管道安装工程量。

（11）压力试验按设计要求描述试验方法，如水压试验、气压试验、泄漏性试验、闭水试验、通球试验、真空试验等。

（12）吹、洗按设计要求描述吹扫、冲洗方法，如水冲洗、消毒冲洗、空气吹扫等。

2. 支架及其他（项目编码031002）

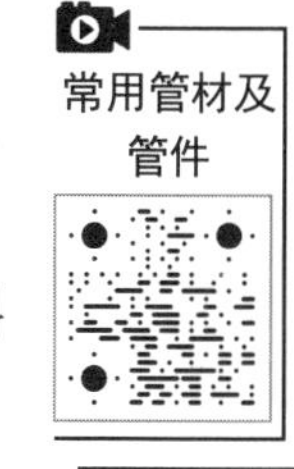

（1）单件支架质量100kg以上的管道支架执行设备支架制作安装。

（2）成品支架安装执行相应管道支架或设备支架项目，不再计取制作费，支架本身价值含在综合单价中。

（3）套管制作安装，适用于穿基础、墙、楼板等部位的防水套管、填料套管、无填料套管及防水套管等，应分别列项。

3. 管道附件（项目编码031003）

（1）法兰阀门安装包括法兰连接，不得另计。阀门安装如仅为一侧法兰连接时，应在项目特征中描述。

（2）塑料阀门连接形式需要注明热熔连接、粘接、热风焊接等方式。

（3）减压阀规格按高压侧管道规格描述。

（4）减压阀、疏水器、倒流防止器等项目包括组成与安装工作内容，项目特征应根据设计要求描述附件配置情况，或根据××图集或××施工图做法描述。

4. 卫生器具（项目编码031004）

（1）成品卫生器具项目中的附件安装，主要指给水附件，包括水嘴、阀门、喷头等，排水配件包括存水弯、排水栓、下水口等，以及配备的连接管。

（2）浴缸支座和浴缸周边的砌砖、瓷砖粘贴，应按现行国家标准《房屋建筑与装饰工程工程量计算规范》（GB 50854—2013）相关项目编码列项；功能性浴缸不含电机接线和调试，应按《通用安装工程工程量计算规范》（GB 50856—2013）附录D电气设备安装工程相关项目编码列项。

（3）洗脸盆适用于洗脸盆、洗手盆、洗发盆安装。

（4）器具安装中若采用混凝土或砖基础，应按现行国家标准《房屋建筑与装饰工程工程量计算规范》（GB 50854—2013）相关项目编码列项。

（5）给、排水附（配）件是指独立安装的水嘴、地漏、地面扫除口等。

5. 给排水设备（项目编码031006）

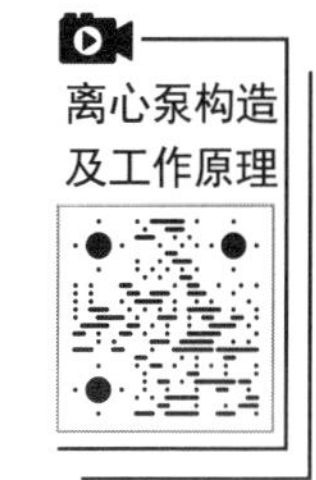

（1）变频给水设备、稳压给水设备、无负压给水设备安装，说明如下。

① 压力容器包括气压罐、稳压罐、无负压罐。

② 水泵包括主泵及备用泵，应注明数量。

气压给水设备工作原理

③ 附件包括给水装置中配备的阀门、仪表、软接头，应注明数量，含设备、附件之间的管路连接。

④ 泵组底座安装，不包括基础砌（浇）筑，应按现行国家标准《房屋建筑与装饰工程工程量计算规范》（GB 50854—2013）相关项目编码列项。

⑤ 控制柜安装及电机接线、调试应按《通用安装工程工程量计算规范》（GB 50856—2013）附录 D 电气设备安装工程相关项目编码列项。

（2）地源热泵机组，接管以及接管上的阀门、软接头、减振装置和基础另行计算，应按相关项目编码列项。

10.3 工作任务实施

工作任务：某住宅楼的室内给水排水工程

（1）根据本书“工作任务 3”中的工程量计算书（表 3-9）和现行的《通用安装工程工程量计算规范》（GB 50856—2013）附录 K，编制该工程分部分项工程量清单见表 10-2。

表 10-2　分部分项工程量清单与计价表

工程名称：某住宅楼给排水工程　　　　标段：

序号	项目编码	项目名称	项目特征描述	计量单位	工程量	金额/元		
						综合单价	合价	其中：暂估价
		整个项目						
1	031001006001	塑料管	1.安装部位：室内 2.介质：给水 3.材质、规格：PPR、DN15 4.连接形式：热熔	m	42.3			
2	031001006002	塑料管	1.安装部位：室内 2.介质：给水 3.材质、规格：PPR、DN20 4.连接形式：热熔	m	84.75			
3	031001006003	塑料管	1.安装部位：室内 2.介质：给水 3.材质、规格：PPR、DN40 4.连接形式：热熔	m	103.17			
4	031001006004	塑料管	1.安装部位：室内 2.介质：排水 3.材质、规格：UPVC、DN50 4.连接形式：粘接	m	72.72			

续表

序号	项目编码	项目名称	项目特征描述	计量单位	工程量	金额/元		
						综合单价	合价	其中 暂估价
5	031001006005	塑料管	1.安装部位：室内 2.介质：排水 3.材质、规格：UPVC、DN75 4.连接形式：粘接	m	61.81			
6	031001006006	塑料管	1.安装部位：室内 2.介质：排水 3.材质、规格：UPVC、DN100 4.连接形式：粘接	m	166.08			
7	031004001001	浴缸	材质：搪瓷 1500	组	3			
8	031004003001	洗脸盆	1.规格、类型：台式、450 甲级 2.组装形式：冷水	组	30			
9	031004004001	洗涤盆	类型：500 甲级	组	30			
10	031004006001	大便器	类型：坐式	组	30			
11	031004014001	给、排水附（配）件	材质：塑料	个	24			
12	031004014002	给、排水附（配）件	1.材质：塑料 2.规格：DN75	个	42			
13	031003001001	螺纹阀门	1.类型：截止阀 2.规格、压力等级：J41W-1.6、DN40 3.连接形式：螺纹连接	个	6			
14	031003013001	水表	1.安装部位（室内外）：室内 2.型号：LXS-20	组	30			
15	031002003001	套管	1.材质：焊接钢管 2.规格：DN50 3.填料材质：石棉水泥	个	30			
16	030817008001	套管制作安装	1.材质：焊接钢管 2.规格：DN50	个	6			
		分部小计						
		措施项目						
17	031301017001	脚手架搭拆			1			
		分部小计						
	合计							

（2）参照现行的《湖北省通用安装工程消耗量定额及全费用基价表》(2018)、《湖北省建筑安装工程费用定额》(2018）等计价资料编制招标控制价文件，部分节选见分部分项工程清单计价表（见表 10-3)、工程量清单综合单价分析表（见表 10-4)、分部分项工程和单价措施项目清单全费用分析表（见表 10-5)。

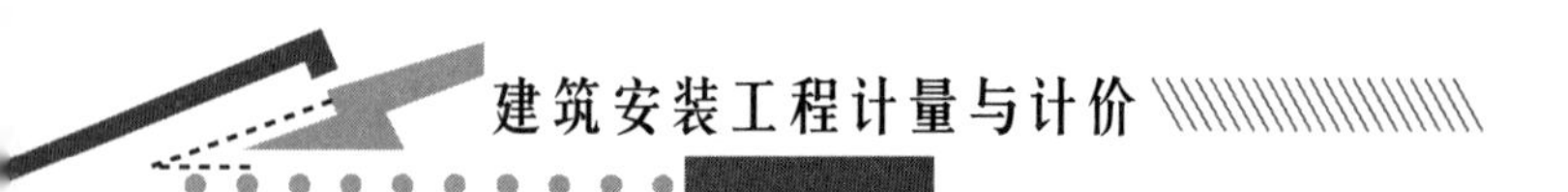

表 10-3　分部分项工程和单价措施项目清单计价表

工程名称：某住宅楼给排水工程　　　　　　　　标段：

序号	项目编码	项目名称	项目特征描述	计量单位	工程量	金额/元		
						综合单价	合价	其中 暂估价
		整个项目						
1	031001006003	塑料管	1.安装部位：室内 2.介质：给水 3.材质、规格：PPR、DN40 4.连接形式：热熔	m	103.17	37.79	3898.79	
		其余略						
		分部小计					3898.79	
		措施项目						
		分部小计						
本页小计							3898.79	
合　　计							3898.79	

表 10-4　综合单价分析表

工程名称：某住宅楼给排水工程　　　　　　　　标段：

定额编号	定额项目名称	定额单位	数量	单价/元					合价/元				
				人工费	材料费	施工机具使用费	费用	增值税	人工费	材料费	施工机具使用费	费用	增值税
C10-1-348	室内塑料给水管（热熔连接）公称外径（mm 以内）40	10m	0.1	97.12	2.36	0.48	54.75	31.2	9.71	0.24	0.05	5.48	3.12
人工单价		小计							9.71	0.24	0.05	5.48	3.12
技工 152 元/工日；普工 99 元/工日		未计价材料费							19.2				

续表

清单全费用综合单价				37.79			
材料费用明细	主要材料名称、规格、型号	单价	数量	单价/元	合价/元	暂估单价/元	暂估合价/元
	电	kW·h	0.16	0.75	0.12		
	低碳钢焊条 J422ϕ3.2	kg	0	3.68	0		
	氧气	m3	0.001	3.27	0		
	乙炔气	kg	0	22.58	0		
	橡胶板δ1～3	kg	0.001	7.79	0.01		
	其他材料费	元	0.005	1	0.01		
	电【机械】	kW·h	0.007	0.75	0.01		
	塑料给水管	m	1.016	9.91	10.07		
	室内塑料给水管热熔管件	个	0.887	10.29	9.13		
	其他材料				0.1		0

表 10-5　分部分项工程和单价措施项目清单全费用分析表

程名称：某住宅楼给排水工程　　　　　　　　标段：

序号	项目编号	项目名称	计量单位	工程量	综合单价/元										
					人工费	材料费	机械费	费用	费用明细（不重复计入小计）					增值税	小计
									管理费	利润	总价措施	其中：安全文明施工	规费		
1	031001006003	塑料管	m	103.17	9.71	19.43	0.05	5.48	1.84	1.49	0.97	0.91	1.17	3.12	37.79
	C10-1-348	室内塑料给水管（热熔连接）公称外径（mm以内）40	10m	10.317	97.12	2.36	0.48	54.75	18.41	14.94	9.72	9.07	11.68	31.2	377.87
	主材	塑料给水管	m	104.821		9.91									9.91
	主材	室内塑料给水管热熔管件	个	91.512		10.29									10.29

技能训练

请同学们依据《湖北省通用安装工程消耗量定额及全费用基价表》（2018）、《湖北省建筑安装工程费用定额》（2018）编制该项目案例给排水工程招标控制价的分部分项工程量清单计价表。

总结

本工作任务主要内容为给排水工程的工程量清单编制和工程量清单计价方法，以典型工作项目为载体，通过对本工作任务的学习，应具备编制给排水工程工程量清单和工程量清单报价的能力。

检查评估

请根据本工作任务所学的内容，对下面工程案例完成如下任务，进行自我检查评价。

（1）按照现行的《通用安装工程工程量计算规范》（GB 50856—2013）附录 K，编制工程量清单。

（2）按照湖北省现行的《湖北省通用安装工程消耗量定额及全费用基价表》（2018）和《湖北省建筑安装工程费用定额》（2018）等计价资料编制招标控制价。

（主材单价参考当地工程造价信息网）

案例：工作任务 3 的“检查评估”中某学校办公楼给排水工程。

工作任务 11

消防工程的工程量清单编制与清单计价

知识目标

（1）掌握消防工程工程量清单编制方法；

（2）掌握消防清单计价方法

能力目标

能够达到正确编制消防工程量清单和招标控制价的目的

素质目标

（1）培养学生团队协作精神；

（2）培养学生严谨细致的工作态度；

（3）培养学生良好的职业操守；

（4）培养学生吃苦耐劳的工作作风

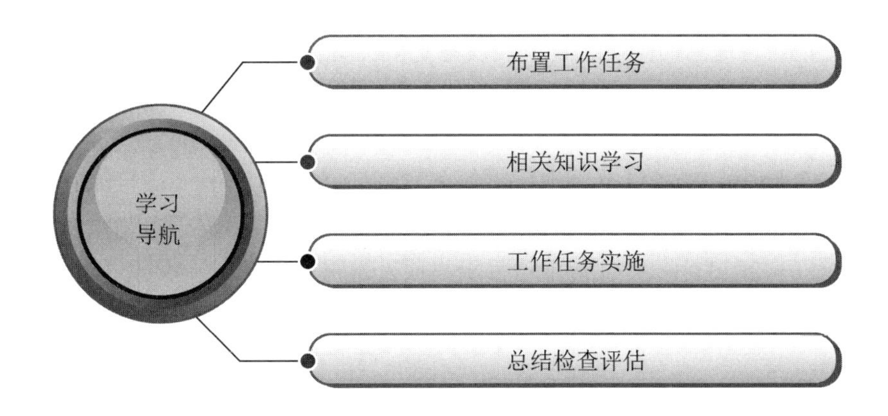

11.1 布置工作任务

根据本书“工作任务 4”中的某活动中心消火栓和自动喷水系统工程提供的图样及其工程概况说明、工程量计算书（见表 4-3、表 4-4），完成下列任务。

（1）根据现行的《通用安装工程工程量计算规范》（GB 50856—2013）附录 J，编制该工程分部分项工程量清单。

（2）按照湖北省现行的《湖北省通用安装工程消耗量定额及全费用基价表》（2018）、《湖北省建筑安装工程费用定额》编制工程分部分项工程量清单计价相关文件（2018）。

11.2 相关知识学习

11.2.1 消防工程的工程量清单项目设置内容

1. 工程量清单项目设置内容

本节共设置五个分部、52 个分项工程项目，具体内容详见《通用安装工程工程量计算规范》（GB 50856—2013）附录 J。

2. 相关问题及说明

（1）本节与其他有关工程的界线划分。

① 喷淋系统水灭火管道：室内外界限以建筑物外墙皮 1.5m 处为分界点，如入口处设阀门时，以阀门为分界点；设在高层建筑物内的消防泵间管道应以泵房外墙皮为分界点。

② 消火栓管道：给水管道室内外界限划分以建筑物外墙皮 1.5m 处为分界点，如入口处设阀门时，以阀门为分界点。

③ 市政管道的划分：以与市政给水管道的碰头点（井）为界。

（2）消防管道如需要进行探伤，应按《通用安装工程工程量计算规范》（GB 50856—2013）附录 H 工业管道工程相关项目编码列项。

（3）消防管道上的阀门、管道及设备支架、套管制作安装，应按《通用安装工程工程量计算规范》（GB 50856—2013）附录 K 给排水、采暖、燃气工程相关项目编码列项。

（4）本章管道及设备除锈、刷油、保温除注明者外，应按《通用安装工程工程量计算规范》（GB 50856—2013）附录 M 刷油、防腐蚀、绝热工程相关项目编码列项。

（5）消防管道措施项目，除注明者外，应按《通用安装工程工程量计算规范》（GB 50856—2013）附录 N 措施项目相关项目编码列项。

11.2.2 工程量清单项目注解

1. 水灭火系统（项目编码 030901）

（1）水灭火管道工程量计算，不扣除阀门、管件及各种组件所占长度，以延长米计算。

（2）水喷淋（雾）喷头安装部位应区分有吊顶、无吊顶。

（3）报警装置适用于湿式报警装置、干湿两用报警装置、电动雨淋报警装置、预作用报警装置等报警装置安装。报警装置安装包括装配管（除水力警铃进水管）的安装，水力警铃进水管并入消防管道工程量。

屋顶试验消火栓

① 湿式报警装置包括湿式阀、蝶阀、装配管、供水压力表、装置压力表、试验阀、泄放试验阀、泄放试验管、试验管流量计、过滤器、延时器、水力警铃、报警截止阀、漏斗、压力开关等。

② 干湿两用报警装置包括两用阀、蝶阀、装配管、加速器、加速器压力表、供水压力表、试验阀、泄放试验阀（湿式、干式）、挠性接头、泄放试验管、试验管流量计、排气阀、截止阀、漏斗、过滤器、延时器、水力警铃、压力开关等。

③ 电动雨淋报警装置包括雨淋阀、蝶阀、装配管、压力表、泄放试验阀、流量表、截止阀、注水阀、止回阀、电磁阀、排水阀、手动应急球阀、报警试验阀、漏斗、压力开关、过滤器、水力警铃等。

湿式自动喷水灭火系统工作原理

④ 预作用报警装置包括报警阀、控制蝶阀、压力表、流量计、截止阀、排水阀、注水阀、止回阀、泄放阀、报警试验阀、液压切断阀、装配管、供水检验管、气压开关、试压电磁阀、空压机、应急手动试验器、漏斗、过滤器、水力警铃等。

（4）温感式水幕装置包括给水三通至喷头、阀门间的管道、管件、阀门、喷头等全部内容的安装。

（5）末端试水装置包括压力表、控制阀等附件安装。末端试水装置安装中不含连接管及排水管安装，其工程量并入消防管道。

（6）室内消火栓包括消火栓箱、消火栓、水枪、水龙带接扣、自动卷盘、挂架、消防按钮；落地式消火栓箱包括箱内手提灭火器。

（7）室外消火栓安装方式分地上式、地下式；地上式消火栓安装包括地上式消火栓、法兰接管、弯管底座；地下室消火栓安装包括地下室消火栓、法兰接管、弯管底座或消火栓三通。

湿式报警阀工作原理

（8）消防水泵接合器，包括法兰接管及弯头安装，接合器井内阀门、弯管底座、标牌等附件安装。

（9）减压孔板若在法兰盘内安装，其法兰计入组价中。

（10）消防水炮，包括普通手动水炮、智能控制水炮。

2. 气体灭火系统（项目编码030902）

（1）气体灭火管道工程量计算，不扣除阀门、管件及各种组件所占长度，以延长米计算。

（2）气体灭火介质，包括七氟丙烷灭火系统、IG541灭火系统、二氧化碳灭火系统等。

（3）气体驱动装置管道安装，包括卡、套连接件。

（4）贮存装置安装包括灭火剂存储器、驱动气瓶、支框架、集流阀、容器阀、单向阀、高压软管和安全阀等贮存装置和阀驱动装置、减压装置、压力指示仪等。

火灾自动报警与消防联动演示

（5）无管网气体灭火系统由柜式预制灭火装置、火灾探测器、火灾自动报警灭火控制器等组成，具有自动控制和手动控制两种启动方式。无管网气体灭火装置安装包括气瓶柜装置（内设气瓶、电磁阀、喷头）和自动报警控制装置（包括控制器，烟、温感，声光报警器，手/自动控制按钮）等。

3. 泡沫灭火系统（项目编码030903）

（1）泡沫灭火管道工程量计算，不扣除阀门、管件及各种组件所占长度，以延长米计算。

（2）泡沫发生器、泡沫比例混合器安装包括整体安装、焊法兰、单体调试及配合管道试压时隔离本体所消耗的工料。

（3）泡沫液贮罐内如需充装泡沫液，应明确描述泡沫灭火剂品种、规格。

4. 火灾自动报警系统（项目编码030904）

（1）消防报警系统配管、配线、接线盒均应按《通用安装工程工程量计算规范》（GB 50856—2013）附录D电气设备安装工程相关项目编码列项。

（2）消防广播及对讲电话主机包括功放、录音机、分配器、控制柜等设备。

（3）点型探测器包括火焰、烟感、温感、红外光束、可燃气体探测器等。

5. 消防系统调试（项目编码030905）

（1）自动报警系统，包括各种探测器、报警器、报警按钮、报警控制器、消防广播、消防电话等组成的报警系统；按不同点数以系统计算。

（2）水灭火控制装置，自动喷洒系统按水流指示器数量以点（支路）计算；消火栓系统按消火栓启泵按钮数量以点计算；消防水炮系统按水炮数量以点计算。

（3）防火控制装置，包括电动防火门、防火卷帘门、正压送风阀、排烟阀、防火控制阀、消防电梯等防火控制装置；电动防火门、防火卷帘门、正压送风阀、排烟阀、防火控制阀等调试以个计算，消防电梯以部计算。

（4）气体灭火系统调试，是由七氟丙烷、IG541、二氧化碳等组成的灭火系统；按气体灭火系统装置的瓶头阀以点计算。

11.3 工作任务实施

（1）根据本书“工作任务4”中的工程量计算书（见表4-3和表4-4），按现行的《通用安装工程工程量计算规范》（GB 50856—2013）附录J，编制该工程分部分项工程量清单（见表11-1和表11-2）。

说明：本工程消防管道上的阀门、套管制作安装，按《通用安装工程工程量计算规范》（GB 50856—2013）附录K中的相关项目编码列项。

表 11-1 消火栓系统分部分项工程量清单及计价表

工程名称：某活动中心消火栓系统　　　　　　　　　　　　　　　　标段：

序号	项目编码	项目名称	项目特征描述	计量单位	工程量	金额/元		
						综合单价	合价	其中 暂估价
		整个项目						
1	030901002001	消火栓钢管	1.室内 2.焊接钢管 DN100 3.螺纹连接 4.热镀锌钢管 5.静水压力试验、试验压力为0.675MPa	m	149.65			
2	030901002002	消火栓钢管	1.室内 2.焊接钢管 DN80 3.螺纹连接 4.热镀锌钢管 5.静水压力试验、试验压力为0.675MPa	m	77.35			
3	030901010001	室内消火栓	1.地上式 2.SN65 普通消火栓 3.19mm 水枪一支、25m 长衬里麻织水带一条	套	13			
4	031003001001	螺纹阀门	1.螺纹阀 2.焊接钢管 3.DN100 4.螺纹连接	个	3			
5	031002003001	套管	1.刚性防水套管 2.焊接钢管 3.DN100	个	1			
6	031002003002	套管	1.一般钢套管 2.焊接钢管 3.DN100	个	7			
7	031002003003	套管	1.一般钢套管 2.焊接钢管 3.DN70	个	7			
8	031002001001	管道支架	1.型钢 2.T 形架	kg	129.93			
		分部小计						
本页小计								
合　计								

表 11-2　自动喷淋系统分部分项工程量清单及计价表

工程名称：某活动中心自动喷淋系统　　　　　　标段：

序号	项目编码	项目名称	项目特征描述	计量单位	工程量	金额/元		
						综合单价	合价	其中 暂估价
		整个项目						
1	030901001001	水喷淋钢管	1.室内 2.镀锌钢管 DN100 3.螺纹连接 4.热镀锌 5.静压水试验，压力 1.4MPa	m	170.5			
2	030901001002	水喷淋钢管	1.室内 2.镀锌钢管 DN80 3.螺纹连接 4.热镀锌 5.静压水试验，压力 1.4MPa	m	29			
3	030901001003	水喷淋钢管	1.室内 2.镀锌钢管 DN70 3.螺纹连接； 4.热镀锌 5.静压水试验，压力 1.4MPa	m	35			
4	030901001004	水喷淋钢管	1.室内 2.镀锌钢管 DN50 3.螺纹连接 4.热镀锌 5.静压水试验，压力 1.4MPa	m	62			
5	030901001005	水喷淋钢管	1.室内 2.镀锌钢管 DN40 3.螺纹连接 4.热镀锌 5.静压水试验，压力 1.4MPa	m	112.5			
6	030901001006	水喷淋钢管	1.室内 2.镀锌钢管 DN32 3.螺纹连接 4.热镀锌 5.静压水试验，压力 1.4MPa	m	431.4			
7	030901001007	水喷淋钢管	1.室内 2.镀锌钢管 DN25 3.螺纹连接 4.热镀锌 5.静压水试验，压力 1.4MPa	m	656.35			

续表

序号	项目编码	项目名称	项目特征描述	计量单位	工程量	金额/元		
						综合单价	合价	其中 暂估价
8	030901003001	水喷淋（雾）喷头	1.室内 2.DN15 3.螺纹连接	个	368			
9	030901006001	水流指示器	1.DN100 2.螺纹连接	个	3			
10	030808004001	中压齿轮、液压传动、电动阀门	1.信号阀 2.钢材 3.DN100 4.螺纹连接	个	3			
11	030901004001	报警装置	1.湿式报警装置 2.DN100	组	1			
12	030901008001	末端试水装置	1.DN25 2.螺纹	组	3			
3	030901012001	消防水泵接合器	1.室内 2.DN100	套	2			
14	031002003001	套管	1.刚性防水套管 2.焊接钢管 3.DN100	个	1			
15	031002003002	套管	1.一般钢套管 2.焊接钢管 3.DN100	个	6			
16	031002003003	套管	1.一般钢套管 2.焊接钢管 3.DN70	个	4			
17	031002003004	套管	1.一般钢套管 2.焊接钢管 3.DN50	个	1			
18	031002003005	套管	1.一般钢套管 2.焊接钢管 3.DN40	个	1			
19	031002003006	套管	1.一般钢套管 2.焊接钢管 3.DN32	个	2			
20	031002003007	套管	1.一般钢套管 2.焊接钢管 3.DN25	个	2			
21	031003001001	螺纹阀门	1.闸阀 2.钢材 3.DN100 4.螺纹连接	个	3			

续表

序号	项目编码	项目名称	项目特征描述	计量单位	工程量	金额/元		
						综合单价	合价	其中 暂估价
22	031003001002	螺纹阀门	1.止回阀 2.钢材 3.DN100 4.螺纹连接	个				
23	030905002001	水灭火控制装置调试	自喷	点				
24	031002001001	管道支架	1.钢材 2.T 形架	kg				
		分部小计						
		措施项目						
		分部小计						
本页小计								
合　计								

（2）参照现行的《湖北省通用安装工程消耗量定额及全费用基价表》（2018），《湖北省建筑安装工程费用定额》（2018）等计价资料编制招标控制价文件，部分节选见分部分项工程清单计价表（见表 11-3）、工程量清单综合单价分析表（见表 11-5）、分部分项工程和单价措施项目清单全费用分析表（见表 11-6）。

表 11-3　分部分项工程和单价措施项目清单计价表

工程名称：某活动中心自动喷淋系统　　　　　　标段：

序号	项目编码	项目名称	项目特征描述	计量单位	工程量	金额/元		
						综合单价	合价	其中 暂估价
1	030901001001	水喷淋钢管	1.室内 2.镀锌钢管 DN100 3.螺纹连接 4.热镀锌 5.静压水试验，压力 1.4MPa	m	1	117.49	117.49	
		其余略					合价略	
		分部小计					155.28	
		措施项目						
		分部小计						
本页小计							155.28	
合　计							155.28	

表 11-4　综合单价分析表

工程名称：某活动中心自动喷淋系统　　　　　　标段：

项目编码	030901001001			项目名称			水喷淋钢管		计量单位	m	工程量	1	
清单全费用综合单价组成明细													
定额编号	定额项目名称	定额单位	数量	单价					合价				
				人工费	材料费	施工机具使用费	费用	增值税	人工费	材料费	施工机具使用费	费用	增值税
C9-1-7	水喷淋钢管镀锌钢管（螺纹连接）公称直径（mm以内）100	10m	0.1	280.25	29.84	6.49	160.83	97.01	28.03	2.98	0.65	16.08	9.7
人工单价	小计								28.03	2.98	0.65	16.08	9.7
技工 152 元/工日；普工 99 元/工日	未计价材料费								60.05				
清单全费用综合单价									117.49				
材料费明细	主要材料名称、规格、型号						单位	数量	单价（元）	合价（元）	暂估单价（元）	暂估合价（元）	
	水						m^3	0.088	3.39	0.3			
	其他材料费						元	0.078	1	0.08			
	电【机械】						kW·h	0.409	0.75	0.31			
	压力表带弯带阀 0～1.6MPa						套	0.002	143.74	0.29			
	棉纱						kg	0.049	10.27	0.5			
	银粉漆						kg	0.003	13.69	0.04			
	铅油厚漆						kg	0.035	9.02	0.32			
	线麻						kg	0.004	10.78	0.04			
	热轧厚钢板 δ10～20						kg	0.049	2.69	0.13			
	镀锌铁丝 ϕ4.0～2.8						kg	0.008	4.28	0.03			
	机油						kg	0.007	10.35	0.07			
	尼龙砂轮片 ϕ400						片	0.048	18.4	0.88			
	镀锌钢管接头管件 DN100						个	0.52	25.83	13.43			
	镀锌钢管						m	0.995	46.85	46.62			
	材料费小计								-	63.04	-	0	

表 11-5　分部分项工程和单价措施项目清单全费用分析表

工程名称：某活动中心自动喷淋系统　　　　　　　　标段：

序号	项目编号	项目名称	计量单位	工程量	综合单价/元										
					人工费	材料费	机械费	费用	费用明细（不重复计入小计）					增值税	小计
									管理费	利润	总价措施	其中：安全文明施工	规费		
1	030901001001	水喷淋钢管	m	1	28.03	63.03	0.65	16.08	5.41	4.39	2.85	2.66	3.43	9.7	117.49
	C9-1-7	水喷淋钢管镀锌钢管（螺纹连接）公称直径（mm以内）100	10m	0.1	280.25	29.84	6.49	160.83	54.08	43.9	28.53	26.64	34.32	97.01	1174.89
	主材	镀锌钢管接头管件	个	0.52		25.83									25.83
	主材	镀锌钢管	m	0.995		46.85									46.85

技能训练

请同学们依据《湖北省通用安装工程消耗量定额及全费用基价表》(2018)、《湖北省建筑安装工程费用定额》(2018)等计价依据编制该项目案例消防工程招标控制价的分部分项工程量清单计价表。

总　结

本工作任务主要内容为消防工程的工程量清单编制和工程量清单计价方法，以工作项目为载体，通过对本工作任务的学习，应具备编制消防工程量清单和工程量清单报价文件的能力。

检查评估

请根据本工作任务所学的内容，对下面工程案例完成如下任务，进行自我检查评价。

（1）按现行的《通用安装工程工程量计算规范》（GB 50856—2013）附录 J，编制分部分项工程量清单。

（2）按照湖北省现行的《湖北省通用安装工程消耗量定额及全费用基价表》（2018）和《湖北省建筑安装工程费用定额》（2018）等计价资料编制招标控制价。

（主材单价参考当地工程造价信息网）

案例：工作任务 4 的“检查评估”中某工程消火栓和自动喷淋系统。

工作任务 12

通风空调工程的工程量清单编制与清单计价

知识目标

（1）掌握通风空调工程工程量清单编制方法；

（2）掌握通风空调工程工程量清单计价方法

能力目标

能够达到正确编制室内通风空调工程量清单和招标控制价的目的

素质目标

（1）培养学生团队协作精神；

（2）培养学生严谨细致的工作态度；

（3）培养学生良好的职业操守；

（4）培养学生吃苦耐劳的工作作风

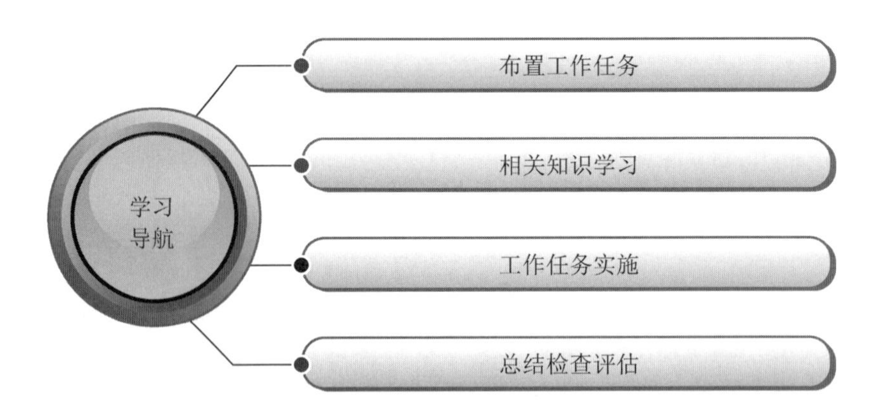

12.1 布置工作任务

根据本书“工作任务 5”中的某大厦多功能厅通风空调工程提供的图样及其工程概况说明、工程量计算书（见表 5-3、表 5-4），完成下列任务。

（1）根据现行的《通用安装工程工程量计算规范》（GB 50856—2013）附录 G，编制该工程分部分项工程量清单。

（2）参照现行的《湖北省通用安装工程消耗量定额及全费用基价表》（2018）和《湖北省建筑安装工程费用定额》（2018）等计价资料编制招标控制价的工程量清单综合单价分析表。

12.2 相关知识学习

12.2.1 通风空调工程的工程量清单项目设置内容

1. 工程量清单项目设置内容

本节共设置 4 个分部、52 个分项工程项目，具体内容详见《通用安装工程工程量计算规范》（GB 50856—2013）附录 G。

2. 相关问题及说明

（1）通风空调工程适用于通风（空调）设备及部件、通风管道及部件的制作安装工程。

（2）冷冻机组站内的设备安装、通风机安装及人防两用通风机安装，应按《通用安装工程工程量计算规范》（GB 50856—2013）附录 A 机械设备安装工程相关项目编码列项。

（3）冷冻机组站内的管道安装，应按《通用安装工程工程量计算规范》（GB 50856—2013）附录 H 工业管道工程相关项目编码列项。

（4）冷冻站外墙皮以外通往通风空调设备的供热、供冷、供水等管道，应按《通用安装工程工程量计算规范》（GB 50856—2013）附录 K 给排水、采暖、燃气工程相关项目编码列项。

（5）设备和支架除锈、刷油、保温及保护层安装，应按《通用安装工程工程量计算规范》（GB 50856—2013）附录 M 刷油、防腐蚀、绝热工程相关项目编码列项。

12.2.2 工程量清单项目注解

1. 通风空调设备及部件制作安装（项目编码 030701）

通风空调设备安装的地脚螺栓按设备自带考虑。

2. 通风管道制作安装（项目编码 030702）

（1）风管展开面积，不扣除检查孔、测定孔、送风口、吸风口等所占面积；风管长度一律以设计图示中心线长度为准（主管与支管以其中心线交点划分），包括弯头、三通、变径管、天圆地方等管件的长度，但不包括部件所占长度。风管展开面积不包括风管、管口重叠部分面积。风管渐缩管：圆形风管按平均直径；矩形风管按平均周长。

（2）穿墙套管按展开面积计算，计入通风管道工程量中。

（3）通风管道的法兰垫料或封口材料，按图样要求应在项目特征中描述。

（4）净化通风管的空气洁净度按 100000 级标准编制，净化通风管使用的型钢材料如要求镀锌时，工作内容应注明支架镀锌。

（5）弯头导流叶片数量，按设计图样或规范要求计算。

（6）风管检查孔、温度测定孔、风量测定孔数量，按设计图样或规范要求计算。

3. 通风管道部件制作安装（项目编码 030703）

（1）碳钢阀门包括：空气加热器上通阀、空气加热器旁通阀、圆形瓣式启动阀、风管蝶阀、风管止回阀、密闭式斜插板阀、矩形风管三通调节阀、对开多叶调节阀、风管防火阀、各型风罩调节阀等。

（2）塑料阀门包括：塑料蝶阀、塑料插板阀、各型风罩塑料调节阀。

（3）碳钢风口、散流器、百叶窗包括：百叶风口、矩形送风口、矩形空气分布器、风管插板风口、旋转吹风口、圆形散流器、方形散流器、流线型散流器、送吸风口、活动篦式风口、网式风口、钢百叶窗等。

（4）碳钢罩类包括：皮带防护罩、电动机防雨罩、侧吸罩、中小型零件焊接台排气罩、整体分组式槽边侧吸罩、吹吸式槽边通风罩、条缝槽边抽风罩、泥心烘炉排气罩、升降式回转排气罩、上下吸式圆形回转罩、升降式排气罩、手锻炉排气罩。

（5）塑料罩包括：塑料槽边侧吸罩、塑料槽边风罩、塑料条缝槽边抽风罩。

（6）柔性接口包括：金属、非金属软接口及伸缩节。

（7）消声器包括：片式消声器、矿棉管式消声器、聚酯泡沫管式消声器、卡普隆纤维管式消声器、弧形声流式消声器、阻抗复合消声器、微穿孔板消声器、消声弯头。

（8）通风部件如图样要求制作安装或用成品部件只安装不制作，这类特征在项目特征中应明确描述。

（9）静压箱的面积计算：按设计图样尺寸以展开面积计算，不扣除开口的面积。

4. 通风工程检测、调试（项目编码 030704）

通风工程检测、调试项目，以“系统”为计量单位进行清单设置与计价；风管、漏光试验、漏风试验项目，以“m^2”为计量单位进行清单设置与计价。

12.3 工作任务实施

（1）根据本书“工作任务 5”中的工程量计算书（见表 5-3）和现行的《通用安装工程工程量计算规范》（GB 50856—2013）附录 G，编制该工程分部分项工程量清单如下（见表 12-1）。

表 12-1 分部分项工程量清单与计价表

工程名称：某大厦多功能厅通风空调工程　　　　标段：

序号	项目编码	项目名称	项目特征描述	计量单位	工程量	金额/元		
						综合单价	合价	其中：暂估价
1	030701003001	空调器	1.名称：恒温恒湿机整体机组 2.型号：YSL-DHS-225 3.风量、质量：8000（m^3/h）/0.6（t） 4.安装形式：悬挂安装	台	1			
2	030702001001	碳钢通风管道	1.名称：通风管道 2.材质：镀锌钢板 3.形状、规格：矩形，250mm×250mm、240mm×240mm 4.板材厚度：0.75mm 5.接口形式：咬口 6.支架要求：厂配	m^2	36.96			
3	030702001002	碳钢通风管道	1.名称：通风管道 2.材质：镀锌钢板 3.形状、规格：矩形，800mm×500mm、800mm×250mm、630mm×250mm、500mm×250mm 4.板材厚度：1.0mm 5.接口形式：咬口 6.支架要求：厂配	m^2	182.47			
4	030702001003	碳钢通风管道	1.名称：通风管道 2.材质：镀锌钢板 3.形状、规格：矩形，1250mm×500mm 4.板材厚度：1.2mm 5.接口形式：咬口 6.支架要求：厂配	m^2	18.24			
5	030702011001	温度、风量测定孔	1.名称：温度、风量测定孔 2.材质：铝合金 3.规格：Φ 25mm	个	2			
6	030703001001	碳钢阀门	1.名称：手动对开多叶风量调节阀 2.周长：2100 mm 3.成品安装	个	4			

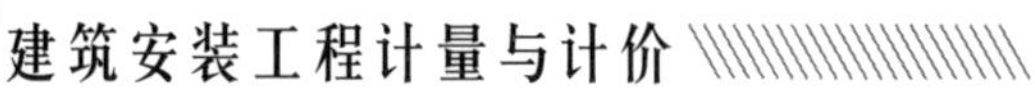

续表

序号	项目编码	项目名称	项目特征描述	计量单位	工程量	金额/元		
						综合单价	合价	其中：暂估价
7	030703001002	碳钢阀门	1.名称：风管防火阀 2.周长：3500 mm 3.成品安装	个	1			
8	030703011001	铝及铝合金风口、散流器	1.名称：铝合金防雨单层百叶新风口 2.规格：周长 3260 mm 3.成品安装	个	1			
9	030703011002	铝及铝合金风口、散流器	1.名称：铝合金百叶回风口 2.规格：周长 4800 mm 3.成品安装	个	1			
10	030703011003	铝及铝合金风口、散流器	1.名称：铝合金方形散流器 2.规格：240mm×240 mm 3.成品安装	个	24			
	030703019001	柔性接口	1.名称：软接口 2.规格：1250mm×500mm×200mm 3.材质：帆布	m^2	2.1			
12	030703020001	消声器	1.名称：阻抗复合消声器 2.规格：T701-6 型 5# 3.制作安装	个	1			
13	030703020002	消声器	1.名称：管式消声器 2.周长：3500 mm 3.成品安装	个	1			
14	030704001001	通风工程检测、调试	风管工程量：通风系统	系统	1			
合　计								

（2）参照现行的《湖北省通用安装工程消耗量定额及全费用基价表》(2018)，《湖北省建筑安装工程费用定额》(2018）等计价资料编制招标控制价文件，部分节选见分部分项工程清单计价表（见表 12-2）、工程量清单综合单价分析表（见表 12-3）、分部分项工程和单价措施项目清单全费用分析表（见表 12-4）。

表 12-2 分部分项工程和单价措施项目清单计价表

工程名称：某大厦多功能厅通风空调工程　　　　　　　　　　标段：

<table>
<tr><th rowspan="3">序号</th><th rowspan="3">项目编码</th><th rowspan="3">项目名称</th><th rowspan="3">项目特征描述</th><th rowspan="3">计量单位</th><th rowspan="3">工程量</th><th colspan="3">金额/元</th></tr>
<tr><th rowspan="2">综合单价</th><th rowspan="2">合价</th><th>其中</th></tr>
<tr><th>暂估价</th></tr>
<tr><td></td><td></td><td>整个项目</td><td></td><td></td><td></td><td></td><td></td><td></td></tr>
<tr><td>1</td><td>030702001001</td><td>碳钢通风管道</td><td>1.名称：通风管道
2.材质：镀锌钢板
3.形状、规格：矩形，250mm×250mm、240mm×240mm
4.板材厚度：0.75mm
5.接口形式：咬口
6.支架要求：厂配</td><td>m²</td><td>36.96</td><td>140.11</td><td>5178.47</td><td></td></tr>
<tr><td></td><td></td><td>其余略</td><td></td><td></td><td></td><td></td><td>合价略</td><td></td></tr>
<tr><td></td><td></td><td>分部小计</td><td></td><td></td><td></td><td></td><td>5333.75</td><td></td></tr>
<tr><td></td><td></td><td>措施项目</td><td></td><td></td><td></td><td></td><td></td><td></td></tr>
<tr><td></td><td></td><td>分部小计</td><td></td><td></td><td></td><td></td><td></td><td></td></tr>
<tr><td colspan="7">本页小计</td><td>5333.75</td><td></td></tr>
<tr><td colspan="7">合　　计</td><td>5333.75</td><td></td></tr>
</table>

表 12-3　工程量清单综合单价分析表

工程名称：某大厦多功能厅通风空调工程　　　　　　　　标段：

<table>
<tr><th colspan="2">项目编码</th><th colspan="2">030702001001</th><th colspan="2">项目名称</th><th colspan="3">碳钢通风管道</th><th>计量单位</th><th>m²</th><th>工程量</th><th colspan="2">36.96</th></tr>
<tr><td colspan="14">清单全费用综合单价组成明细</td></tr>
<tr><td rowspan="2">定额编号</td><td rowspan="2">定额项目名称</td><td rowspan="2">定额单位</td><td rowspan="2">数量</td><td colspan="5">单价</td><td colspan="5">合价</td></tr>
<tr><td>人工费</td><td>材料费</td><td>施工机具使用费</td><td>费用</td><td>增值税</td><td>人工费</td><td>材料费</td><td>施工机具使用费</td><td>费用</td><td>增值税</td></tr>
<tr><td>C7-2-6</td><td>镀锌薄钢板矩形风管（δ=1.2mm以内咬口）长边长（mm）≤320</td><td>10m²</td><td>0.1</td><td>652.6</td><td>240.31</td><td>16.94</td><td>375.56</td><td>166.25</td><td>65.26</td><td>24.03</td><td>1.69</td><td>37.56</td><td>16.63</td></tr>
<tr><td colspan="2">人工单价</td><td colspan="7">小计</td><td>65.26</td><td>24.03</td><td>1.69</td><td>37.56</td><td>16.63</td></tr>
<tr><td colspan="2">高级技工 227 元/工日；技工 152 元/工日；普工 99 元/工日</td><td colspan="7">未计价材料费</td><td colspan="5">56.18</td></tr>
</table>

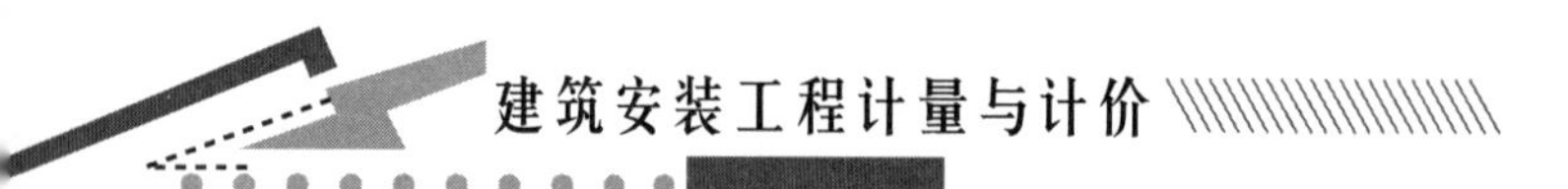

续表

项目编码	030702001001	项目名称	碳钢通风管道	计量单位	m²	工程量	36.96	
清单全费用综合单价				201.35				
材料费明细	主要材料名称、规格、型号	单位	数量	单价（元）	合价（元）	暂估单价（元）	暂估合价（元）	
	电	kW・h	0.076	0.75	0.06			
	低碳钢焊条 J422ϕ3.2	kg	0.224	3.68	0.82			
	氧气	m³	0.015	3.27	0.05			
	乙炔气	kg	0.005	22.58	0.12			
	橡胶板δ1～3	kg	0.184	7.79	1.43			
	其他材料费	元	0.211	1	0.21			
	电【机械】	kW・h	3.569	0.75	2.68			
	尼龙砂轮片ϕ400	片	0.003	18.4	0.05			
	角钢 50×5 以内	kg	4.042	3.06	12.37			
	扁钢 59 以内	kg	0.215	2.99	0.64			
	圆钢ϕ5.5～9	kg	0.135	2.99	0.4			
	六角螺栓带螺母 M6×30～50	10 套	1.69	2.65	4.48			
	膨胀螺栓 M12	套	0.2	1.89	0.38			
	铁铆钉	kg	0.043	7.8	0.34			
	镀锌薄钢板δ0.5	m²	1.138	49.37	56.18			
	材料费小计			-	80.21	-	0	

表 12-4　分部分项工程和单价措施项目清单全费用分析表

工程名称：某大厦多功能厅通风空调工程　　　　　　　　标段：

序号	项目编号	项目名称	计量单位	工程量	综合单价/元										
					人工费	材料费	机械费	费用	费用明细（不重复计入小计）管理费	利润	总价措施	其中：安全文明施工	规费	增值税	小计
1	030702001001	碳钢通风管道	m²	36.96	65.26	80.21	1.69	37.56	12.63	10.25	6.66	6.22	8.02	16.63	201.35
	C7-2-6	镀锌薄钢板矩形风管（δ=1.2mm 以内咬口）长边长（mm）≤320	10m²	3.696	652.6	240.31	16.94	375.56	126.28	102.51	66.61	62.2	80.16	166.25	2013.49
	主材	镀锌薄钢板	m²	42.06		49.37									49.37

技能训练

请同学们依据《湖北省通用安装工程消耗量定额及全费用基价表》(2018)、《湖北省建筑安装工程费用定额》(2018)等计价依据编制该项目案例消防工程招标控制价的分部分项工程量清单计价表。

总 结

本工作任务的主要内容为通风空调工程的工程量清单编制和工程量清单计价内容，通过对本工作任务的学习掌握编制通风空调清单文件的核心方法。

检查评估

请根据本工作任务所学的内容，对下面工程案例完成如下任务，进行自我检查评价。

(1) 按现行的《通用安装工程工程量计算规范》(GB 50856—2013) 附录G，编制该案例工程工程量清单。

(2) 按照《湖北省通用安装工程消耗量定额及全费用基价表》(2018)、《湖北省建筑安装工程费用定额》(2018) 计取相关费用，编制单位工程招标控制价（主材单价参考当地工程造价信息网）。

案例1：工作任务4的某办公楼风机盘管工程。

案例2：工作任务4的“检查评估”中某单位办公室舒适性空调工程。

工作任务13

电气设备安装工程的工程量清单编制与清单计价

知识目标

（1）掌握电气工程工程量清单编制方法；
（2）掌握电气工程工程量清单计价方法

能力目标

能够达到正确编制电气工程工程量清单和招标控制价的目的

素质目标

（1）培养学生团队协作精神；
（2）培养学生严谨细致的工作态度；
（3）培养学生良好的职业操守；
（4）培养学生吃苦耐劳的工作作风

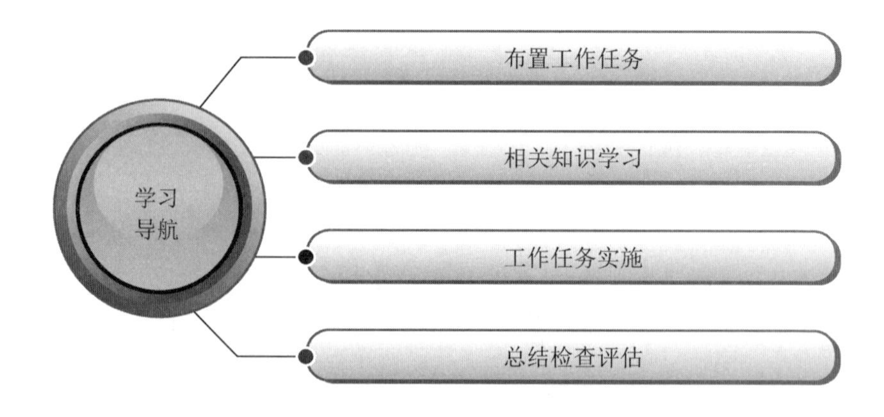

13.1 布置工作任务

根据本书“工作任务 7”中的某小区六层住宅楼电气照明工程提供的图纸及其工程概况说明、工程量计算书汇总表（见表 7-16、表 7-17），完成下列任务。

（1）根据现行的《通用安装工程工程量计算规范》（GB 50856—2013）附录 D，编制该工程分部分项工程量清单。

（2）按照现行的《湖北省通用安装工程消耗量定额及全费用基价表》（2018）及版《湖北省建筑安装工程费用定额》（2018）等计价依据，编制招标控制价。

13.2 相关知识学习

13.2.1 建筑电气工程的工程量清单项目设置内容

1. 工程量清单项目设置内容

1）电气设备安装工程的工程量清单项目设置内容

《通用安装工程工程量计算规范》(GB 50856—2013)将电气设备安装工程按 14 个分部、148 个分项工程项目设置，具体内容详见《通用安装工程工程量计算规范》（GB 50856—2013）附录 D。

2）建筑智能化与消防工程中火灾自动报警系统的工程量清单项目设置内容

《通用安装工程工程量计算规范》（GB 50856—2013）将建筑智能化工程按 7 个分部、148 个分项工程项目设置。火灾自动报警系统及其系统调试属于消防工程中的内容，其项目设置包含在“火灾自动报警系统”与“消防系统调试”两个分部中，共 114 个分项。各部分项目设置的具体内容详见《通用安装工程工程量计算规范》（GB 50856—2013）附录 E 与附录 J。

2. 相关问题及说明

1）电气设备安装工程量清单项目设置说明

（1）电气设备安装工程适用于 10kV 以下变配电设备及线路安装工程、车间动力电气设备及电气照明、防雷及接地装置安装、配管配线、电气调试等。

（2）挖土、填土工程，应按《房屋建筑与装饰工程工程量计算规范》（GB 50854—2013）相关项目编码列项。

（3）开挖路面，应按《市政工程工程量计算规范》（GB 50857—2013）相关项目编码列项。

（4）过梁、墙、楼板的钢（塑料）套管，应按《通用安装工程工程量计算规范》（GB 50856—2013）附录 K 给排水、采暖、燃气工程相关项目编码列项。

（5）除锈、刷漆（补刷漆除外）、保护层安装，应按《通用安装工程工程量计算规范》（GB 50856—2013）附录 M 刷油、防腐蚀、绝热工程相关项目编码列项。

（6）由国家或地方检测验收部分进行的检测验收应按《通用安装工程工程量计算规范》（GB 50856—2013）附录 N 措施项目编码列项。

（7）各预留长度及附加长度见表 13-1～表 13-8。

表 13-1　软母线安装预留长度

单位：m/根

项　　目	耐张	跳线	引线线、设备连接线
预留长度	2.5	0.8	0.6

表 13-2　硬母线配置安装预留长度

单位：m/根

序号	项　　目	预留长度	说　　明
1	带形、槽形母线终端	0.3	从最后一个支持点算起
2	带形、槽形母线与分支线连接	0.5	分支线预留
3	带形母线与设备连接	0.5	从设备端子接口算起
4	多片重型母线与设备连接	1.0	从设备端子接口算起
5	槽形母线与设备连接	0.5	从设备端子接口算起

表 13-3　盘、箱、柜的外部进出线预留长度

单位：m/根

序号	项　　目	预留长度	说　　明
1	各种箱、盘、板、盒	高+宽	盘面尺寸
2	单独安装的铁壳开关、自动开关、刀开关、启动器、箱式电阻器、变阻器	0.5	从安装对象中心算起
3	继电器、控制开关、信号灯、按钮、熔断器等小电器	0.3	从安装对象中心算起
4	分支接头	0.2	分支线预留

表 13-4　滑触线安装预留长度

单位：m/根

序号	项　　目	预留长度	说　　明
1	圆钢、铜母线与设备连接	0.2	从设备接线端子接口算起
2	圆钢、铜滑触线终端	0.5	从最后一个固定点算起
3	角钢滑触线终端	1.0	从最后一个支持点算起
4	扁钢滑触线终端	1.3	从最后一个固定点算起
5	扁钢母线分支	0.5	分支线预留
6	扁钢母线与设备连接	0.5	从设备接线端子接口算起
7	轻轨滑触线终端	0.8	从最后一个支持点算起
8	安全节能及其他滑触线终端	0.5	从最后一个固定点算起

表 13-5　电缆敷设预留及附加长度

序号	项　　目	预留（附加）长度	说　　明
1	电缆敷设驰度、波形弯度、交叉	2.5%	按电缆全长计算
2	电缆进入建筑物	2.0m	规范规定最小值
3	电缆进入沟内或支架时引上（下）预留	1.5m	规范规定最小值
4	变电所进线、出线	1.5m	规范规定最小值
5	电力电缆终端头	1.5m	检修余量最小值
6	电缆中间接线盒	两端各留 2.0m	检修余量最小值
7	电缆进控制、保护屏及模拟盘、配电箱等	高+宽	按盘面尺寸

续表

序号	项　　目	预留（附加）长度	说　　明
8	高压开关柜及低压配电盘、箱	2.0m	盘下进出线
9	电缆至电动机	0.5m	从电动机接线盒算起
10	厂用变压器	3.0m	从地坪算起
11	电缆绕过梁柱等增加长度	按实计算	按被绕物的断面情况计算增加长度
12	电梯电缆与电缆架固定点	没处 0.5m	规范规定最小值

表 13-6　接地母线、引下线、避雷网附加长度

单位：m

项　　目	附加长度	说　　明
接地母线、引下线、避雷网附加长度	3.9%	接地母线、引下线、避雷网全长计算

表 13-7　架空导线预留长度

单位：m/根

项　　目		预留长度
高压	转角	2.5
	分支、终端	2.0
低压	分支、终端	0.5
	交叉跳线转角	1.5
与设备连接		0.5
进户线		2.5

表 13-8　配线进入箱、柜、板的预留长度

单位：m/根

序号	项　　目	预留长度	说　　明
1	各种开关箱、柜、板	高+宽	盘面尺寸
2	单独安装（无箱、盘）的铁壳开关、刀开关、启动器、线槽进出线盒等	0.3	从安装对象中心算起
3	由地面管子出口引至动力接线箱	1.0	从管口计算
4	电源与管内导线连接（管内穿线与软、硬母线接点）	1.5	从管口计算
5	出户线	1.5	从管口计算

2）建筑智能化与消防工程中火灾自动报警系统工程量清单项目设置说明

（1）土方工程，应按《房屋建筑与装饰工程工程量计算规范》（GB 50854—2013）相关项目编码列项。

（2）开挖路面工程，应按《市政工程工程量计算规范》（GB 50857—2013）相关项目编码列项。

常用电气控制设备及低压电器

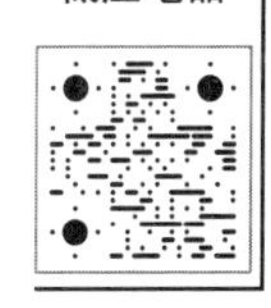

（3）配管工程、线槽、桥架、电气设备、电气器件、接线箱、盒、电线、接地系统、凿（压）槽、打孔、打洞、人孔、手孔、立杆工程，应按《通用安装工程工程量计算规范》（GB 50856—2013）附录 D 的相关项目编码列项。

（4）蓄电池组、六孔管道、专业通信系统工程，应按《通用安装工程工程量计算规范》（GB 50856—2013）附录 L 的相关项目编码列项。

（5）机架等项目的除锈、刷油，应按《通用安装工程工程量计算规范》（GB 50856—2013）附录 M 的相关项目编码列项。

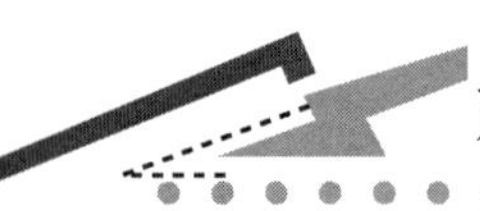

（6）如主项项目工程与需综合项目工程量不对应，项目特征应描述综合项目的型号、规格、数量。

（7）由国家或地方检测验收部门进行的检测验收应按《通用安装工程工程量计算规范》（GB 50856—2013）附录 N 措施项目编码列项。

（8）火灾自动报警系统配管、配线、接线盒，均按《通用安装工程工程量计算规范》（GB 50856—2013）附录 D 相关项目编码列项。消防广播及对讲电话主机包括功放、录音机、分配器、控制柜等设备。点型探测器包括火、烟感、温感、红外线光束、可燃气体探测器等。消防工程措施项目，应按《通用安装工程工程量计算规范》（GB 50856—2013）附录 N 措施项目编码列项。

13.2.2 工程量清单项目注解

电缆接头

1. 电气设备安装工程工程量清单

1）变压器安装（项目编码 030401）

本分部项目适用于 10kV 以下各种类型、各种容量的电力变压器、消弧线圈安装工程。变压器油如需试验、化验、色谱分析，应按《通用安装工程工程量计算规范》（GB 50856—2013）附录 N 措施项目编码列项。

2）配电装置安装（项目编码 030402）

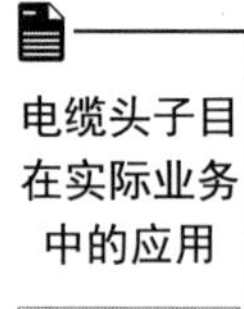

电缆头子目在实际业务中的应用

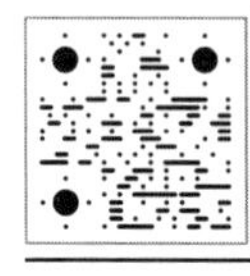

（1）空气断路器的储气罐及储气罐至断路器的管路，应按《通用安装工程工程量计算规范》（GB 50856—2013）附录 H 工业管道工程相关项目编码列项。

（2）干式电抗器项目适用于混凝土电抗器、铁芯干式电抗器、空心干式电抗器等。

（3）设备安装未包括地脚螺栓、浇筑（二次灌浆、抹面），如需安装应按《房屋建筑与装饰工程工程量计算规范》（GB 50854—2013）相关项目编码列项。

3）母线安装（项目编码 030403）

（1）软母线安装预留长度见表 13-1。

（2）硬母线配置安装预留长度见表 13-2。

集束导线和绝缘穿刺线夹

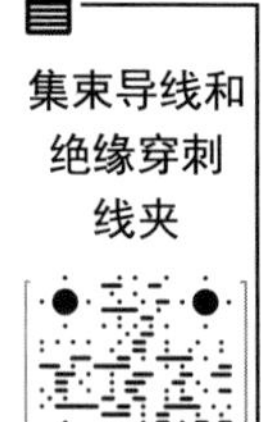

4）控制设备及低压电器安装（项目编码 030404）

（1）本部分中的分项工程项目“控制开关”包括：自动空气开关、刀开关、铁壳开关、胶盖刀开关、组合控制开关、万能转换开关、漏电保护开关、风机盘管三速开关等。

（2）本部分中的分项工程项目“小电器”是各种小型电器元（器）件的统称，包括：按钮、电笛、电铃、水位电器信号装置、测量表计、继电器、电磁锁、屏上辅助装设备、辅助电压互感器、小型安全变压器等。

（3）其他电器安装指：本节未列的电器项目。

（4）其他电器必须根据电器实际名称确定项目名称，明确描述工作内容、项目特征、计量单位、计算规则。

（5）盘、箱、柜的外部进出电线预留长度见表 13-3。

5）蓄电池安装（项目编码 030405）

（1）当蓄电池的抽头连接采用电缆及保护管时，应在清单项目中予以描述，计价时应予计入。

（2）各种蓄电池的安装、充放电、清单计量单位均是“个”，而免维护铅酸蓄电池的安装，定额计量单位是“组件”，各种蓄电池的充放电定额计量单位是“组”。计价时应注意换算。

电气管线防雷接地与等电位安装

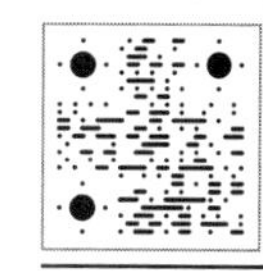

（3）蓄电池充放电费用综合在安装单价中，按“组”充放电，但需摊到每一个蓄电池的安装综合单价中报价。

（4）蓄电池电解液如需承包方提供，应在清单项目中予以描述，计价时应予计入。

6）电动机检查接线及调试（项目编码030406）

（1）可控硅调速直流电动机类型指一般可控硅调速直流电动机、全数字式可控硅调速直流电动机。

（2）变流变频调速电动机类型指交流同步变频电动机、交流异步变频电动机。

（3）电动机按其质量划分为大型、中型、小型：3t 以下为小型；3～30t 为中型；30t 以上为大型。

7）滑触线装置安装（项目编码030407）

（1）支架基础铁件及螺栓是否浇筑需说明。

（2）滑触线安装预留长度件见表13-4。

8）电缆安装（项目编码030408）

（1）电缆穿刺线夹按电缆头编码列项。

（2）电缆井、电缆排管、顶管，应按《市政工程工程量计算规范》（GB 50857—2013）相关项目编码列项。

（3）电缆敷设预留长度及附加长度见表13-5。

9）防雷及接地装置（项目编码030409）

均压环

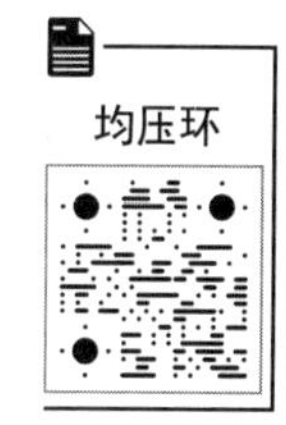

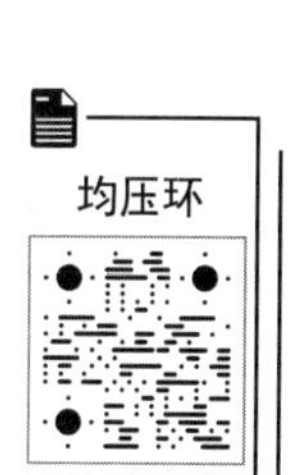

（1）利用桩基础作接地极，应描述桩台下桩的数量，每根台下需焊接柱筋根数，其工程量按柱引下线计算；利用基础钢筋作接地极按均压环项目编码列项。

（2）利用柱筋作引下线的，需描述柱筋焊接数量。

（3）利用圈梁筋作均压环的，需描述圈梁筋焊接数量。

（4）使用电缆、电线作接地线，应按本节“电缆安装”“配管配线”相关项目编码列项。

（5）接地母线、引下线、避雷网附加长度见表13-6。

10）10kV 以下架空配电线路（项目编码030410）

（1）杆上设备调试，应按本节“电气调整试验”相关项目编码列项。

（2）架空导线预留长度见表13-7。

11）配线、配管（项目编码030411）

（1）配管、线槽安装不扣除管路中间的接线箱（盒）、灯头盒、开关盒所占长度。

（2）配管名称指电线管、钢管、防爆管、塑料管、软管、波纹管等。

（3）配管配置形式指明配、暗配、吊顶内、钢结构支架、钢索配管、埋地敷设、水下敷设、砌筑沟内敷设等。

（4）配线名称指管内穿线、瓷夹板配线、塑料夹板配线、绝缘子配线、槽板配线、塑料护套配线、线槽配线、车间带型母线等。

（5）配线形式指照明线路，动力线路，木结构，顶棚内，砖、混凝土结构，沿支架、钢索、屋架、梁、柱、墙，以及跨屋架、梁、柱。

(6) 在配管清单项目计量时，若设计无要求，遇到下列情况时应增设接线盒（或拉线盒)，并计入综合单价。

① 配线保护管遇到下列情况之一时，应增设管路接线盒和拉线盒。

管长度每超过 30m，无弯曲；管长度每超过 20m，有 1 个弯曲；管长度每超过 15m，有 2 个弯曲；管长度每超过 8m，有 3 个弯曲。

② 垂直敷设的电线保护管遇到下列情况之一时，应增设固定导线用的拉线盒。

管内导线截面为 $50mm^2$ 以下（含 $50mm^2$），长度每超过 30m；管内导线截面为 70～95 mm^2，长度每超过 20m；管内导线截面为 120～240 mm^2，长度每超过 18m。

在配管清单项目计量时，设计无要求时，上述规定可以作为计量接线盒、拉线盒的依据。

室内配管配线

(7) 配管安装中不包括凿槽、刨沟，应按《通用安装工程工程量计算规范》(GB 50856—2013)“附属工程”相关项目编码列项。

(8) 配线进入箱、柜、板的预留长度见表 13-8。

12) 照明器具安装（项目编码 030412)

(1) 普通灯具包括：圆球吸顶灯、半圆球吸顶灯、方形吸顶灯、软线吊灯、吊链灯、水吊灯、壁灯、软线吊灯头、座灯头。

(2) 工厂灯包括：工厂罩灯、防水灯、防尘灯、碘钨灯、投光灯、泛光灯、混光灯、密闭灯等。

(3) 高度标志（障碍）灯包括：烟囱标志灯、高塔标志灯、高层建筑屋顶障碍指示灯等。

(4) 装饰灯包括：吊式艺术装饰灯、吸顶式艺术装饰灯、荧光艺术装饰灯、几何形状组合艺术灯、标志灯、诱导装饰灯、水下（上）艺术装饰灯、点光源艺术装饰灯、草坪灯、歌舞厅灯等。

详解双控开关

(5) 医疗专用灯包括：病房指示灯、病房暗脚灯、紫外线杀菌灯、无影灯等。

(6) 中杆灯是指安装在高度小于或等于 19m 的灯杆上的照明器具。

(7) 高杆灯是指安装在高度大于 19m 的灯杆上的照明器具。

13) 附属工程（项目编码 030413)

铁构件适用于电气工程的各种支架、铁构件的制作安装。

14) 电气调整试验（项目编码 030414)

(1) 功率大于 10kW 的电动机及发电机的启动调试用的蒸汽、电力、其他动力能源消耗和变压器空载试运转的电力消耗，以及设备需烘干处理应说明。

(2) 配合机械设备及其他工艺的单体试车，应按《通用安装工程工程量计算规范》(GB 50856—2013) 附录 N 措施项目编码列项。

(3) 计算机系统调试，应按《通用安装工程工程量计算规范》(GB 50856—2013) 附录 F 自动化控制仪表安装工程相关项目编码列项。

2. 建筑智能化工程与消防工程中火灾自动报警系统安装与调试工程量清单

1) 计算机应用、网络系统工程（项目编码 030501)

本分部项目适用于楼宇、小区智能化系统中的计算机以及网络系统设备的安装与调试工程。

【例】联想黑白激光打印机 S1801 安装调试。

项目编码：030501002001。

项目名称：打印机安装调试。

项目特征：联想黑白激光打印机，型号 S1801。

计量单位：台。

工作内容：安装、本体调试。

2）综合布线系统工程（项目编码 030502）

本分部项目适用于智能化楼宇系统中信息系统的布线、与布线相关的器件与设备的安装、信息插座的安装以及线路的测试工程。

【例】正泰电话插座 NEW2-203 安装。

项目编码：030502004001。

项目名称：电话插座安装。

项目特征：正泰电话插座，型号 NEW2-203。

计量单位：个。

工作内容：面板安装、底盒安装。

3）建筑设备自动化系统工程（项目编码 030503）

本分部项目适用于楼宇和小区空调系统、照明系统、供配电系统、给排水系统、控制网络通信系统的中央控制系统的安装与调试。

【例】TS-9104-F 风管式温度传感器安装。

项目编码：030503006001。

项目名称：风管式温度传感器安装。

项目特征：风管式温度传感器，型号 TS-9104-F。

计量单位：台。

工作内容：安装、单体调试、联调。

4）建筑信息综合管理系统工程（项目编码 030504）

本分部项目适用于楼宇和小区智能化系统中办公业务系统、物业运营管理系统、公共服务管理系统、公共信息服务系统、智能卡应用系统、信息网络安全管理系统和其他业务功能所需要的应用系统的安装（软硬件安装）与调试。

【例】综合信息管理服务器采用万全 T100 G10 S5800 2G/500S。

项目编码：030504001001。

项目名称：综合信息管理服务器。

项目特征：综合信息管理服务器，型号万全 T100 G10 S5800 2G/500S。

计量单位：台。

工作内容：安装、调试。

5）有线电视、卫星接收系统工程（项目编码 030505）

本分部项目适用于楼宇和小区内卫星电视系统、有线广播系统、闭路电视系统的安装与调试工程。

【例】某闭路电视系统安装工程，同轴电缆 SYV-75-9 穿管敷设，设计图示长度 100m。

项目编码：030505005001。

项目名称：同轴电缆敷设。

项目特征：同轴电缆 SYV-75-9 穿管敷设。

计量单位：m。

工程量：100m。

工作内容：同轴电缆穿管敷设。

要特别注意弱电线缆敷设工程量计算，清单工程量按设计图示尺寸计算，但在计价时要考虑预留长度。

6）音频、视频系统工程（项目编码 030506）

本分部项目适用于楼宇、小区、会场、广场的广播、显示和多媒体会议系统的安装与调试工程。

【例】某商场背景广播系统，采用深圳市祥寿电子科技有限公司型号为 SXO-H500W 的扩音机。

项目编码：030506001001。

项目名称：扩音机安装调试。

项目特征：扩音机 SXO-H500W。

计量单位：台。

工程量：100m。

工作内容：本体安装、单体调试。

7）安全防范系统工程（项目编码 030507）

本分部项目适用于出入口控制设备、入侵探测设备、视频安防监控设备等设备的安装与调试工程。

【例】某防盗报警系统采用 HT816B 无线+总线+有线兼容防盗报警控制器。

项目编码：030507001001。

项目名称：防盗报警控制器。

项目特征：防盗报警控制器 HT816B 无线+总线+有线兼容。

计量单位：台。

工作内容：本体安装、单体调试。

8）火灾自动报警系统（项目编码 030904）

本分部项目适用于火灾自动报警系统中的器件、设备的安装与调试。

【例】某火灾自动报警系统中采用西门子公司的点型光电感烟火灾探测器 FDO181。

项目编码：030904001001。

项目名称：点型光电感烟探测器。

项目特征：点型光电感烟探测器 FDO181。

计量单位：台。

工作内容：本体安装、单体调试。

9）消防系统调试（自动报警系统调试）（项目编码 030905001）

本子目为火灾自动报警系统调试，计量单位为系统，项目特征要描述控制器控制的实际点数，控制器采用的线制。

13.3 工作任务实施

（1）根据本书“工作任务 7”中的工程量计算书（表 7-16）和现行的《通用安装工程工程量计算规范》（GB 50856—2013）附录 D，编制该工程分部分项工程量清单，见表 13-9。

表 13-9 分部分项工程量清单与计价表

工程名称：某小区六层住宅楼电气照明工程　　　　标段：

序号	项目编码	项目名称	项目特征描述	计量单位	工程量	金额/元		
						综合单价	合价	其中：暂估价
1	030411001001	配管	1.名称：电线管 2.材质：钢管 3.规格：SC70 4.配管形式及部位（不适用于金属软管）：埋地	m	4.45			
2	030411001002	配管	1.名称：电线管 2.材质：PVC 3.规格：PVC32 4.配管形式及部位（不适用于金属软管）：砖-混凝土结构 暗配	m	258.60			
3	030411001003	配管	1.名称：电线管 2.材质：PVC 3.规格：PVC25 4.配管形式及部位（不适用于金属软管）：砖-混凝土结构 暗配	m	30.90			
4	030411001004	配管	1.名称：电线管 2.材质：PVC 3.规格：PVC20 4.配管形式及部位（不适用于金属软管）：砖-混凝土结构 暗配	m	1397.60			
5	030411001005	配管	1.名称：电线管 2.材质：PVC 3.规格：PVC16 4.配管形式及部位（不适用于金属软管）：砖-混凝土结构 暗配	m	777.17			
6	030408001001	电力电缆	1.型号：VV22 2.规格：VV22-4×35 3.敷设方式：穿钢管，埋地敷设	m	8.87			

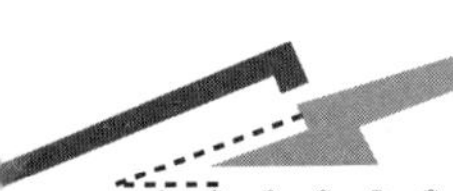
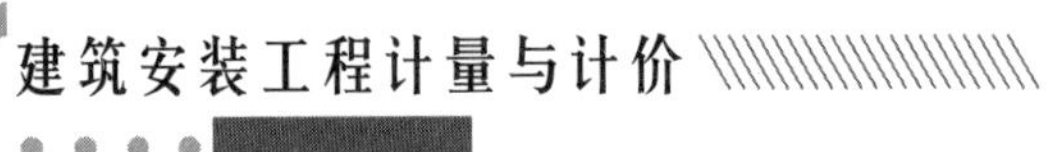

续表

序号	项目编码	项目名称	项目特征描述	计量单位	工程量	金额/元		
						综合单价	合价	其中：暂估价
7	030411004001	配线	1.种类（导线、母线）：导线 2.导线用途、配线形式、部位：电表箱配线 3.型号、规格：BV-10 4.材质：铜芯	m	903.00			
8	030411004002	配线	1.种类（导线、母线）：导线 2.导线用途、配线形式、部位：插座配线 3.型号、规格：BV-4 4.材质：铜芯	m	4285.20			
9	030411004003	配线	1.种类（导线、母线）：导线 2.导线用途、配线形式、部位：照明配线 3.型号、规格：BV-2.5 4.材质：铜芯	m	1732.63			
10	030404017001	配电箱	1.名称：成套集中电表箱 2.安装方式（仅适用于成套配电箱）：落地 3.压接 $10mm^2$ 铜接线端子 42 个 4. $2.5mm^2$ 外部端子接线 11 个	台	1.00			
11	030404017002	配电箱	1.名称：户用漏电配电箱 2.安装方式（仅适用于成套配电箱）：悬挂嵌入式 3.半周长或回路数：0.5m 4. $10mm^2$ 压接铜接线端子 48 个 5. $2.5mm^2$ 外部端子接线 166 个 6. $4mm^2$ 外部端子接线 28 个	台	14.00			
12	030412001001	普通灯具	1.名称：吸顶座灯头 2.型号、规格：40W	套	122.00			
13	030412001002	普通灯具	1.名称：吸顶声光控节能座灯头 2.型号、规格：22W	套	7.00			
14	030412001003	普通灯具	名称：壁装座灯头	套	38.00			
15	030404035001	插座	1.名称：单相暗插座 2.型号、规格：空调插座 U600	个	30.00			

续表

序号	项目编码	项目名称	项目特征描述	计量单位	工程量	金额/元		
						综合单价	合价	其中：暂估价
16	030404035002	插座	1.名称：三孔插座（热水） 2.型号、规格：U560+U080	个	16.00			
17	030404035003	插座	1.名称：三孔插座（排烟） 2.型号、规格：U560	个	14.00			
18	030404035004	插座	1.名称：五孔插座 2.型号、规格：U560+U080，防溅	个	63.00			
19	030404035005	插座	1.名称：五孔插座 2.型号、规格：U560 安全型	个	184.00			
20	030404034001	照明开关	1.名称：双联单控开关 2.型号、规格：U120/1W	个	35.00			
21	030404034002	照明开关	1.名称：单联单控开关 2.型号、规格：U110/1W	个	90.00			
22	030411006001	接线盒	1.名称：接线盒、灯头盒 2.型号、规格：86HS60	个	243.00			
23	030411006002	接线盒	1.名称：开关盒、插座盒 2.型号、规格：86HS60	个	448.00			
24	030414002001	送配电装置系统	1.电压类别（交流或直流）：交流 2.电压等级（V 或 kV）：1kV 3.类型：综合	系统	1.00			

（2）参照现行的《湖北省通用安装工程消耗量定额及全费用基价表》（2018），《湖北省建筑安装工程费用定额》（2018）等计价资料编制招标控制价文件，部分节选见分部分项工程清单计价表（见表 13-10）、工程量清单综合单价分析表（见表 13-11）、分部分项工程和单价措施项目清单全费用分析表（见表 13-12）。

表 13-10　分部分项工程和单价措施项目清单计价表

工程名称：某小区六层住宅楼电气照明工程　　　　　标段：

序号	项目编号	项目名称	计量单位	工程量	综合单价/元										
					人工费	材料费	机械费	费用	费用明细(不重复计入小计)					增值税	小计
									管理费	利润	总价措施	其中：安全文明施工	规费		
1	030411004002	配线	m	4285.2	0.46	2.55	0	0.26	0.09	0.07	0.05	0.04	0.06	0.29	3.55
	C4-13-6	管内穿线穿照明线铜芯导线截面（mm^2）≤4	10m	428.52	4.55	1.4	0	2.57	0.86	0.7	0.46	0.42	0.55	2.93	35.54
	主材	绝缘导线	m	4713.72		2.19									2.19

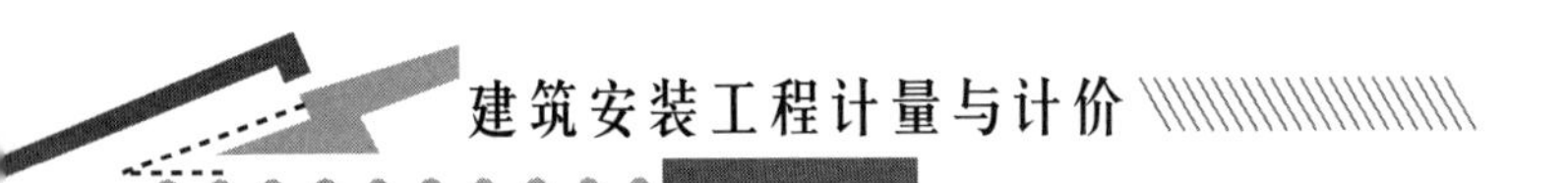

表 13-11　工程量清单综合单价分析表

工程名称：某小区六层住宅楼电气照明工程　　　　　　标段：

项目编码	030411004002	项目名称	配线	计量单位	m	工程量	4285.2						
清单全费用综合单价组成明细													
定额编号	定额项目名称	定额单位	数量	单价					合价				
				人工费	材料费	施工机具使用费	费用	增值税	人工费	材料费	施工机具使用费	费用	增值税
C4-13-6	管内穿线穿照明线铜芯导线截面（mm²）≤4	10m	0.1	4.55	1.4	0	2.57	2.93	0.46	0.14	0	0.26	0.29
人工单价	小计								0.46	0.14	0	0.26	0.29
技工 152 元/工日；普工 99 元/工日	未计价材料费								2.41				
清单全费用综合单价									3.55				
材料费明细	主要材料名称、规格、型号						单位	数量	单价/元	合价/元	暂估单价/元	暂估合价/元	
	其他材料费						元	0.003	1	0			
	棉纱						kg	0.002	10.27	0.02			
	锡基纤料						kg	0.002	41.07	0.08			
	汽油综合						kg	0.005	6.03	0.03			
	电气绝缘胶带 18mm×10mm×0.13mm						卷	0.002	2.57	0.01			
	绝缘导线						m	1.1	2.19	2.41			
	材料费小计								-	2.55	-	0	

表 13-12 分部分项工程和单价措施项目清单全费用分析表

工程名称：某小区六层住宅楼电气照明工程　　　　　　标段：

序号	项目编号	项目名称	计量单位	工程量	综合单价/元										
					人工费	材料费	机械费	费用	费用明细（不重复计入小计）					增值税	小计
									管理费	利润	总价措施	其中：安全文明施工	规费		
1	030411004002	配线	m	4285.2	0.46	2.55	0	0.26	0.09	0.07	0.05	0.04	0.06	0.29	3.55
	C4-13-6	管内穿线穿照明线铜芯导线截面（mm²）≤4	10m	428.52	4.55	1.4	0	2.57	0.86	0.7	0.46	0.42	0.55	2.93	35.54
	主材	绝缘导线	m	4713.72		2.19									2.19

请同学们依据《湖北省通用安装工程消耗量定额及全费用基价表》(2018)、《湖北省建筑安装工程费用定额》(2018)编制该项目案例电气工程招标控制价的分部分项工程量清单计价表。

总 结

本工作任务的主要内容为电气设备安装工程的工程量清单编制和工程量清单计价方法，以典型工作项目为载体，通过对本工作任务的学习，应具备编制电气设备安装工程工程量清单和工程量清单报价的能力。

检查评估

请根据本工作任务所学的内容，对下面工程案例完成如下任务，进行自我检查评价。

（1）按现行的《通用安装工程工程量计算规范》（GB 50856—2013）附录 D，编制分部分项工程量清单。

（2）按照湖北省现行的《湖北省通用安装工程消耗量定额及全费用基价表》（2018）和《湖北省建筑安装工程费用定额》（2018）等计价资料编制招标控制价。

（主材单价参考当地工程造价信息网）

案例：工作任务 7 的“检查评估”某二层饭庄电气照明工程。

工作任务 14

刷油、防腐蚀、绝热工程的工程量清单编制与清单计价

知识目标

（1）掌握刷油、防腐蚀、绝热工程工程量清单编制方法；

（2）掌握刷油、防腐蚀、绝热工程工程量清单计价方法

能力目标

能够达到正确编制刷油、防腐蚀、绝热工程工程量清单和招标控制价的目的

素质目标

（1）培养学生团队协作精神；

（2）培养学生严谨细致的工作态度；

（3）培养学生良好的职业操守；

（4）培养学生吃苦耐劳的工作作风

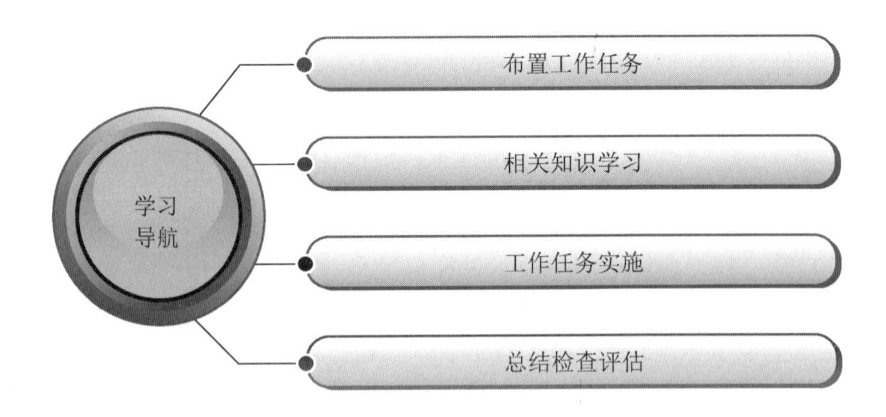

14.1 布置工作任务

根据某学校办公楼采暖工程工程量清单（见表14-1），完成下列任务。

根据现行的《湖北省通用安装工程消耗量定额及全费用基价表》(2018)，《湖北省建筑安装工程费用定额》(2018）等计价资料编制相应分部分项 的工程量清单计价表。

表14-1 分部分项工程量清单计价表

工程名称：某学校办公楼采暖工程刷油绝热部分　　　　标段：

序号	项目编码	项目名称	项目特征描述	计量单位	工程量	金额/元		
						综合单价	合价	其中：暂估价
1	031201001001	管道刷油	1.除锈级别：人工除微锈 2.油漆品种：银粉 3.涂刷遍数：二遍	m^2	48.41			
2	031201004001	暖气片刷油	1.除锈级别：人工除微锈 2.油漆品种：银粉 3.涂刷遍数：一遍	m^2	222.89			
3	031201006001	布面刷油	1.布面品种：玻璃丝布 2.油漆品种：沥青漆 3.涂刷遍数：一遍	m^2	35.54			
4	031208002001	管道绝热	1.绝热材料品种：岩棉管壳 2.绝热厚度：30mm 3.管道外径：57mm以内	m^3	0.72			

14.2 相关知识学习

14.2.1 工业管道工程的工程量清单项目设置内容

1. 工程量清单项目设置内容

本节共设置10个分部、59个分项工程项目，具体内容详见《通用安装工程工程量计算规范》(GB 50856—2013）附录M。

2. 相关问题及说明

（1）刷油、防腐蚀、绝热工程适用于新建、扩建项目中的设备、管道、金属结构等的刷油、防腐蚀、绝热工程。

（2）一般钢结构（包括吊、支、托架、梯子、栏杆、平台)、管廊钢结构以千克（kg）为计量单位；大于400mm型钢及H型钢制结构以平方米（m^2）为计量单位，按展开面积计算。

（3）由钢管组成的金属结构的刷油按管道刷油相关项目编码，由钢板组成的金属结构的刷油按H型钢刷油相关项目编码。

（4）矩形设备衬里按最小边长塔、槽类设备相关项目编码。

14.2.2 工程量清单项目注解（常用部分）

1. 刷油工程（项目编码 031201）

（1）管道刷油按图示中心线以延长米计算，不扣除附属构筑物、管件及阀门等所占长度。

（2）涂刷部位：指涂刷表面的部位，如设备、管道等部位。

（3）结构类型：指涂刷金属结构的类型，如一般钢结构、管廊钢结构、H 型钢钢结构等类型。

（4）设备筒体、管道表面积：$S=L\cdot\pi\cdot D$（D—直径；L—设备筒体高或管道延长米）。

（5）设备筒体、管道表面积包括管件、阀门、法兰、人孔、管口凹凸部分。

（6）带封头的设备面积：$S=L\cdot\pi\cdot D+(D/2)\cdot\pi\cdot K\cdot N$（$K$—1.05；$N$—封头个数）。

2. 防腐蚀涂料工程（031202）

（1）分层内容：指应注明每一层的内容，如底漆、中间漆、面漆及玻璃丝布等内容。

（2）如设计要求热固化需说明。

（3）阀门表面积：$S=\pi\cdot D\cdot 2.5D\cdot K\cdot N$（K—1.05；N—阀门个数）。

（4）弯头表面积：$S=\pi\cdot D\cdot 1.5D\cdot 2\pi\cdot N/B$（$N$—弯头个数。$B$ 值取定：90° 弯头 B=4；45° 弯头 B=8）。

（5）法兰表面积：$S=\pi\cdot D\cdot 1.5D\cdot K\cdot N$（$K$—1.05；$N$—法兰个数）。

（6）设备、管道法兰翻边面积：$S=\pi\cdot(D+A)\cdot A$（A—法兰翻边宽）。

（7）带封头的设备面积：$S=L\cdot\pi\cdot D+(D^2/2)\cdot\pi\times K\cdot N$（K—1.5；N—封头个数）。

（8）计算设备、管道内壁防腐蚀工程量，当壁厚大于 10mm 时，按其内径计算；当壁厚小于 10mm 时，按其外径计算。

3. 绝热工程（031208）

（1）设备形式指立式、卧式或球形。

（2）层数指一布二油、两布三油等。

（3）对象指设备、管道、通风管道、阀门、法兰、钢结构。

（4）结构形式指钢结构，包括一般钢结构、管廊钢结构、H 型钢钢结构。

（5）如设计要求保温、保冷分层施工需注明。

（6）设备筒体、管道绝热工程量，设备筒体、管道防潮和保护层工程量，设备封头绝热工程量，设备封头防潮和保护层工程量，阀门、法兰绝热工程量，矩形通风管道绝热工程量，矩形通风管道防潮和保护层面工程量等，详见本书“工作任务 8”相关计算公式。

（7）绝热过程前需除锈、刷油，应按本节“刷油工程”相关项目编码列项。

14.3 工作任务实施

（1）参照现行的《湖北省通用安装工程消耗量定额及全费用基价表》（2018），《湖北省建筑安装工程费用定额》（2018）等计价资料编制招标控制价文件，部分节选见分部分项工程清单计价表（见表 14-2）、分部分项工程和单价措施项目清单全费用分析表（见表 14-3）、工程量清单综合单价分析表（见表 14-4）。

表 14-2 分部分项工程和单价措施项目清单计价表

工程名称：某学校办公楼采暖工程刷油绝热部分　　　　标段：

序号	项目编码	项目名称	项目特征描述	计量单位	工程量	金额/元		
						综合单价	合价	其中 暂估计
1	031201001001	管道刷油	1.除锈级别：人工除微锈 2.油漆品种：银粉 3.涂刷遍数：二遍	m^2	48.41	12.89	624	
2	031201004001	暖气片刷油	1.除锈级别：人工除微锈 2.油漆品种：银粉 3.涂刷遍数：一遍	m^2	222.89	4.87	1085.47	
3	031201006001	布面刷油	1.布面品种：玻璃丝布 2.油漆品种：沥青漆 3.涂刷遍数：一遍	m^2	35.54	21.87	777.26	
4	031208002001	管道绝热	1.绝热材料品种：岩棉管壳 2.绝热厚度：30mm 3.管道外径：57mm 以内	m^3	0.72	1155.9	832.25	
		分部小计					26128.62	
		措施项目						
		分部小计						
本页小计							26128.62	
合计							26128.62	

表 14-3 分部分项工程和单价措施项目清单全费用分析表

工程名称：某学校办公楼采暖工程刷油绝热部分　　　　标段：

序号	项目编号	项目名称	计量单位	工程量	综合单价/元										
					人工费	材料费	机械费	费用	费用明细（不重复计入小计）					增值税	小计
									管理费	利润	总价措施	其中：安全文明施工	规费		
6	031201001001	管道刷油	m^2	48.41	6.14	2.24	0	3.44	1.16	0.94	0.61	0.57	0.73	1.06	12.89
	C12-1-1	手工除锈管道轻锈	$10m^2$	4.841	24.54	3.03	0	13.76	4.63	3.76	2.44	2.28	2.93	3.72	45.05
	C12-2-22	管道刷油银粉漆第一遍	$10m^2$	4.841	18.78	10.11	0	10.53	3.54	2.88	1.86	1.74	2.25	3.55	42.97
	C12-2-23	管道刷油银粉漆增一遍	$10m^2$	4.841	18.08	9.25	0	10.14	3.41	2.77	1.8	1.68	2.16	3.37	40.84

续表

序号	项目编号	项目名称	计量单位	工程量	综合单价/元										
					人工费	材料费	机械费	费用	费用明细（不重复计入小计）					增值税	小计
									管理费	利润	总价措施	其中：安全文明施工	规费		
7	031201004001	暖气片刷油	m^2	222.89	2.29	0.9	0	1.28	0.43	0.35	0.23	0.21	0.27	0.4	4.87
	C12-2-120	铸铁管、暖气片刷油银粉漆第一遍	$10m^2$	22.289	22.9	8.96	0	12.85	4.32	3.51	2.28	2.13	2.74	4.02	48.73
8	031201006001	布面刷油	m^2	35.54	8.65	6.57	0	4.85	1.63	1.32	0.86	0.8	1.03	1.81	21.87
	C12-2-152	玻璃布、白布面刷油设备沥青漆第一遍	$10m^2$	3.554	61.95	62.64	0	34.75	11.68	9.48	6.17	5.76	7.42	14.34	173.68
	C12-1-1	手工除锈管道轻锈	$10m^2$	3.554	24.54	3.03	0	13.76	4.63	3.76	2.44	2.28	2.93	3.72	45.05
9	031208002001	管道绝热	m^3	0.72	590.69	756.42	0	331.33	111.42	90.44	58.78	54.88	70.71	151.06	1829.51
	C12-4-341	橡胶管壳安装（管道）管道DN50mm以下	m^3	0.72	590.7	138.42	0	331.34	111.41	90.44	58.78	54.88	70.71	151.06	1829.52
	主材	橡塑管壳	m^3	0.742		600									600

表 14-4 综合单价分析表

工程名称：某学校办公楼采暖工程刷油绝热部分　　　　标段：

项目编码	031201001001	项目名称	管道刷油		计量单位	m^2		工程量	48.41		
清单全费用综合单价组成明细											
定额编号	定额项目名称	定额单位	数量	单价					合价				
				人工费	材料费	施工机具使用费	费用	增值税	人工费	材料费	施工机具使用费	费用	增值税
C12-1-1	手工除锈管道轻锈	$10m^2$	0.1	24.54	3.03	0	13.76	3.72	2.45	0.3	0	1.38	0.37

续表

项目编码		031201001001		项目名称		管道刷油			计量单位	m^2	工程量	48.41	
C12-2-22	管道刷油银粉漆第一遍	$10m^2$	0.1	18.78	10.11	0	10.53	3.55	1.88	1.01	0	1.05	0.36
C12-2-23	管道刷油银粉漆增一遍	$10m^2$	0.1	18.08	9.25	0	10.14	3.37	1.81	0.93	0	1.01	0.34
人工单价		小计							6.14	2.24	0	3.44	1.07
技工 152 元/工日；普工 99 元/工日		未计价材料费							0				
清单全费用综合单价									12.89				
材料费明细	主要材料名称、规格、型号						单位	数量	单价/元	合价/元	暂估单价/元	暂估合价/元	
	银粉漆						kg	0.13	13.69	1.78			
	溶剂汽油						kg	0.027	5.81	0.16			
	其他材料费								—	0.3	—	0	
	材料费小计								—	2.24	—	0	

技能训练

请同学们依据《湖北省通用安装工程消耗量定额及全费用基价表》(2018)、《湖北省建筑安装工程费用定额》(2018)编制该项目案例工程招标控制价的分部分项工程量清单计价表。

总结

本工作任务的主要内容为刷油、防腐蚀、绝热工程的工程量清单编制和工程量清单计价方法，以工作项目为载体，通过对本工作任务的学习应具备编制电气刷油、防腐蚀、绝热工程工程量清单和工程量清单报价的能力。

检查评估

请根据本工作任务所学的内容，对下面工程案例完成如下任务，进行自我检查评价。

案例：工作任务 5“某大厦多功能通风空调工程”中的风管保温项目。

（1）按现行的《通用安装工程工程量计算规范》（GB 50856—2013）附录 M，编制分部分项工程量清单。

（2）按照现行的《湖北省通用安装工程消耗量定额及全费用基价表》（2018），编制分部分项工程量清单计价表和全费用分析表。

参 考 文 献

[1] 中华人民共和国住房和城乡建设部．建设工程工程量清单计价规范：GB 50500—2013[S]．北京：中国计划出版社，2013．

[2] 中华人民共和国住房和城乡建设部．通用安装工程工程量计算规范：GB 50856—2013[S]．北京：中国计划出版社，2013．

[3] 规范编制组．2013 建设工程计价计量规范辅导[M]．北京：中国计划出版社，2013．

[4] 湖北省建设工程标准定额管理总站．湖北省通用安装工程消耗量定额及全费用基价表[S]．武汉：长江出版社，2018．

[5] 湖北省建设工程标准定额管理总站．湖北省建筑安装工程费用定额[S]．武汉：长江出版社，2018．

[6] 湖北省建设工程标准定额管理总站．湖北省建设工程计价定额标准说明[S]．武汉：长江出版社，2013．

[7] 张秀德．安装工程定额与预算[M]．北京：中国电力出版，2004．

[8] 黄文艺，等．安装工程预算知识问答丛书[M]．北京：机械工业出版社，2007．

[9] 熊德敏．安装工程定额与预算[M]．北京：高等教育出版社，2008．

[10] 吴新伦．安装工程定额与预算[M]．重庆：重庆大学出版社，2002．

[11] 管锡珺．安装工程计量与计价[M]．济南：山东科学技术出版社，2009．

[12] 冯钢．建筑设备与识图[M]．北京：中国计划出版社，2008．

[13] 冯钢，等．安装工程计量与计价[M]．3 版．北京：北京大学出版社，2018．

[14 景巧玲，等．建设工程计量与计价实务（安装工程）北京：中国建筑工业出版社，2020．